COMETS

AND HOW TO OBSERVE THEM

观测彗星

Richard W. Schmude, Jr.

〔美国〕小理查德 · W. 施穆德 著

李德力 译

上海三联书店

谨以此书献给一路走来给予我帮助的所有人。首先，感谢我的父母理查德（Richard）和温尼弗莱德·施穆德（Winifred Schmude），他们引导我走向了观星之路，并帮我解决了许多科学疑问；其次，感谢指引我成长的优秀老师、教授和学校管理人员；还要感谢海塔尔（Hightower）图书馆（戈登学院）、斯特林·埃文斯（Sterling Evans）图书馆（得克萨斯农工大学）和佐治亚理工学院图书馆的图书管理人员，他们协助我查阅了与本书相关的重要信息。还要感谢美国的纳税者，有了他们的贡献，航天器才能发射升空，才能开展对本书中的几颗彗星的探测。

序 言

我对天文的痴迷始于我与星空的一次邂逅。那时我不到六岁，与父母一起住在马里兰州卡班·约翰市。那时夜空带给我的印象改变了我的一生。15 岁时，我买了自己的第一副天文望远镜，并与兄弟姐妹和邻家女孩凯西进行了分享，那是我的首次科普经历。

1986 年 3 月 21 日，我第一次看到彗星——哈雷彗星。为了观看它，我、詹姆斯和弗雷德，我们兄弟三个冒着寒冷，起了个大早。之后，我和彗星还有几次邂逅。不过，直到很久以后，我在彗星研究的过程中逐渐认识到，每一颗彗星都是独特的。

本书第一章和第二章概述了当前我们对彗星的认识。在第二章中，我特意选取了 9P/Tempel 1 彗星、1P/Halley 彗星、19P/Borrelly 彗星和 81P/Wild 2 彗星，以这四颗彗星为例，对彗星做了详细的介绍。第三章到第五章则重点介绍了彗星的观测，包括裸眼观测和双目望远镜观测（第三章）、小型天文望远镜观测（第四章）和大型天文望远镜观测（第五章）。此外，本书最后还附载用两个经纬坐标点计算彗尾尾长的方法、参考文献和术语译名对照表。

国际月球和行星观测者协会（ALPO）、英国天文协会（BAA）和出版了《国际彗星季刊》的组织是三个涉及彗星研究的天文学组织，也是我比较熟悉的研究机构。

本书还引用了各类网站。我查看这些网站的时间大都是在2009年7月左右。等到本书与读者相见时，恐怕许多网站已更新或停用了。网站的更新，网址的变更，这种情况经常发生。不过，多数情况下，停用的网站往往会被更好的网站取代。

目 录

第一章 彗星简介

1.1 导　言

一提到彗星，我就会想到一个拖着长长尾巴的明亮天体。许多彗星都长这样，然而，多数彗星的尾巴非常模糊，甚至有缺失。在词典中，“彗星”一词被定义为在太阳附近移动的，拥有固体核和云雾状包层的天体。它的包层可能拖带尾巴，也可能没有尾迹。很多情况下，彗星的云雾状包层不太明显，以至于让它看起来像一颗小行星。已知的彗星组成了一个庞大的家庭，其中最出名的一员也许要数“哈雷彗星”了，它每隔大约 76 年绕太阳运行一次。

大多数彗星有四个可见部分。如图 1.1 所示，中心凝聚物是彗发的明亮中心。彗发是围绕中心凝聚物的气体包层，它的形状可能是圆形、椭圆形或抛物线形。尘埃彗尾延伸到彗发之外，通常是彗尾中最亮的部分，它由尘埃组成。气体彗尾是由离子、气

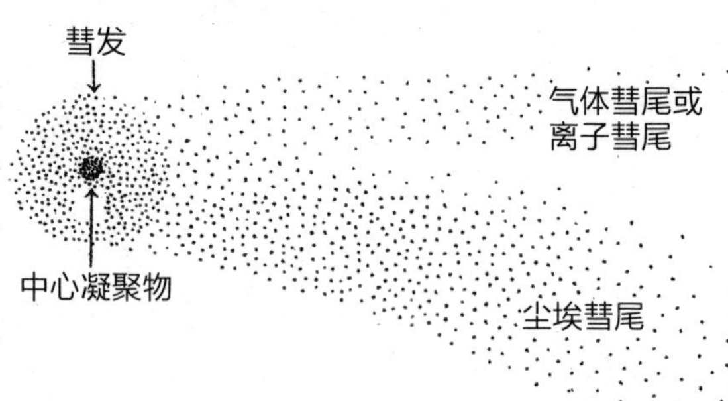

图 1.1　彗星的可见部分

体原子和气体分子组成，一般呈浅蓝色。

本章描述了彗星的特征，它们是："彗星命名""彗星轨道""彗星轨道与开普勒行星运动第二和第三定律""彗星分类""彗星起源和运动""彗星亮度等统计数据""彗星各部分""彗星亮度随时间的变化"和"彗星的近期撞击事件"。

1.2 彗星命名

1995 年初，天文学家建立了新的彗星命名体系。新发现的彗星一经确认，将按照严格的步骤对其命名，如图 1.2 所示。在图 1.2 的第二个方框中，字母序列里的每个字母都对应着一段日期，详细信息见表 1.1。彗星的名字中经常会出现发现者的信息，但最多是三个姓氏。例如，海尔－波普彗星（C/1995 O1）以艾伦·海尔（Alan Hale）和托马斯·波普（Thomas Bopp）的名字命名。它的全名为 Hale-Bopp C/1995 O1，其编号为 C/1995 O1。如果一颗彗星有两个发现者，并且他们的姓氏相同，比如，吉恩·修梅克（Gene Shoemaker）和卡罗琳·修梅克（Carolyn Shoemaker），那么这颗彗星就会冠以他们共同的姓氏（修梅克）。如果彗星是多个人在同一个天文台发现的，那么这颗彗星将以天文台的名字而不是个人的名字来命名，如赛丁泉彗星（Siding Spring C/2007 K3）。许多彗星发现于全天巡天的过程中，于是就用全天巡天项目的名称来命名这些彗星，如 LINEAR 彗星（LINEAR C/2008 H1）。这些全天巡天项目包括林肯近地小行星研究（LINEAR）、近地小行星跟踪计划（NEAT）、卡特琳娜巡天（CSS）、鹿林巡天（Lulin）和洛厄尔天文台近地天体搜索（LONEOS）等。

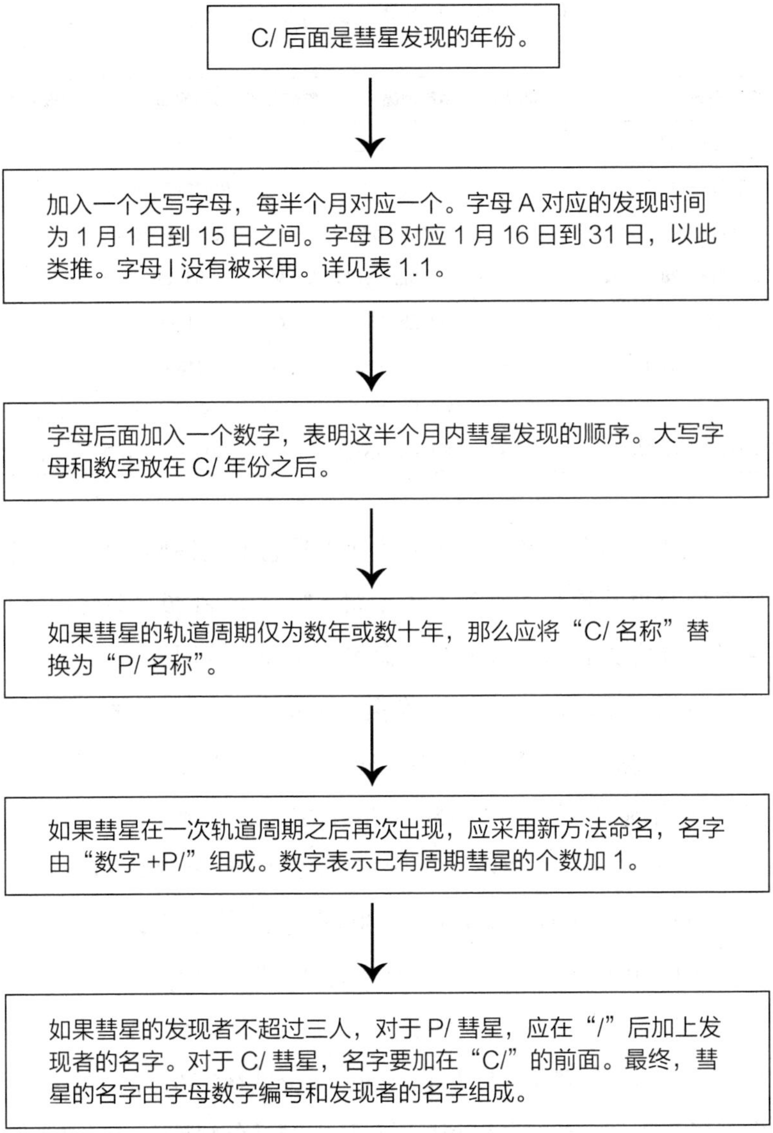

C/ 后面是彗星发现的年份。

↓

加入一个大写字母，每半个月对应一个。字母 A 对应的发现时间为 1 月 1 日到 15 日之间。字母 B 对应 1 月 16 日到 31 日，以此类推。字母 I 没有被采用。详见表 1.1。

↓

字母后面加入一个数字，表明这半个月内彗星发现的顺序。大写字母和数字放在 C/ 年份之后。

↓

如果彗星的轨道周期仅为数年或数十年，那么应将“C/ 名称”替换为“P/ 名称”。

↓

如果彗星在一次轨道周期之后再次出现，应采用新方法命名，名字由“数字 +P/”组成。数字表示已有周期彗星的个数加 1。

↓

如果彗星的发现者不超过三人，对于 P/ 彗星，应在“/”后加上发现者的名字。对于 C/ 彗星，名字要加在“C/”的前面。最终，彗星的名字由字母数字编号和发现者的名字组成。

图 1.2　彗星命名的步骤。请同时参阅表 1.1。

表 1.1 彗星命名中的日期间隔和字母编号

日期间隔	字母编号	日期间隔	字母编号	日期间隔	字母编号
1月1日—15日	A	5月1日—15日	J	9月1日—15日	R
1月16日—31日	B	5月16日—31日	K	9月16日—30日	S
2月1日—15日	C	6月1日—15日	L	10月1日—15日	T
2月16日—28日（或29日）	D	6月16日—30日	M	10月16日—31日	U
3月1日—15日	E	7月1日—15日	N	11月1日—15日	V
3月16日—31日	F	7月16日—31日	O	11月16日—30日	W
4月1日—15日	G	8月1日—15日	P	12月1日—15日	X
4月16日—30日	H	8月16日—31日	Q	12月16日—31日	Y

彗星以其发现者名字命名的前提是它不是回归彗星，并且在发现时也没被当成别的天体（如小行星）。在极少数情况下，彗星以确定其轨道的人的名字命名。例如，英国天文学家埃德蒙·哈雷（Edmund Halley）确定，1456 年、1531 年和 1607 年出现的彗星的轨道与 1682 年出现的彗星的轨道相似，并预测 1682 年出现的彗星将在 1758 年左右回归。[见雅克·克洛维西（Jacques Crovisier）和泰蕾·昂克勒纳（Thérèse Encrenaz）的《彗星科学》（*Comet Science*），2000 年] 这颗彗星于 1759 年按预期准时回归，因此得名——哈雷彗星（1P/Halley）。

如果同一个人发现了多颗彗星，那么其名字后面就会加一个数字。例如，坦普尔（E.W. L.Tempel）分别在 1867 年和 1873 年发现了两颗不同的短周期彗星，这两颗彗星分别被命名为坦普尔 1 号彗星和坦普尔 2 号彗星。这一规则也适用于由两个或三个共同发现者发现的彗星。例如，苏梅克 – 列维 9 号彗星就是苏梅克 – 列维团队发现的第九颗彗星。

大多数掠日彗星都是由发现者从太阳和日球层探测器

（SOHO）拍摄的图像中分析出来的。依据图 1.2 中的规则，这些彗星将以 SOHO 探测器的名字而不是发现者的名字来命名。此外，还有几个以太阳极大年使者（Solar Maximum Mission，SMM）航天器、太阳风号（SOLWIND）航天器和日地关系观测台（Solar Terrestrial Relations Observatory，STEREO）航天器命名的掠日彗星。

图 1.2 中的字母 C 可能会被 P、D 或 X 代替，这由彗星的性质决定。下面将给出详细的解释。

如果彗星的周期很短，它将被赋予“P/”开头的名字，直到它下次回归时被重新发现。此时，“P/ 年”的名字将被取代，新名字的形式是一个数字跟着大写字母 P，然后是斜杠加发现者的名字。名字中的数字是已知周期彗星的个数加 1。例如，胡格 – 贝尔（Hug-Bell）彗星（P/1999 X1）在 2007 年再次出现后，被命名为 178P/Hug-Bell。因为在胡格 – 贝尔彗星再次出现之前，已有 177 颗被编号的周期彗星，因此，这颗彗星的编号为 178。

如果一颗彗星被摧毁，或者在几次可见期内都没出现，那么将用“D/”和发现它的年份来标识它。例如，苏梅克 – 列维 9 号彗星于 1993 年 3 月下半月被发现，于 1994 年撞向木星被毁灭，之后，它则被分配了 D/1993 F2 这个名字。

如果彗星真实存在，但没有测量足够的位置确定其轨道，那么它将被命名为“X/”加上发现年份、对应的字母和数字代码。例如，1896 年 9 月 21 日，加利福尼亚州洛威天文台的斯威夫特（L. Swift）首次观测到了 X/1896 S1 彗星。他是唯一看到这颗彗星的人，但没能测量足够多的位置来确定它的轨道。克罗（Kronk）列出了人们在 19 世纪看到过的 18 颗彗星，它们就是以“X/”来标识的。

彗星彗核碎裂的情况较为少见。这种情况下，每个碎片采用彗星名加 A、B、C 等后缀进行命名。LINEAR C/2003 S4 彗星的彗核曾一分为二，天文学家将这两部分命名为 LINEAR C/2003 S4-A 和 LINEAR C/2003S4-B。每个部分都被视为一颗单独的彗星。

天文学家发现的许多天体，起初被认为是小行星，后来却被确认为彗星。这些天体保留了小行星的名称，但名字前面加上了“C/”或“P/”的标识。例如，2004 年 2 月 18 日，天文学家拍摄到了一个 19.3 星等的天体，并将其报告为一颗小行星。该天体按小行星被命名为 2004 DZ_{61}。几周后，夏威夷莫纳克亚（Mauna Kea）的另一组天文学家对该天体进行了拍摄，他们发现这个天体有微弱的彗发，并且彗发后还拖着一条模糊的尾巴。因此，它被重新归类为彗星，并被命名为 C/2004 DZ_{61}。

本书会尽量使用发现者的名字。对于周期彗星，将采用“P/数字”的标识。对于“C/”彗星，这一标识将放在括号中。本书不使用包含年份加罗马数字或年份加小写字母的旧名称。

1.3 彗星轨道

和地球一样，彗星在太阳引力的作用下运动。彗星运动路径的形状有四种，即圆形、椭圆形、抛物线形和双曲线形。彗星的运动路径由六个量来确定，这六个量被称为轨道根数。本节将讨论彗星的运动路径、轨道根数以及天文学家优化彗星轨道的方法。

在太阳这样的单个大天体的引力作用下，彗星的运动路径有四种，图 1.3 给出了这四种路径。在圆形轨道上运行的彗星与太阳保持着恒定的距离，太阳位于轨道的中心。在椭圆轨道上运行的彗星与太阳的距离时刻不同。如图 1.4 所示，椭圆轨道有不同的形状，可能接近圆形，也可能非常扁平。偏心率决定了椭圆的扁平程度，如果偏心率低，椭圆将接近圆形；如果偏心率高，椭圆将偏离理想的圆。如图 1.5 所示，偏心率是指椭圆两焦点（F1 和 F2）之间的距离与长轴（线段 AB）的长度之比。椭圆的偏心率在 0.000 和 1.000 之间，若彗星的路径是圆形或椭圆形，它将环绕太阳运行。若彗星的路径是抛物线或双曲线，它可能永远无法再返回太阳系。抛物线形轨道的偏心率恰好是 1.0，双曲线形轨道的偏心率大于 1.0。

接下来的小节将介绍轨道根数。值得注意的是，所有的轨道根数都有不确定性。引起不确定性的原因之一，就是彗星位置的测量。每次测量彗星位置都有时间的不确定性以及赤经和赤纬的不确定性。引起轨道不确定性的第二个因素是引力，太阳系其他天体的引力将改变彗星的轨道，从而改变其轨道根数。导致不确定性的第三个因素是不同种类的非引力，这些非引力将在后面的章节介绍。由于这些不确定性的存在，彗星轨道偏心率的计算值可能略大于 1.0，而实际上它却小于 1.0。

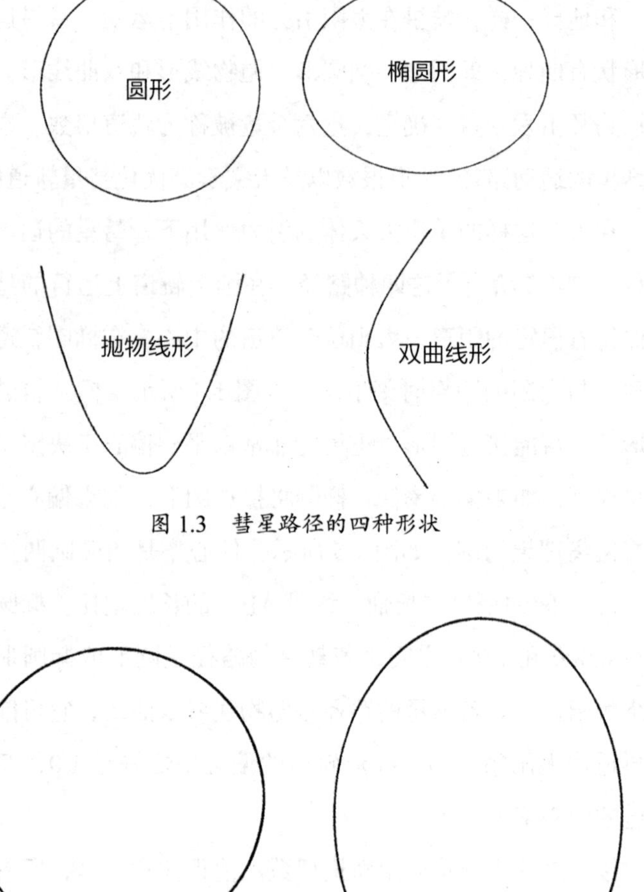

图 1.3　彗星路径的四种形状

图 1.4　左边椭圆的偏心率为 0.1，几乎为圆形；右边椭圆的偏心率为 0.65，被挤压得较严重。

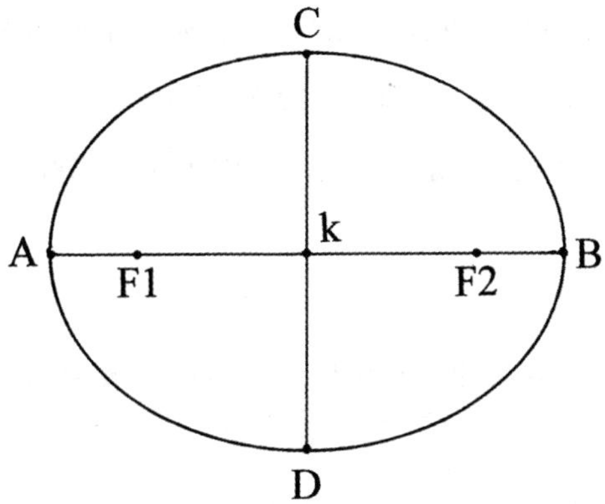

图 1.5　长轴是从 A 点到 B 点的线段，半长轴的长度是长轴的一半（从 A 到 k 或从 B 到 k），两个焦点位于 F1 和 F2。偏心率是两个焦点之间的距离与长轴的长度之比，图中椭圆的偏心率为 0.66。

椭圆路径和双曲线路径的偏心率有一定的范围，而圆形和抛物线路径的偏心率是确定的，分别是 0 和 1.0。自然界中，彗星运行轨道的偏心率要么介于 0 至 1.0，要么高于 1.0，但绝对不会是 0 或 1.0。因此，彗星分为三类，即短周期彗星、长周期彗星和迷踪彗星。短周期彗星的轨道周期小于 200 年，其轨道偏心率低于 1.0。长周期彗星既包括轨道周期超过 200 年的周期彗星，也包括没能回归太阳系的彗星，这类彗星的轨道偏心率接近或略高于 1.0，它们沿着非常扁平的椭圆轨道或双曲线轨道运行。第三类迷踪彗星，要么失踪，要么被摧毁，被标记为“D/”。表 1.2 列出了每种彗星所占的百分比。

彗星会从一条路径被推到另一条路径吗？是的！当彗星沿着椭圆轨道进入太阳系，在接近一颗行星时，时常发生这种情况。结果，它的路径将变为一条双曲线，它也因此永远离开了我们的太阳系。

查阅布莱恩 · G. 马斯登（Brian G. Marsden）和加雷思 · V.

威廉姆斯（Gareth V. Williams）的《彗星轨道目录 2008》（*Catalogue of Cometary Orbits 2008*，第 17 版），在以"C/"命名的近 1000 颗彗星中，有 23% 的偏心率大于 1.000000，77% 的偏心率小于 1.000000。

表 1.2　截至 2008 年年中，不同类别、族和群彗星中"C/""P/"和"D/"彗星所占总数的百分比

类别	百分比
短周期彗星（"C/"和"P/"彗星）	**13.8%**
恩克族彗星	0.6%
木族彗星	11.1%
喀戎族彗星	0.3%
短周期近各向同性NI族彗星	1.6%
科里切特2族彗星（Kracht 2 Family）	0.1%
长周期彗星（"C/"和"P/"彗星）	**84.7%**
掠日彗星	51.9%
克罗伊策群	44.6%
迈耶群	3.1%
马斯登群	1.1%
科里切特 1 群	1.1%
科里切特 3 群	0.1%
阿农 1 群	0.1%
阿农 2 群	0.1%
未分类（掠日彗星）	1.7%
长周期近各向同性NI族彗星	32.8%
迷踪彗星（"D/"彗星）	**1.5%**

作者根据布莱恩 · G. 马斯登和加雷思 · V. 威廉姆斯的《彗星轨道目录 2008》（第 17 版）中的数据计算而得。

轨道根数

确定彗星路径的量有六个，被称为轨道根数。这些量用于确

定彗星的不同类别、族和群，它们还提供了有关彗星起源的信息。下面是对这些量的描述。

第一个量是彗星通过近日点的日期和时刻。近日点是彗星路径上最接近太阳的点。如果彗星是沿着椭圆轨道运行的，那么这个量要具体到它每次通过近日点的日期和时刻。该量由符号 T 表示。

第二个量是近日点处彗星离太阳的距离，由符号 q 表示，单位是天文单位。图 1.6 中，太阳和 q 点之间的距离即该量。

第三个量是彗星路径所在平面与地球轨道平面之间的夹角。这个角被称为轨道倾角，符号为 i，它的取值范围是从 0 度到 180 度。180 度的倾角与 0 度相同，只是当倾角为 180 度时，彗星的运动方向与地球绕太阳的运动方向相反。若彗星的运动方向与地球相同，并始终在地球的轨道平面上，那么轨道倾角为 0 度，如图 1.6 所示。

第四个量是轨道偏心率。如前所述，它决定了彗星路径的形状，轨道偏心率的符号是 e。

确定彗星路径的第五个量和第六个量分别是升交点的经度（符号为 Ω）和近日点辐角（符号为 ω）。

彗星轨道与地球轨道平面相交的两个点称为交点。升交点是彗星由南向北运动时与地球轨道平面的交点。降交点是彗星从北向南运动时与地球轨道平面的交点。升交点的经度是太阳和春分点的连线与太阳和升交点的连线之间的角度。春分点是地球北半球春分时太阳在天空中的位置。近日点辐角 ω 是太阳和近日点的连线与升交点与降交点之间连线的夹角。具体参见图 1.6。

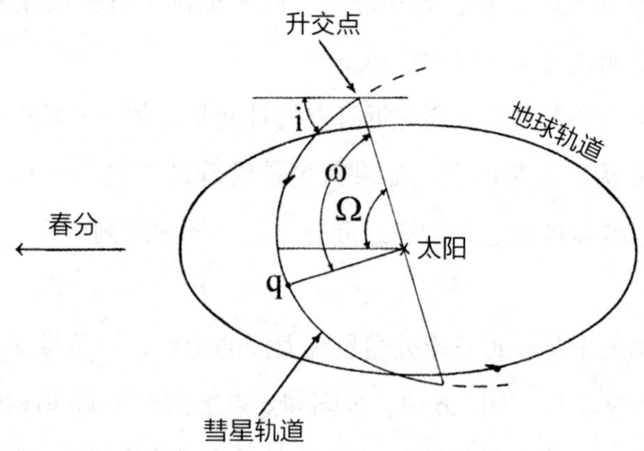

图 1.6 彗星的轨道根数。图中显示了轨道倾角（i）、近日点（q）、升交点的经度（Ω）和近日点幅角（ω）。注意，近日点距离是太阳与 q 点之间的距离。

彗星轨道根数的测定和修正

彗星一旦被发现，天文学家的首要任务就是测量其位置。重复的位置测量用于路径的计算和将来位置的预测。计算将来的位置有助于更多彗星位置的测量和路径的完善。位置测量次数的增多和测量时间间隔的增加，使预测的路径的精度随之提高。例如，表 1.3 给出了苏梅克 – 列维 9 号彗星的轨道偏心率、轨道周期的计算值和其他预测结果。这张表表明，随着天文学家对这颗彗星进行更多的位置测量，他们预测出它将在 1992 年 7 月初接近木星。经过进一步的完善，他们确定它将会撞向木星，并最终准确预测了撞击时间，还精确到了分钟。

表 1.3　多个国际天文学联合会快报中列出的苏梅克－列维 9 号彗星的轨道根数和一些其他特性

IAU快报编号	5744	5800	5892和5893	5906	6017
IAU快报日期	1993年4月3日	1993年5月22日	1993年11月22日	1993年12月14日	1994年7月9日
轨道偏心率e	0.07169	0.065832	0.206613	0.207491	–
轨道倾角i（度）	2.206	1.3498	5.7864	5.8254	–
轨道周期（年）	11.45	11.728	17.670	17.685	–
1992年最接近木星的预测日期	可能性很大	7月8.8	7月8.0	7月7.8	–
第一次撞击的预测日期（1994）	无提及	7月25.4	7月18.7	7月17.6	7月16.826
最后一次撞击的预测日期	无提及	7月25.4	7月23.2	7月22.3	7月22.330

1.4 彗星轨道与开普勒行星运动第二和第三定律

彗星沿着椭圆轨道围绕太阳运行时，若不受其他天体的扰动，它的轨道将不会改变，不会变大，也不会变小。这样的运动为规则运动，其轨道被称为开普勒轨道；在这种情况下，开普勒行星运动第二定律和第三定律成立。然而，所有进入或位于太阳系的彗星都会受到行星的引力牵引，这种牵引叫作摄动。由于摄动的影响，开普勒第二定律和第三定律不再成立。但是，在大多数情况下，这两个定律仍是准确估算彗星运动的工具。

图 1.7 显示了 1P/Halley 彗星的轨道。开普勒第二定律指出，太阳与绕太阳运行的天体的连线，在相同的时间间隔内扫过的面积相等。例如，如果连线从 A 点到 B 点扫过的面积等于从 D 点到 C 点扫过的面积，那么彗星从 A 点到点 B 所需的时间将等于从 D 点到 C 点的时间，这表明彗星在靠近太阳时运动得更快。图 1.8 显示了这颗彗星在椭圆轨道上不同的点运动时的近似速度。它在近日点时运动得最快，在远日点（离太阳最远处）时最慢。由此，由开普勒第二定律得出的一个结论是：彗星在离太阳最近的时候运动得最快（由于引力作用更强）。

椭圆轨道上的彗星还遵守开普勒第三定律。该定律表明，围绕太阳运行的天体，其轨道周期和它与太阳的平均距离之间存在一定的关系。天体离太阳越远，其绕太阳运行一周所需的时间就越长。开普勒第三定律的表达式为：

$$p^2/r^3 = 1\text{年}^2/au^3\text{（适用于围绕太阳运行的天体）} \quad (1.1)$$

或者

$$r = [p^2 \times au^3 / \text{年}^2]^{1/3} \quad (1.2)$$

在表达式中，p 是轨道周期，r 是彗星与太阳的平均距离（或彗星轨道的半长轴），au 是天文单位的缩写（一个天文单位是地球到太阳的平均距离，等于 1.496 亿千米）。第三定律表明，知道了彗星的轨道周期，就能计算出彗星与太阳的平均距离。

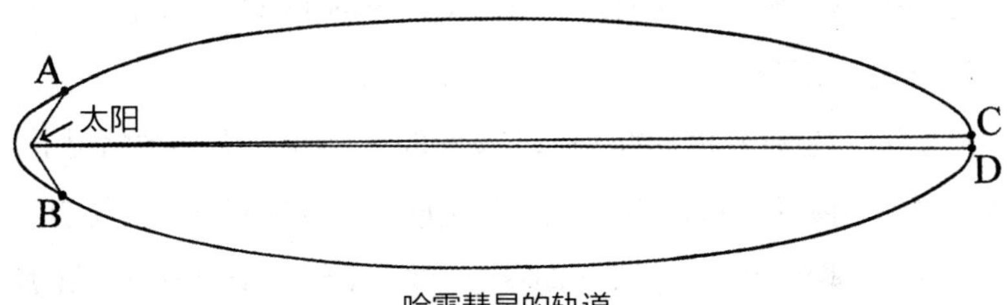

图 1.7　开普勒行星运动第二定律示意图。哈雷彗星从 A 点到 B 点和从 C 点到 D 点都需要 1 年的时间。因为 A 和 B 点离太阳近，所以它的运动速度比在 C 和 D 点处快得多。原因是开普勒第二定律表明太阳与绕太阳运行的天体（彗星）的连线，在相同的时间间隔内扫过的面积相等。

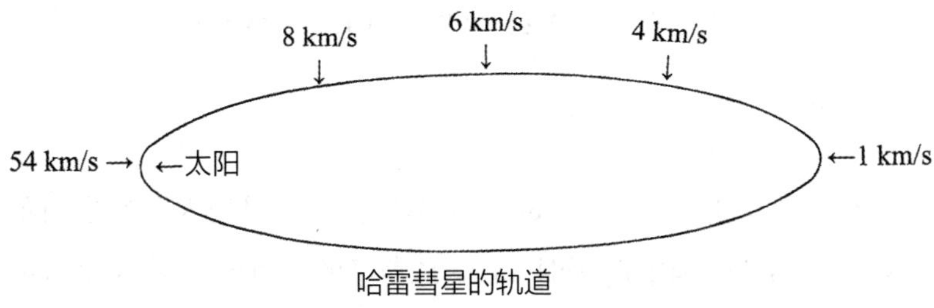

图 1.8　1P/Halley 彗星在不同轨道位置上的近似速度

1.5 彗星分类

表 1.2 针对不同类别、族和群的彗星，列出了“C/”“P/”和“D/”彗星分别所占的百分比。表 1.2 的统计中没有包括“X/”彗星。[本节引用的轨道统计数据来自截至 2008 年年中已知的彗星。轨道参数来自布莱恩 · G. 马斯登和加雷思 · V. 威廉姆斯的《彗星轨道目录 2008》(第 17 版，2008 年)]。从表 1.2 中可以看出，长周期彗星占所有已知彗星的 84.7%。这一类彗星包含两大部分：掠日彗星，占已知彗星的 51.9%；长周期近各向同性彗星，占已知彗星的 32.8%。短周期彗星占已知彗星的 13.8%，其中，木族彗星占绝大部分。

同族彗星有着相似的轨道，并受相同引力的作用。多数情况下，同族彗星还有相同的起源。划分彗星族群的数学方法比较复杂。

许多天文学家依据蒂塞朗参数（T）来划分彗星族群。在露西安 · 麦克法登（Lucy-Ann McFadden）等人的《太阳系百科全书》(*Encyclopedia of the Solar System*，第 2 版，2007 年）中，蒂塞朗参数的定义为：

$$T = (j/r) + 2 \times [(1 - e^2) \times r/j]^{1/2} \times \cos(i) \qquad (1.3)$$

在表达式中，j = 5.20280 天文单位，是木星与太阳的平均距离；r 是彗星与太阳的平均距离；e 是彗星的轨道偏心率；i 是彗星的轨道倾角，单位为度；cos 表示余弦函数。

蒂塞朗参数（T）是划分短周期彗星的有力工具。图 1.9 的流程图呈现了短周期彗星的不同族群。如果 T 小于 2.0，它属于近各向同性族彗星。如果 T 介于 2.0 至 3.0 之间，它属于木族彗星。如果 T 超过 3.0，根据其轨道的大小，它可能属于恩克族彗星或喀戎族彗星。表 1.4 列出了几颗彗星的轨道根数、蒂塞朗参数以及它们所属的族群。图 1.10 到图 1.12 分别显示了木星的轨道以及 2P/Encke 彗星、17P/Holmes 彗星和 95P/Chiron 彗星的轨道。2P/Encke 彗星始终位于木星绕太阳运行的轨道内，它从未靠近过木星。95P/Chiron 彗星位于木星轨道之外，不会靠近木星。然而，17P/Holmes 彗星就有可能会接近木星，木星的引力也会影响到它的轨道。接下来的一节将介绍短周期彗星及其族类。

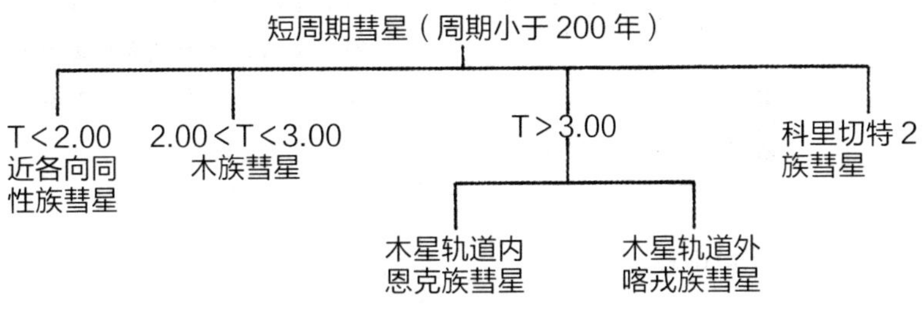

图 1.9　短周期彗星不同族群的划分图

表 1.4　几颗彗星的轨道根数、蒂塞朗参数和所属族类

彗星	近日点距离q（天文单位）	轨道偏心率e	轨道倾角i（度）	蒂塞朗参数T	族
1P/Halley彗星	0.5871	0.9673	162.2	–0.607	短周期近各向同性
2P/Encke	0.3393	0.8470	11.75	3.03	恩克族
9P/Tempel 1	1.506	0.5175	10.53	2.97	木族

续表

彗星	近日点距离q（天文单位）	轨道偏心率e	轨道倾角i（度）	蒂塞朗参数T	族
17P/Holmes	2.053	0.4324	19.11	2.86	木族
95P/Chiron	8.454	0.3831	6.93	3.36	奇龙族

图 1.6 对轨道根数进行了解释。数据摘自布莱恩·G. 马斯登和加雷思·V. 威廉姆斯的《彗星轨道目录 2008》。

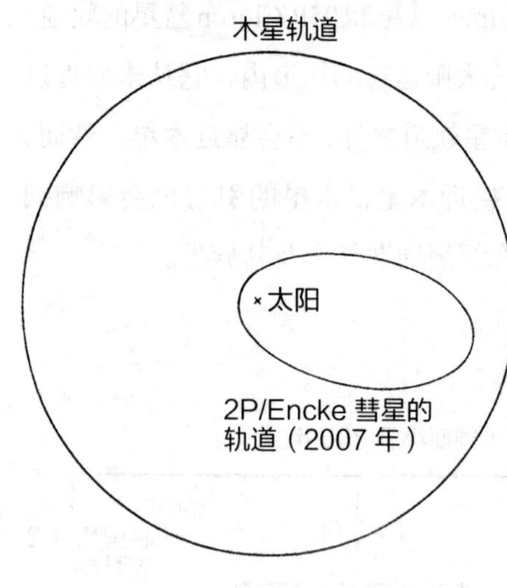

图 1.10　2007 年 2P/Encke 彗星和木星的轨道示意图。注意这颗彗星从未像木星那样离太阳那么远，它也不会接近木星。

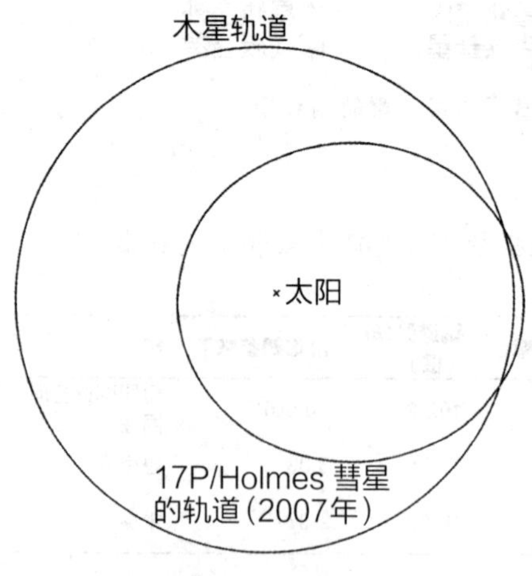

图 1.11　2007 年 17P/Holmes 彗星和木星的轨道平面示意图。注意彗星轨道和木星轨道有少许交叠，表明它们会定期靠近彼此。

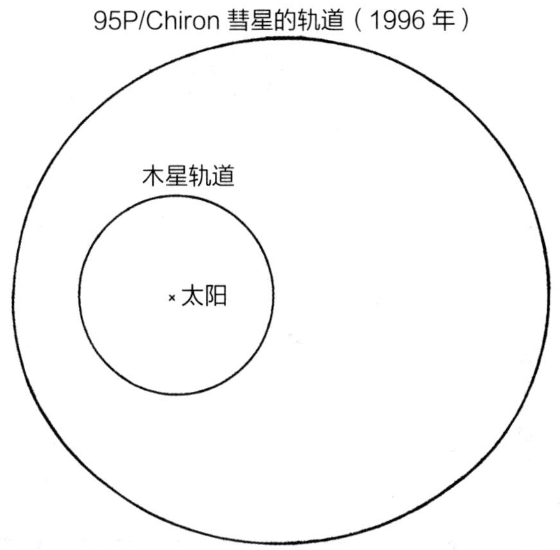

图 1.12　1996 年 95P/Chiron 彗星和木星的轨道对比图。注意此彗星的轨道从未接近木星。

短周期彗星

短周期彗星包含恩克族彗星、奇龙族彗星、木族彗星、短周期近各向同性彗星和科里切特 2 族彗星。下面将讲述这些彗星族群的轨道特征。

第一个特征是，恩克族彗星的轨道在木星的内侧，其运动却不受控于木星的引力。第二个特点是，它们的轨道倾角较小，都小于 12 度。然而其轨道偏心率的分布较为分散，如图 1.13 所示。该图给出了恩克族彗星和奇龙族彗星的轨道偏心率与轨道周期之间的关系。不难看出，恩克族彗星的轨道形状有的接近圆形，有的是扁平的椭圆形。

奇龙族彗星的运动路径在木星的轨道外。与恩克族彗星一

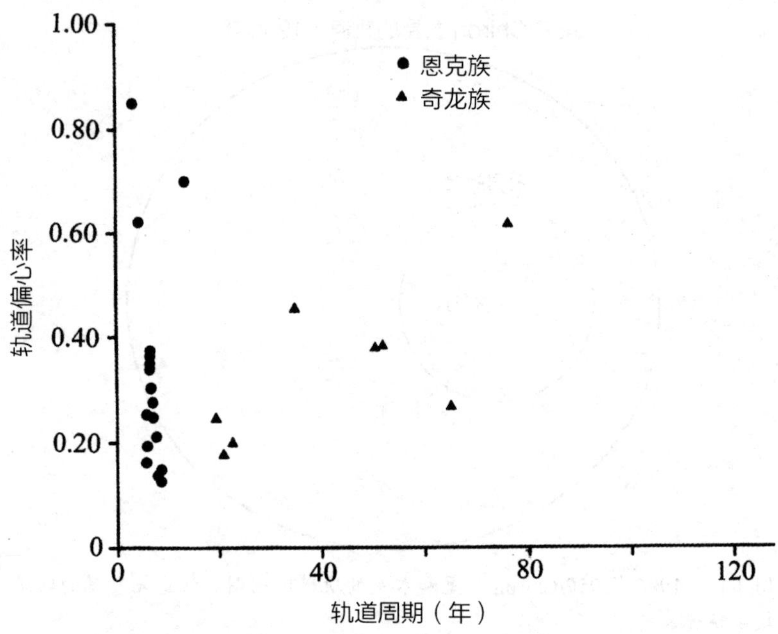

图 1.13　恩克族彗星和奇龙族彗星的轨道偏心率与轨道周期（单位：年）的关系图。数据来自布莱恩·G. 马斯登和加雷思·V. 威廉姆斯的《彗星轨道目录 2008》。

样，它们也都不受木星引力的控制。族群中，至少有一颗彗星，95P/Chiron 彗星，跨过了土星的轨道。因此，它可能会与土星来一次近距离接触。奇龙族彗星的轨道倾角较小，都小于 24 度，其中 63% 的彗星的轨道倾角小于 12 度。它们的偏心率分布比较分散，这一点与恩克族彗星一样。它们的轨道周期从 20 年到近 80 年不等，参见图 1.13。

大多数短周期彗星属于木族彗星。木族彗星可能会接近木星，木星的引力场强烈地影响着它们的运动。木星的轨道倾角为 1.3 度，多数木族彗星的路径都不在木星轨道平面内，尽管如此，有些彗星还是穿过了木星的轨道。苏梅克 – 列维 9 号彗星

（D/1993 F2）的轨道倾角为 6.0 度。然而，在 1994 年 7 月，它不仅越过了木星的轨道，还撞击了它。图 1.14 给出了不同轨道倾角的木族彗星所占的百分比。大多数木族彗星的轨道倾角小于 24 度，这一点与恩克族和奇龙族彗星相似。图 1.15 展示了木族彗星的轨道周期和偏心率。木族彗星轨道偏心率较分散。那些轨道周期超过 25 年的彗星，往往偏心率更高。高偏心率是导致这类彗星靠近木星的唯一方式，因此，它们也会受到木星引力的影响。

在短周期彗星中，近各向同性彗星较为特别，它们的轨道倾角分布与恩克族彗星、奇龙族彗星和木族彗星都不同。图 1.16 给出了具有不同轨道倾角的短周期近各向同性彗星所占的百分比。图中显示，轨道倾角分布非常均衡，与恩克族彗星、奇龙族彗星和木族彗星形成鲜明对比。彗星轨道倾角分布的差异表明，短周期近各向同性彗星与上文中提到的其他三类彗星有着不同的起源。天文学家认为奥尔特云是短周期近各向同性族彗星的主要发源地，因为其轨道倾角几乎是均匀分布的。奥尔特云以荷兰天文学家扬·亨德里克斯·奥尔特（Jan Hendrix Oort）的名字命名，呈球壳状分布，在距离太阳 3000 天文单位（或 0.05 光年）至约 100,000 天文单位（或 1.6 光年）之间。这片云区含有多达 10^{12} 个冰质天体，这些天体大到足以成为彗星。相比，恩克族、奇龙族和木族彗星中有大量的低轨道倾角彗星，天文学家认为它们主要起源于海王星以外的区域。

图 1.17 显示了短周期近各向同性彗星的轨道偏心率与轨道周期的关系［图中未包含 153P 彗星（周期 = 364 年，偏心率 = 0.990062）和 C/1937 D1 彗星（周期 = 187 年，偏心率 = 0.981）］。短周期近各向同性彗星的轨道偏心率均大于 0.60，这说明它们的轨道非常扁平。它们在太阳附近停留的时间短暂，大部分时间都

距太阳很远。

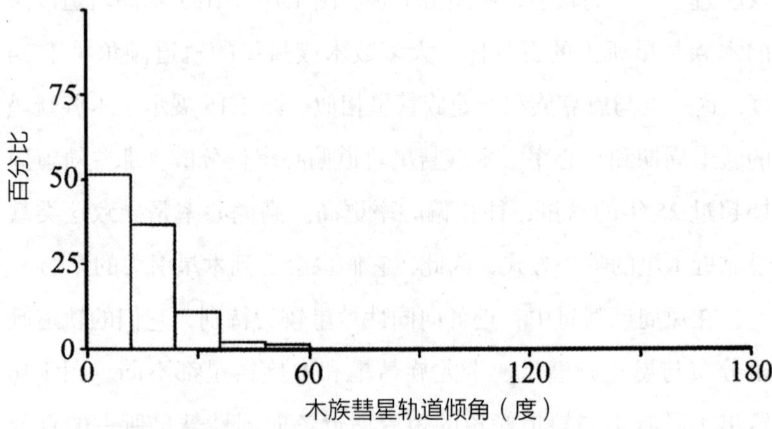

图 1.14 不同轨道倾角的木族彗星所占的百分比。数据摘自布莱恩 · G. 马斯登和加雷思 · V. 威廉姆斯的《彗星轨道目录 2008》。

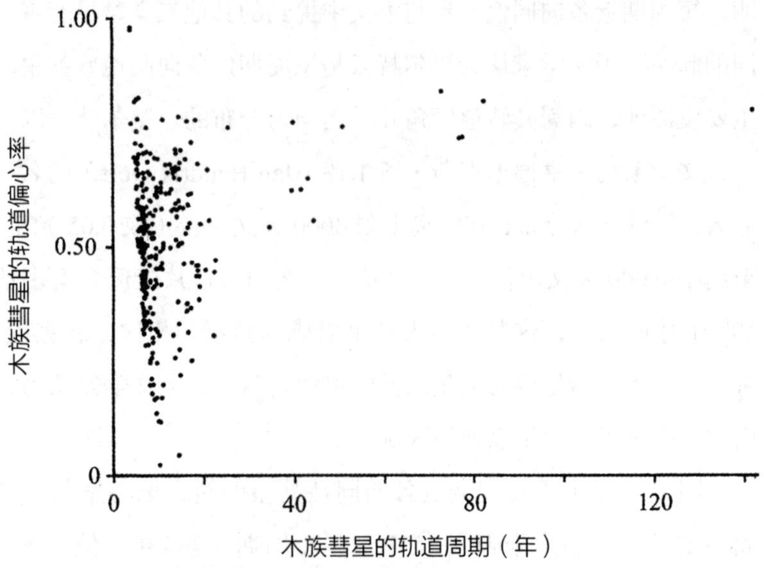

图 1.15 木族彗星的轨道偏心率与轨道周期的关系图。值得注意的是，当轨道周期小于 15 年时，轨道偏心率分布较分散；当轨道周期大于 30 年时，轨道偏心率都大于 0.5。数据摘自布莱恩 · G. 马斯登和加雷思 · V. 威廉姆斯的《彗星轨道目录 2008》。

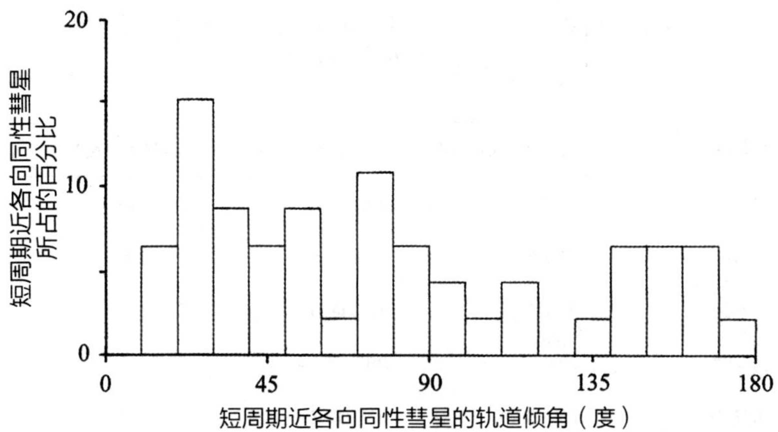

图 1.16　不同轨道倾角的短周期近各向同性彗星所占的百分比。值得注意的是，轨道倾角的分布相当均匀。数据摘自布莱恩·G. 马斯登和加雷思·V. 威廉姆斯的《彗星轨道目录 2008》。

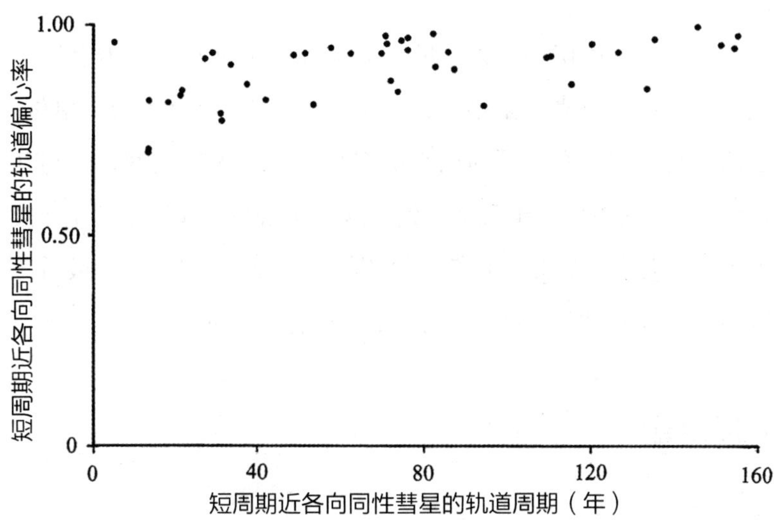

图 1.17　不同轨道周期的短周期近各向同性彗星的轨道偏心率。值得注意的是，它们的轨道偏心率均大于 0.60。数据摘自布莱恩·G. 马斯登和加雷思·V. 威廉姆斯的《彗星轨道目录 2008》。

表 1.5　七种不同的掠日彗星群和科里切特 2 族短周期彗星的轨道特征参量平均值（有些值提供了标准差，见括号中）

彗星群	近日点幅角ω（度）	升交点经度Ω（度）	轨道倾角i（度）
科里切特1群	58.6 (7.7)	44.2 (7.4)	13.4 (0.8)
马斯登群	24.2 (6.5)	79.0 (8.6)	26.5 (2.5)
迈耶群	57.4 (2.4)	73.3 (4.1)	72.8 (2.3)
克罗伊策群	79.9	360.4或0.4	143.3 (~2)
阿农1群	86.9 (2.3)	238 (12.7)	87.8 (0.9)
阿农2群	81.6	243.1	27.48
科里切特3群	179.8	326.3	55.1
科里切特2族	45.2	6.0	13.5

计算这些数值的数据来自布莱恩 · G. 马斯登和加雷思 · V. 威廉姆斯的《彗星轨道目录 2008》。

最后是科里切特 2 族彗星。截至 2008 年年中，族群有四个成员，它们可以靠太阳很近，其平均近日点为 0.054 天文单位。在四颗彗星中，有三颗的偏心率在 0.977 到 0.979 之间，这与其长约 2.5 天文单位的半长轴一致。这几颗彗星在远日点可能会接近木星。若真是如此，它们的轨道将发生改变。表 1.5 的最后一行列出了科里切特 2 族彗星的其他轨道特征参量。

长周期彗星

长周期彗星分为两族，即掠日彗星和长周期近各向同性彗星。下面讲述了这些族类以及掠日彗星包含的彗星群，请先参阅表 1.2。图 1.18 说明了长周期彗星的族群。

掠日彗星是在扁平轨道上运行的彗星，它们通常以小于 0.05 天文单位的距离接近太阳。图 1.19 展示了一颗典型的克罗伊策彗星（C/2007 V13）的轨道，这颗彗星的轨道偏心率很大（约 0.9999），轨道也非常扁平。实际上，这颗彗星距离太阳的中心仅 0.0057 天文单位，也就是说，它在近日点距离太阳的光球层仅 157,000 千米。在远日点，它距离太阳超过 172 天文单位（假设其轨道周期为 800 年）。图 1.20 为 2007 年 C/2007 V13 彗星接近太阳时的路径图，彗星的轨迹由虚线表示。

掠日彗星靠近太阳时会燃烧吗？应该会。多数情况是因为彗星体形太小。天文学家认为，它们的彗核直径在几米到几十米之间。其他的掠日彗星则会直接撞上太阳。至少有 26 颗克罗伊策族彗星的近日点距离小于太阳的半径（截至 2008 年年中的数据），因此，它们和太阳发生了碰撞。更多的掠日彗星因离太阳太近，要么旋转着坠入太阳，要么在接近太阳的过程中升华殆尽或爆炸。尽管如此，有些掠日彗星还是耐住了太阳的烈焰，存活了下来。这怎么可能呢？一个小问题便可以说明一切。你有没有尝试过让手指快速穿过烛火呢？如果试过，你会发现手指根本不会痛，因为手指停留的时间太短，没来得及受热。同样，很多掠日彗星都是匆匆过客，它们以足够快的速度与太阳擦肩而过，并保持了自身的完整性。根据开普勒第二定律，这些彗星在靠近太阳时运动得很快。图 1.20 中，C/2007 V13 彗星从虚线的一头运动到另一头只需约 1.5 小时。因此，即使掠日彗星离太阳很近，它们也不会变得像想象中那么热。

图 1.21 和图 1.22 分别展示了迈耶群彗星和克罗伊策群彗星的近日点距离分布。克罗伊策群彗星近日点距离的分布很集中，大多数克罗伊策彗星在离太阳表面 0.01 天文单位的范围内飞过。

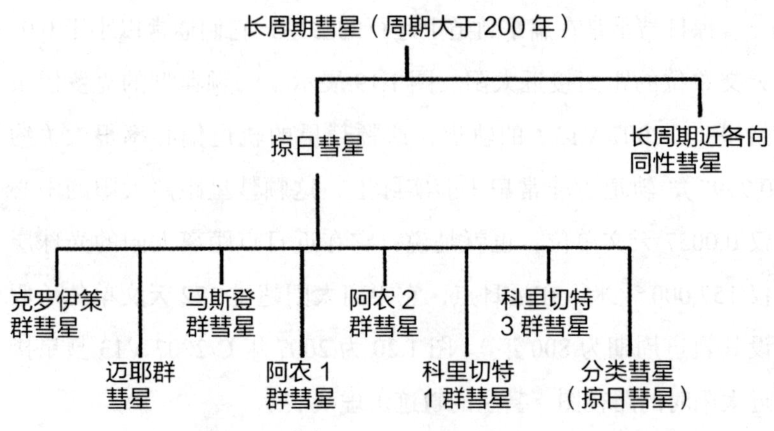

图 1.18 长周期彗星不同族、群的划分图

C/2007 V13 彗星

图 1.19 C/2007 V13 彗星的大致路径图。值得注意的是，路径非常扁平。大部分时间彗星都远离太阳。

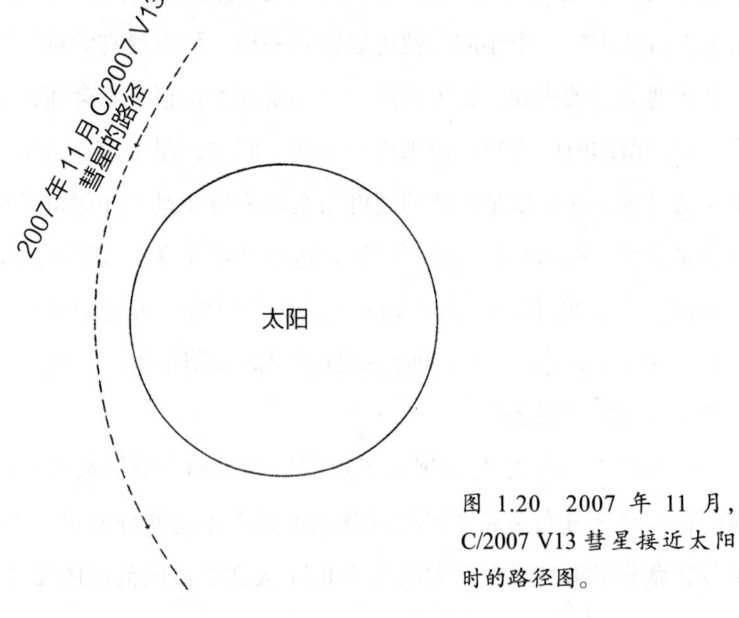

图 1.20 2007 年 11 月，C/2007 V13 彗星接近太阳时的路径图。

迈耶群彗星离太阳就没那么近，大多数迈耶群彗星在离太阳表面0.04 天文单位的范围内飞过。

图 1.23 为掠日彗星几个较大族群的轨道倾角分布图。这些群都有集中的轨道倾角分布，这表明这些群的起源不同。表 1.5 总结了掠日彗星几个群的三个轨道参数的平均值（近日点幅角 ω、升交点经度 Ω 和轨道倾角 i）。人们认为克罗伊策群彗星是单个彗星的碎片，其他群中的彗星也可能是不同彗星的碎片。这些彗星在过去的某个时刻解体了，从而形成了不同的群。

根据国际天文学联合会第 7585 号快报中报道的亮度值，我分析了掠日彗星 SOHO 彗星（C/2001 C5）的亮度。图 1.24 为 2001 年 2 月它的亮度值随十进制日期的变化。十进制日期是指从一天的开始（世界时 0：00）将一天十等分的日期表示方式。这颗彗星的绝对星等为 H_{10} = 24.58（本章稍后将讲述绝对星等）。该数值比“C/”彗星的 H_{10} 平均值低了将近 18 个星等。这意味着将 SOHO 彗星（C/2001 C5）与“C/”彗星放在离地球和太阳距离相同的位置，它暗了近 1000 万倍。图中 SOHO 彗星（C/2001 C5）的亮度却达到 4.9 星等，唯一的解释是这些亮度是在它靠近太阳时测得的。

长周期近各向同性彗星的轨道倾角分布比较分散，这一点与短周期近各向同性彗星相似。图 1.25 给出了不同轨道倾角的长周期近各向同性彗星所占的百分比。轨道倾角在 40 度和 150 度之间的分布比较均匀。轨道倾角小于 40 度和大于 150 度的近各向同性彗星所占的比例有所下降。

截至 2008 年年中，有 50 颗掠日彗星不属于表 1.5 中七个群中的任何一个。这些彗星被归为表 1.2 中的“未分类彗星”（掠日彗星）。我绘制了这些彗星的轨道倾角与近日点幅角的关系图。

基于2008年年中收集的数据，在对该图及升交点的经度仔细研究后，我得出结论：未分类彗星中没有新的家族。其中两颗未分类的彗星——SOHO彗星（C/1999 O4）和SOHO彗星（C/2004 Y10）的轨道参数分别为：ω = 104.04度，Ω = 107.87度，i = 133.32度和ω = 99.02度，Ω = 129.68度，i = 131.61度。在所有未分类的掠日彗星中，这两颗彗星的轨道参数最接近。然而，由于它们在参数Ω上的较大差异，它们也不能组成一个新的彗星群。

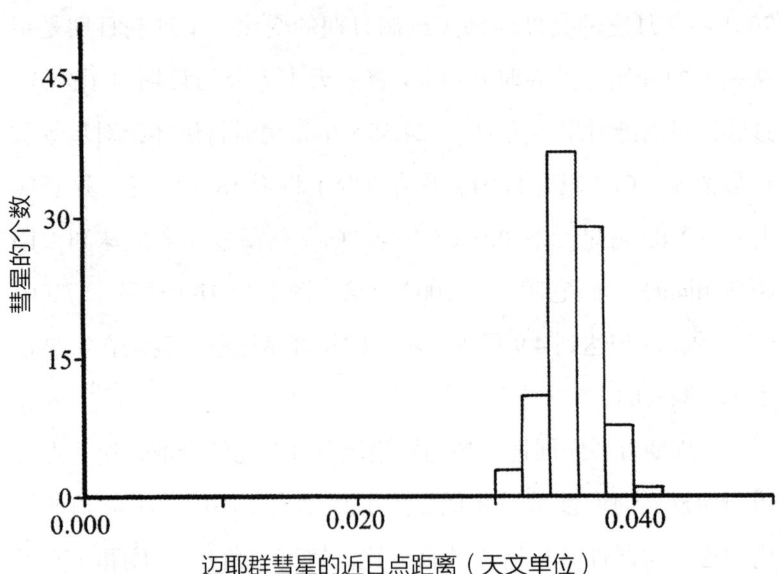

图1.21　迈耶群彗星的近日点距离分布。值得注意的是，这些彗星的近日点距离的分布范围很窄。数据来自布莱恩·G. 马斯登和加雷思·V. 威廉姆斯的《彗星轨道目录2008》。

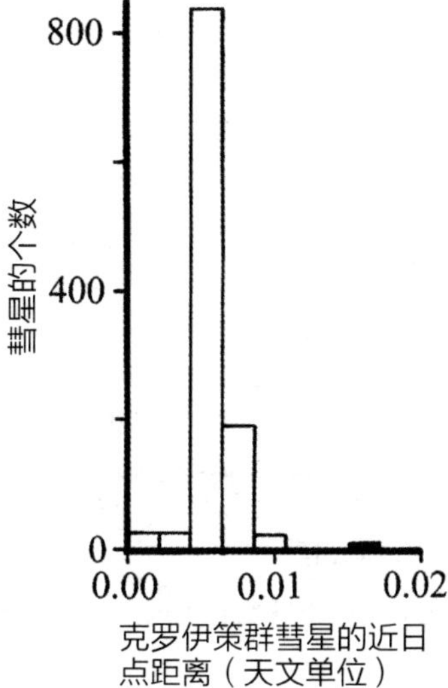

图 1.22 克罗伊策群彗星的近日点距离分布。值得注意的是，这些彗星的近日点距离的分布范围很窄，多个彗星还撞上了太阳。数据来自布莱恩·G. 马斯登和加雷思·V. 威廉姆斯的《彗星轨道目录 2008》。

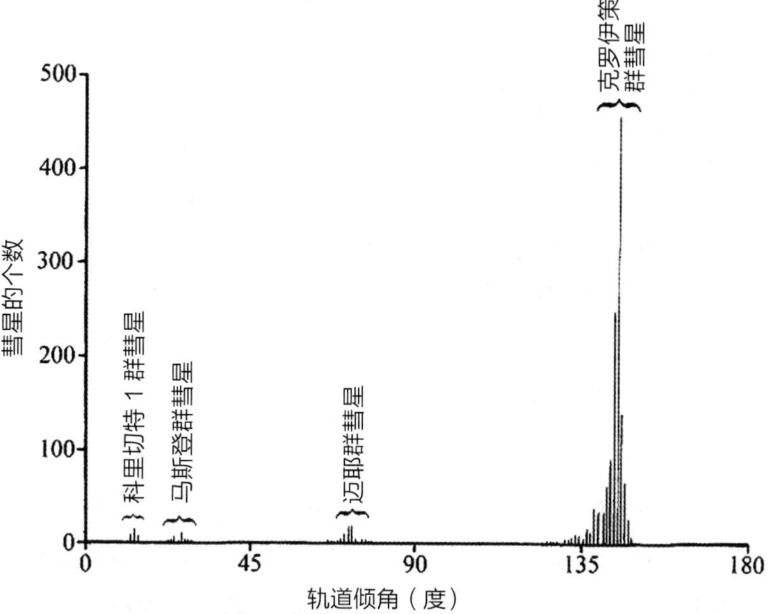

图 1.23 不同掠日彗星群的轨道倾角分布。值得注意的是，每个群的轨道倾角分布都比较集中。数据来自布莱恩·G. 马斯登和加雷思·V. 威廉姆斯的《彗星轨道目录 2008》。

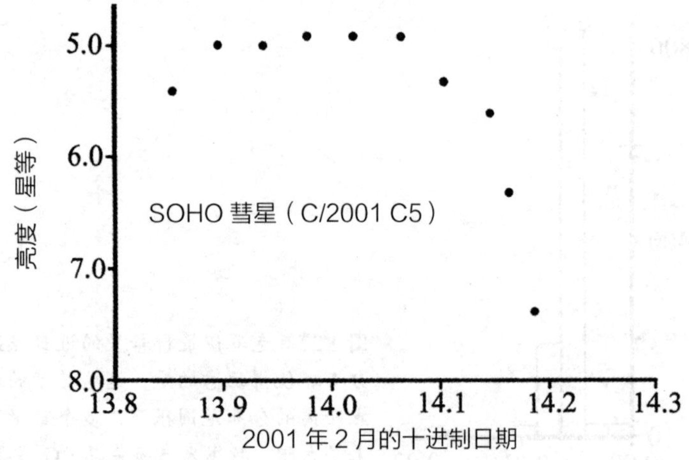

图 1.24　2001 年 2 月，掠日彗星（C/2001 C5）不同十进制日期的星等亮度。数据来自国际天文学联合会第 7585 号快报。

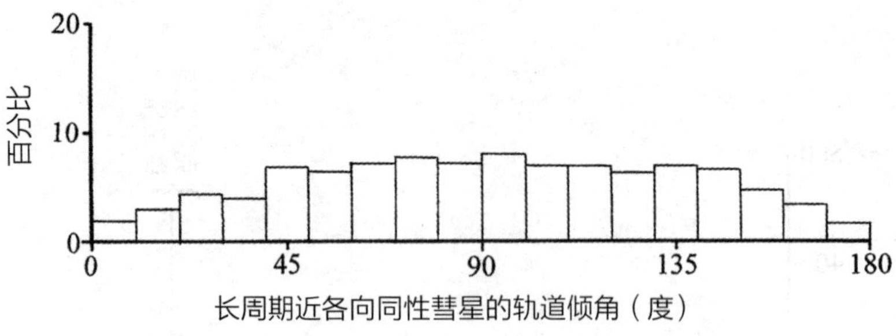

图 1.25　不同轨道倾角的长周期近各向同性彗星所占的百分比。数据来自布莱恩 · G. 马斯登和加雷思 · V. 威廉姆斯的《彗星轨道目录 2008》。

迷踪彗星

截至 2008 年 5 月，将近 40 颗彗星被宣布失踪或毁灭。天文学家用"D/"来标识这些彗星。大多数迷踪彗星的轨道倾角都在 20 度以下。除三颗外，所有迷踪彗星的轨道周期都小于 10 年。如果这些彗星还能够幸存的话，那么大多数将会被归入短周期彗星中的木族彗星。

1.6 彗星起源和运动

在过去的 2000 多年里，有数百颗彗星划过我们的天空。它们从哪来？受何种力控制？本节将回答这两个问题。本节还将解答与彗星起源和运动有关的其他问题。我们首先讨论彗星的起源；接着，探讨推动彗星进入太阳系内部的万有引力（重力）；最后，讲述影响彗星运动的一些非引力。

在海王星的轨道之外，人们发现的第一个天体是冥王星，它属于新星类矮行星。自 20 世纪 90 年代初，天文学家在海王星轨道外发现了 1200 多个天体；在距离太阳 30 至 50 天文单位的空间内，可能还存在许多直径超过几十千米的天体。这些天体轨道的倾角较小，是短周期彗星的来源。人们认为，彗星的第二个来源是上面提到的奥尔特云。奥尔特云中的天体与海王星之外的天体不同，其轨道倾角几乎是随机分布的，如图 1.26 所示。这些天体若不接近太阳，就不能被定义为彗星。由于缺少太阳的温度，它们无法形成彗发。

在海王星活动的区域内（距离太阳 30 至 50 天文单位），冰质天体可能被海王星的引力拉入太阳系内部。对更远处的奥尔特云中的天体，邻近太阳的恒星或银河系扰动会向它们施加引力，把它们拉入太阳系内部。当一个冰质天体被推入太阳系温暖的内部时，它会演化出彗发，成为一颗彗星。这些将冰质天体推入或拉入太阳系内部的力有太阳的重力、行星的重力、邻近恒星的引力和银河系盘的引力。我们先简要介绍一下牛顿万有引力定律，之后再对这些力进行讨论。

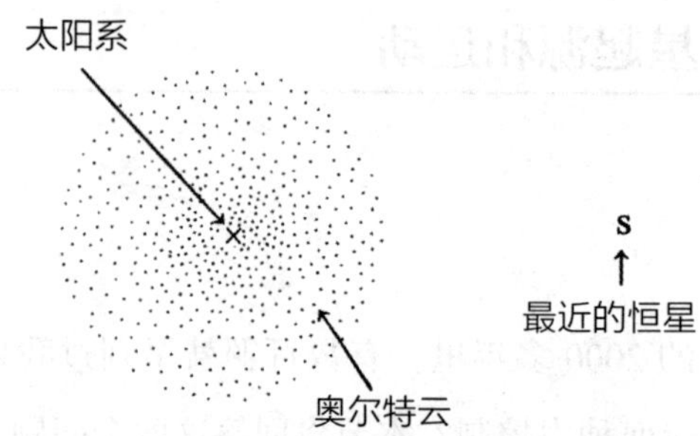

图 1.26　太阳系（× 点）之外的奥尔特云以及离我们最近的恒星（s 点）。

牛顿万有引力定律

牛顿万有引力定律表明，两个物体之间的万有引力（F_g）为：$F_g = (G \times m_1 \times m_2)/D^2$，其中 G 是万有引力常数，$6.67 \times 10^{-11}\ m^3/(kg\ s^2)$，$m_1$ 是第一个物体（比如彗星）的质量，m_2 是第二个物体的质量，它可以是太阳或行星，D 是 m_1 和 m_2 的中心之间的距离。需要重点强调的是，万有引力随距离的平方而变化。随着距离的变小，F_g 快速增大；相反，随着距离的变大，F_g 快速变小。简单来说，两个物体之间的万有引力的大小取决于它们的质量和它们之间的距离。

虽然太阳是太阳系中质量最大的天体，但是它施加于彗星的引力可能并不总大于其附近行星的引力。根据牛顿万有引力定律，在太阳系之外，太阳的引力随着距离的增大变得越来越弱，因为万有引力随着距离的平方而变小。例如，相比 30.0 天文单位处的地方，太阳在 1.0 天文单位处的引力要强 900 倍。

引力及引力对彗星的影响

外太阳系中的一些天体，在靠近太阳并最终演化为彗星的过程中，引力是幕后的推手。任何大物体，比如行星，都能产生引力。本节将讲述太阳、大行星、邻近的恒星和我们的星系是如何将天体拉入、推入或抛离太阳系的。

太阳是太阳系中质量最大的天体，它凭借巨大的体量把彗星吸引到身边。一旦一个冰质天体进入太阳系，它就很难摆脱太阳的控制了。若达到了一定的条件，它将靠近太阳运行，演化出彗发，成为一颗彗星。

行星会对其附近的彗星施加强大的引力，在很多情况下，会导致彗星轨道周期或轨道方向的改变。图 1.27 展示了一颗正接近木星的彗星。当彗星接近木星时，它将加速（用长箭头表示）；当它离开时，它会减速（用短箭头表示）。彗星在接近木星时，因木星引力的拉扯而加速；当彗星离开时，木星的引力试图将它拉回，从而使它减速。引力的作用因木星的运动而变得复杂。

然而，计算出彗星接近一颗行星后的轨迹还是可能的。大多数情况下，附近的行星会改变彗星运动的方向和速度。在图 1.27 中，木星的引力引起了彗星速度的变化。因为木星的质量非常大，所以彗星的引力对木星的运动几乎没任何影响。它们之间引力作用的最终结果是彗星的轨道发生了改变。

每一颗行星都足以改变彗星的轨道。图 1.28 显示了自公元前 239 年以来，1P/Halley 彗星轨道周期的变化。在 451 年和 1066 年，其周期长达 79.3 年，1986 年却短至 76.0 年。大部分轨道周期的变化是由于行星的摄动引起的。表 1.6 列出了几个周期彗星的轨道周期范围、平均轨道周期和统计的时间段。行星摄动在多数情况下会改变彗星的路径，使其飞向太阳系内部。海王星对其周围的天体有着类似的重要影响。同样，行星摄动还可以将彗星从太阳系中抛离出去。

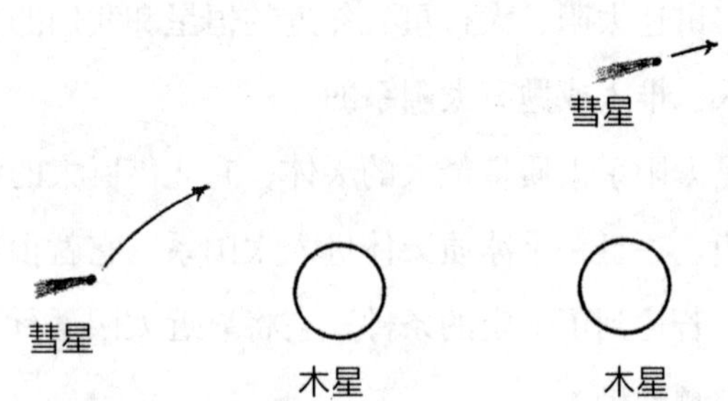

图 1.27　当彗星靠近木星时，彗星的轨道速度因木星引力的作用逐渐加快，由弯曲的长箭头表示。当彗星远离木星时，木星引力阻碍彗星向外运动，彗星的轨道速度逐渐减慢，由弯曲的短箭头表示。

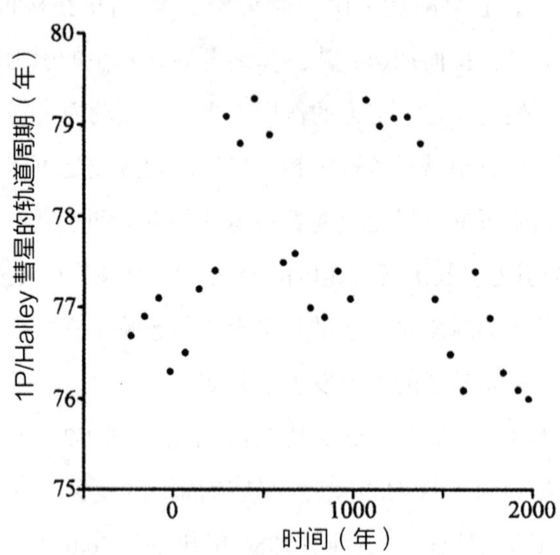

图 1.28　公元前 239 年以来 1P/Halley 彗星的轨道周期。值得注意的是，2000 多年以来，它的轨道周期一直在变化。数据来自布莱恩 · G. 马斯登和加雷思 · V. 威廉姆斯的《彗星轨道目录 2008》。

表 1.6 几个短周期彗星的轨道周期范围

彗星	轨道周期范围（年）	平均轨道周期（年）	时间段
1P/Halley	76.0—79.3	77.5	公元前239—1986
2P/Encke	3.28—3.32	3.30	1786—2007
4P/Faye	7.32—7.59	7.44	1843—2006
7P/Pons-Winnecke	5.55—6.38	6.05	1819—2008
8P/Tuttle	13.5—13.9	13.7	1790—2008
9P/Tempel 1	5.49—5.98	5.60	1867—2005
10P/Tempel 2	5.16—5.48	5.28	1873—2005
14P/Wolf	6.77—8.74	7.88	1884—2009
15P/Finlay	6.50—6.97	6.77	1886—2008
19P/Borrelly	6.76—7.02	6.89	1905—2008
81P/Wild 2	6.17—6.40	6.30	1978—2003

数据来自布莱恩·G. 马斯登和加雷思·V. 威廉姆斯的《彗星轨道目录2008》。

对有望演化为彗星的天体，银河系也能对其施加引力。太阳系大约每隔 2.2 亿年绕银河系运行一周，太阳系在物质密度较高的银河系盘上穿行。这些多出的质量对奥尔特云中的冰质天体施加了较小的引力。这些天体时常被引向太阳系内部，演化为彗星。有天文学家报告说，一组 152 颗长周期彗星的轨道并不随机。他认为，银盘的引力牵引是造成这种非随机分布的原因。[更多信息请参见 A. H. 德尔塞姆的《天文学和天体物理学》(*Astronomy and Astrophysics*)，第 187 卷，913—918 页。]

邻近的恒星也能够将奥尔特云中的天体推向太阳系内部。有一组天文学家报告说，每百万年大约有 12 颗恒星在离太阳 1.0 秒差距（或 3.26 光年）的范围内通过。这些恒星向奥尔特云中的一些天体施加引力，将它们推向太阳系，使其在太阳系内部穿行，继而演变成彗星。

总之，一颗彗星能被太阳、行星、附近的恒星或银河系拉入或推入太阳系内部，太阳和行星还能进一步改变太阳系内彗星的路径。一旦彗星进入太阳系内部，非引力也会发挥作用。这些效应有彗核内挥发性物质的升华、撞击、亚尔科夫斯基效应、阳光、太阳风、偶尔的太阳爆发和太阳风暴。我们接下来讨论这些非引力。

彗星的运动：非引力及其影响

彗星在真空中运动，施加于彗星上的力无论多么轻微，只要时间足够长，就能改变彗星运动的轨道。这样的力被称为非引力。

当一个冰质天体接近太阳时，随着表面的变暖，彗核中的挥发性物质发生升华形成气流。此时，彗核受到反方向的反冲力，这与火箭的工作原理相同，我们将这种力称为"火箭力"。这种反冲可由牛顿第三定律解释，该定律指出，每一个作用力都有一个等大、反向的反作用力与之对应。详见图 1.29。火箭力的大小取决于逃逸彗核的物质的量、彗星与太阳的距离、彗核旋转轴的

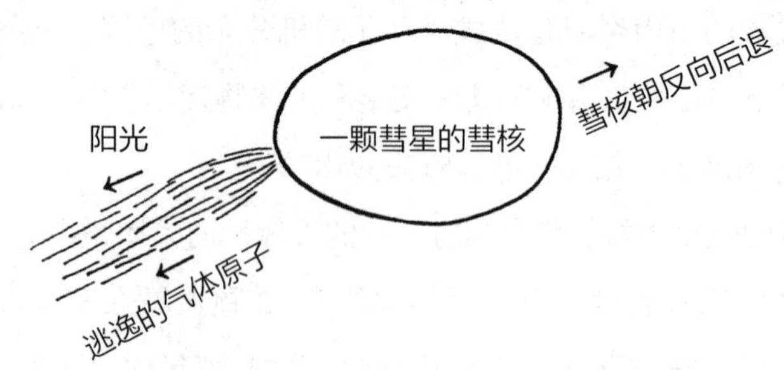

图 1.29　随着气体朝一个方向逃离彗核，根据牛顿第三运动定律，彗核将向相反的方向发生微小的后退。这是非引力的一个例子。注意阳光从图片的左侧照到彗核上。

方向及旋转速率。

撞击是非引力的第二种来源。在撞击过程中，撞击物与彗核发生动量交换，导致彗核朝着动量的方向发生少量移动。物体的动量是物体质量和速度的乘积，物体质量越大，速度越快，其动量就越大。此外，撞击使深埋的冰暴露出来，随着彗星接近太阳，这些冰会升华，进一步引入额外的“火箭力”。最后，撞击还可能对彗核的旋转速率产生影响。

第三种非引力效应来源于彗星对太阳光的非随机反射。这种亚尔科夫斯基效应是由旋转的彗星吸收阳光后向四面八方辐射产生的。当彗核绕着固定轴旋转时，太阳光的非随机反射在远离辐射方向引起一个小的推力。有课题组报告称，在 1991 至 2003 年间，亚尔科夫斯基效应使格勒夫卡（Golevka）小行星的位置偏移了 15 千米。绕单个轴旋转的小轨道彗星能够吸收更多的阳光，最容易受到亚尔科夫斯基效应的影响。此外，与转轴不固定的彗核相比，绕固定轴转动的彗核将会更快地产生亚尔科夫斯基效应。

第四种非引力来自阳光，阳光也会产生一个小推力，被称为太阳辐射压力。太阳辐射压力与太阳重力的方向相反。从本质上讲，光具有动量，可能会改变彗星的动量。与太阳的引力相比，太阳辐射压力很小。尽管如此，这种压力经过几个世纪的积累，终会影响到彗星的运动。

第五种非引力源于太阳风。太阳风由质子和其他逃逸太阳的粒子组成，包括伽马射线和 X 射线。它们从太阳快速飞出，在与太阳重力相反的方向上对彗星施加力。虽然力很小，但在很长一段时间内，它会导致彗星的运动或轨道发生改变。

在《彗星轨道目录 2008》一书中，这些非引力由 A1 和 A2 两个参数集中描述。径向分量用 A1 表示，横向分量用 A2 表示，

A1 和 A2 是随着时间变化的。例如，1977 年 2P/Encke 彗星的 A1 和 A2 值分别为 –0.03 和 –0.0030,但到了 2007 年则变为 –0.01 和 –0.0007。

最后是太阳爆发和随机发生的太阳风暴，它们也不容忽视。这些现象会产生轻微的力，随着时间的推移，这些力会影响它们所触及的彗星的轨道。

精确分析彗星的运动和轨道非常困难。因为彗星轨道不仅是混沌的，而且还会受多种不同的力——引力和非引力的影响。这些力均会对它们的运动和轨道产生影响。即便“火箭力”、撞击、亚尔科夫斯基效应、太阳辐射压力和太阳风引起的作用力都很小，也不容小觑。

1.7 彗星亮度等统计数据

什么样的彗星是典型彗星？本节将介绍彗星的统计数据，从数据的集中趋势中能够找到这个问题的答案。具体来说，本节总结了彗星近日点距离（q）、轨道倾角（i）和 H_{10}、H_0 和 n 等参数的统计分布趋势。其中，H_{10}、H_0 和 n 描述了彗星在可见光下的亮度。

图 1.30 给出了短周期彗星的轨道倾角分布（不包括“D/”彗星）。短周期彗星中有大量的木族彗星，因此，大多数的轨道倾角都小于 30 度。轨道倾角较小的特性表明，这些彗星中的大多数来自海王星之外的冰质天体，因为这些冰质天体的轨道倾角一般也都很小。

图 1.31 给出了所有已知彗星的轨道倾角分布。图中的数据不包括被命名为 SMM、SOHO、SOLWIND、STEREO 的彗星和那些被标识为“D/”的彗星，并且数据截止到 2008 年年中。除了 0 度和 180 度附近，轨道倾角的分布都相当均衡。0 度附近的峰值是由大量木族彗星引起的。

图 1.31 中，彗星轨道倾角的分布准确吗？很可能准确！在过去的几个世纪，科技极大地改变了我们对宇宙的看法。在摄影、数字成像、互联网和太空探测器等领域，发生了重大技术突破或进步。在 19 世纪后期，摄影技术发展成熟，并成功应用到了天文观测中。巴纳德 3 号彗星（D/1892 T1）是第一颗通过摄影技术发现的彗星。之后，天文学家用这项技术发现了数十颗彗星。20 世纪末，借助数码相机、SOHO 太空探测器和互联网技术，天文学家们发现了 1000 多颗新彗星。事实上，2000 至 2008 年

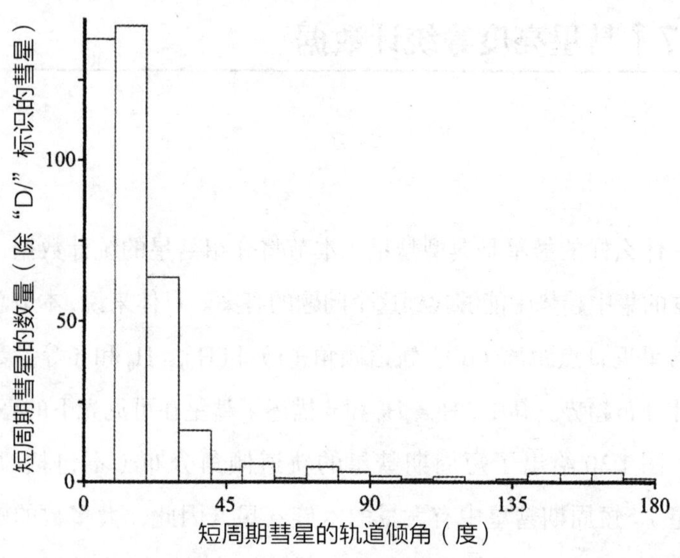

图 1.30　短周期彗星的轨道倾角分布，“D/”标记的短周期彗星除外。数据来自布莱恩·G. 马斯登和加雷思·V. 威廉姆斯的《彗星轨道目录 2008》。

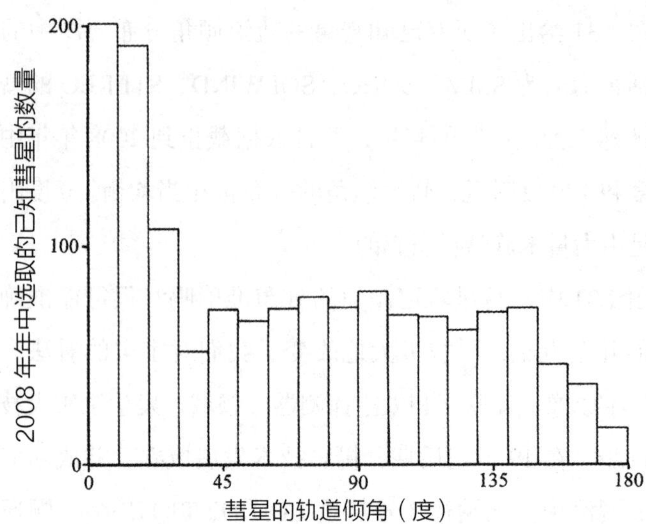

图 1.31　不同轨道倾角的彗星数量。图中彗星为 2008 年年中除 SMM、SOHO、SOLWIND、STEREO 彗星和“D/”标识的彗星之外的所有彗星。数据来自布莱恩·G. 马斯登和加雷思·V. 威廉姆斯的《彗星轨道目录 2008》。

间发现的彗星数量比过去2000多年发现的总和还要多。由于技术的进步，我们对彗星的了解，以及对其轨道倾角分布的认识都发生了根本性变化。因此，为了回答刚才所提出的问题，下面针对1892年已知的彗星和1989年已知的彗星，讲述我们对其轨道倾角的认识。

轨道倾角

图1.32显示了彗星的轨道倾角分布，统计数据截止到1892年初除“D/”标记以外的所有已知彗星。图中涉及的彗星都是凭借肉眼发现的。轨道倾角每10度平均大约有25颗彗星。图1.32中有两个值得注意的分布趋势：（1）轨道倾角小于30度的彗星，其数量相比介于30度和160度之间的彗星更接近平均值。（2）轨道倾角大于160度的彗星，其数量低于这个平均值。随着高质量摄影技术的出现，天文学家在20世纪的前90年里发现了大量的彗星。

图1.33显示了截止到1989年12月31日，除SMM、SOHO、SOLWIND彗星和带有“D/”标记的所有已知彗星的轨道倾角分布。图中，轨道倾角小于30度的彗星的丰度高于轨道倾角大于30度的彗星的丰度。此外，轨道倾角超过160度的彗星的数量有限。因此，图1.32中的第一个分布趋势没能经受住时间的检验，但第二个趋势保留了下来。等数据统计到1989年，彗星的轨道倾角很明显是不均匀分布的。图1.31显示了截至2008年年中，已知彗星的轨道倾角分布。在1989至2008年间，低轨道倾角的分布趋势一直保持。2008年，轨道倾角超过160度的彗星仍然很稀少。这个趋势在1892年的数据中就已经很明显了。

轨道倾角在30度以下的彗星数量高于平均值，轨道倾角在

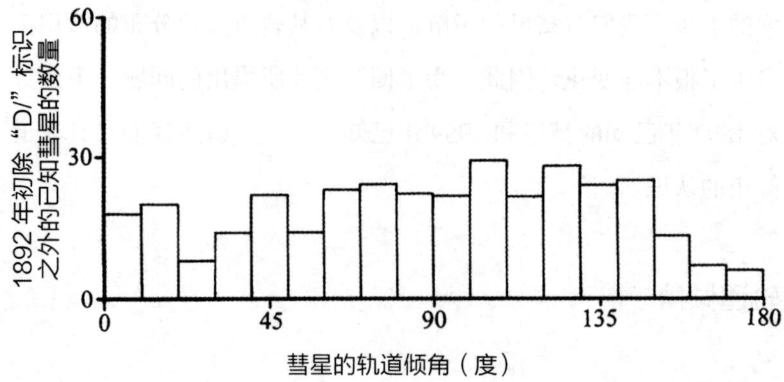

图 1.32　截至 1892 年，不同轨道倾角的已知彗星（除“D/”标识的彗星）的数量。数据来自布莱恩 · G. 马斯登和加雷思 · V. 威廉姆斯的《彗星轨道目录 2008》。

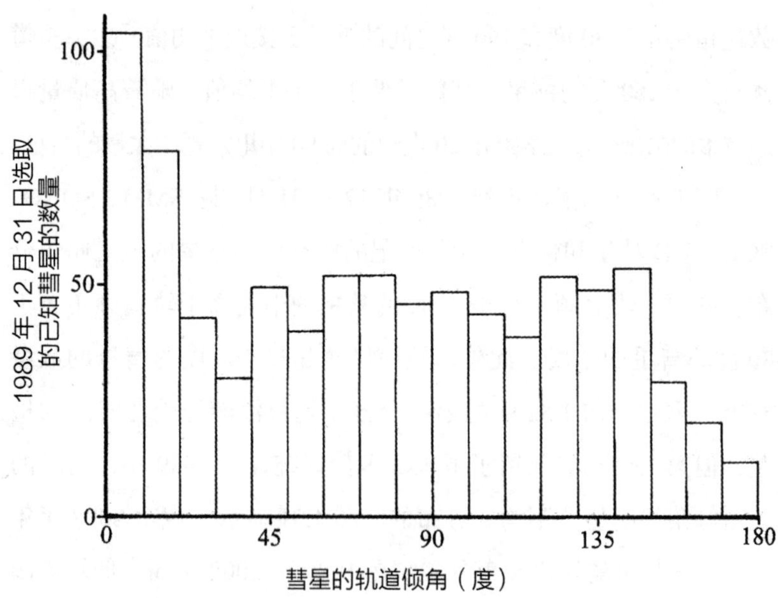

图 1.33　不同轨道倾角的彗星数量。图中的彗星统计到 1989 年 12 月 31 日，除了 SMM、SOHO、SOLWIND 彗星和有“D/”标识的彗星。数据来自布莱恩 · G. 马斯登和加雷思 · V. 威廉姆斯的《彗星轨道目录 2008》。

160 度以上的彗星数量低于平均值。这两个分布趋势在未来的统计中会继续有效吗？极有可能。人们相信第一个分布趋势将一如既往，因为它在 1989 至 2008 年间一直如此。此外，轨道倾角较小的彗星有两种起源，而轨道倾角较大（i>30 度）的彗星的起源只有一个。这将产生更多的低轨道倾角彗星。人们相信轨道倾角在 160 度以上的彗星数量低于平均值的分布趋势也将一如既往地保持下去，因为它在 1892 至 2008 年间也一直如此。

近日点距离

近日点距离（q）是彗星的关键特征参数。图 1.34 显示了除了一些 q>7 天文单位的彗星和带有“D/”标识的彗星之外的，所有已知彗星的近日点距离分布。很明显，该图有两个极大值，最大的极大值在 q<0.1 天文单位处，这是由大量的掠日彗星引起的；第二个极大值约在 q = 0.9 天文单位处。图 1.35 与图 1.34 相似，不同之处在于它排除了 q<0.1 天文单位的彗星，也排除了 SMM、SOHO、SOLWIND 和 STEREO 彗星。该图突出了 q = 0.9 天文单位处的第二个极大值。此外，q 在 0.2 至 0.6 天文单位之间的彗星，数量有限。

亮　度

亮度是继轨道倾角和近日点距离之后，彗星的第三个重要特征参量。描述彗星亮度的常用公式有三个，一个用来描述裸核，而另外的两个用来描述彗发。

当彗星远离太阳时会失去彗发，只剩下裸核。裸核通常很暗淡，它的亮度以星等表示，如（1.4）式所示。

$$V\text{滤光片亮度} = V(1,0) + 5\log[r \times \Delta] + c_v \times \alpha \qquad (1.4)$$

在表达式中，V（1,0）是约翰逊系统[①]中彗核的绝对星等，r 和

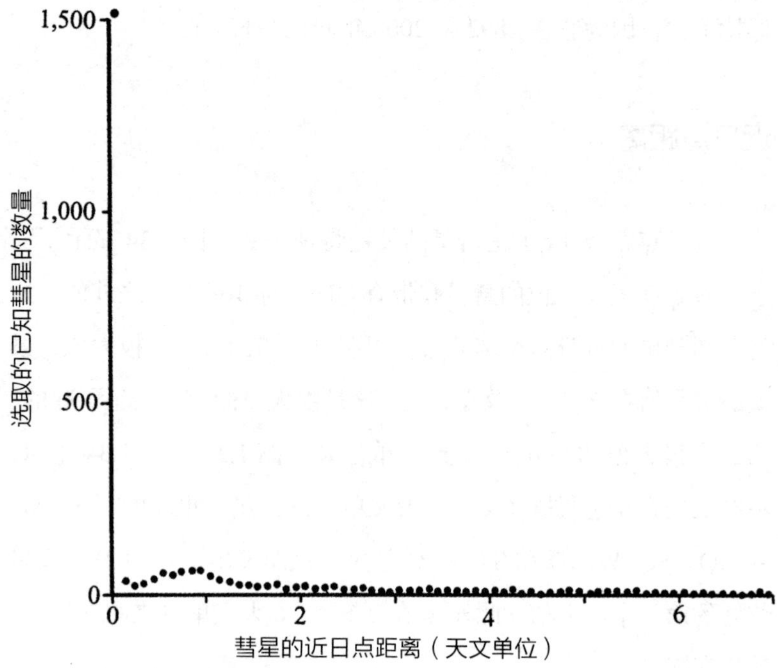

图 1.34　不同近日点距离的彗星数量。数据涵盖了截至 2008 年年中，除去近日点距离超过 7.0 天文单位的彗星和带有“D/”标识的彗星之外所有已知的彗星。数据来自布莱恩 · G. 马斯登和加雷思 · V. 威廉姆斯的《彗星轨道目录 2008》。

---

① 约翰逊系统又称 UBV 测光系统，是国际上的标准测光系统。UBV 测光系统是 20 世纪 50 年代由美国天文学家约翰逊和摩根创立的，他们使用了麦克唐纳天文台孔径为 33 厘米和 2.08 米的反射望远镜，加 U、B、V 三个波段的滤光片，因此又称约翰逊 – 摩根系统（Johnson-Morgan system）。UBV 测光系统的星等值常用 V 星等和色指数 B-V 和 U-B 表示。——译者注

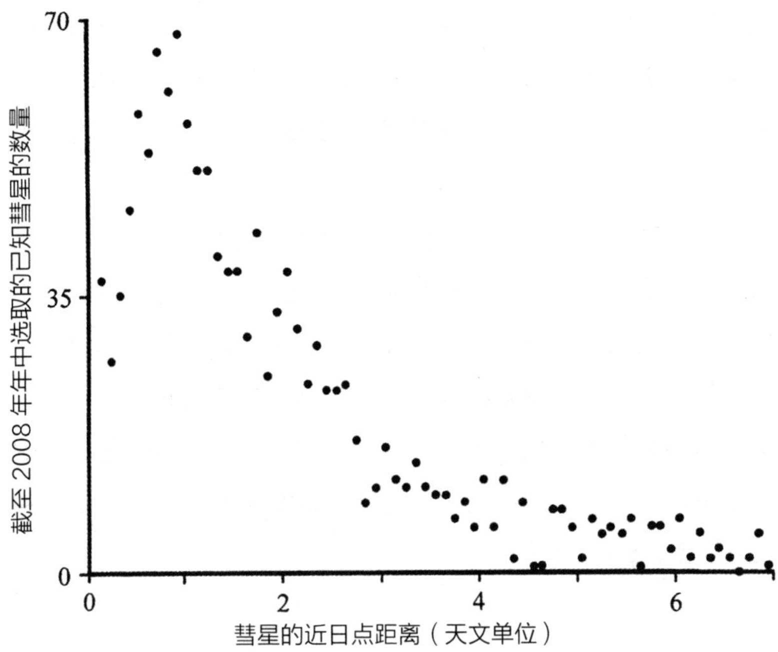

图 1.35　不同近日点距离的彗星数量。数据涵盖了截至 2008 年年中，除近日点距离超过 7.0 天文单位的彗星、SMM、SOHO、SOLWIND 和 STEREO 彗星以及标识为“D/”的彗星之外的所有彗星。数据来自布莱恩·G. 马斯登和加雷思·V. 威廉姆斯的《彗星轨道目录 2008》。

Δ 分别表示彗星—太阳和彗星—地球的距离，单位是天文单位；c_v 是日地张角系数，单位是星等 / 度，α 是以度为单位的日地张角。日地张角是站在观测目标（本例的彗核）的角度，测量的太阳和观测者之间的角度。彗核不同，日地张角系数也不一样。费林（2005 年、2007 年）报告了 10 个彗核的日地张角系数，数值在 0.025 星等 / 度到 0.063 星等 / 度之间。

彗核的绝对星等 V（1，0）是指，当彗核距离地球和太阳都是 1.0 天文单位并且处于满相时的亮度（单位：星等）。V（1，0）的值取决于其大小和反照率。反照率是天体反射光的比例。若假定所有彗核的反照率几乎相同，V（1，0）将是衡量彗核大小的标准。一组天文学家编制了118颗木族彗星的彗核绝对星等表，大多数木族彗星彗核的绝对星等都在15到18之间，平均值为16.7星等，标准偏差为1.3星等。

一旦彗核上出现彗发，亮度便由彗核和彗发共同决定，（1.4）式就不再适用了。此时，彗星的亮度由它与地球和太阳的距离，以及彗发的大小和密度决定。任何突发事件，如气体和尘埃的爆发性释放，都会影响亮度。在彗星彗发形成的初期，它的亮度由彗核和彗发共同决定。一旦彗发变大，彗核对亮度的影响几乎可以忽略。这种情况下，彗星的亮度由下面的（1.5）式和（1.6）式来给出。

$$M_c = H_{10} + 5\log[\Delta] + 10\log[r] \tag{1.5}$$

$$M_c = H_0 + 5\log[\Delta] + 2.5n\log[r] \tag{1.6}$$

在（1.5）式中，M_c是目视测量的，并被修正为6.8厘米标准孔径对应的星等值①，H_{10}是绝对星等②，即彗星距离地球和太阳1.0天文单位时的亮度，Δ是彗星与地球的距离，r是彗星与太阳的距离。r和Δ的单位都是天文单位。（1.6）式中，2.5n是一个可

① 修正方法见第三章表达式（3.4）到表达式（3.8）。——译者注

② 请注意对于太阳系中的行星、卫星、小行星等天体，光是反射的太阳光，使用的绝对星等（H）的定义与针对恒星的绝对星等（M）的定义是不同的。绝对星等（M）是假定把恒星放在距地球10秒差距（32.6光年）的地方测得的恒星的亮度。——译者注

调变量，H_0 是给定 2.5n 后的绝对星等，其他参数与（1.5）式中的相同。（1.6）式的变量 2.5n 被称为指前因子。（1.5）式只有一个变量（H_{10}），而（1.6）式有两个变量（H_0 和 2.5n）。H_0 和 2.5n 的估算示例将在第三章中给出。

如果使用的是光电光度计或 CCD 相机，并将滤光片改为约翰逊系统，那么（1.5）式和（1.6）式应改写为：

$$V_c = V_{10} + 5\log[\Delta] + 10\log[r] \qquad (1.7)$$

$$V_c = V_0 + 5\log[\Delta] + 2.5n\log[r] \qquad (1.8)$$

在这些表达式中，V_c 是彗发在 V 滤光片下的亮度[①]，单位是星等，V_{10} 和 V_0 是基于 V_c 值的绝对星等。Δ、n 和 r 与（1.5）式和（1.6）式中的相同。人们必须重点区分基于眼睛的亮度测量与基于校准滤光片的亮度测量。

图 1.36 显示了 1801 至 1959 年间出现的 350 颗彗星（不包括已编号的周期彗星）的 H_{10} 的分布。这些彗星的平均 H_{10} 值为 7.01。H_{10} 的分布符合标准的钟形曲线，标准偏差约为两个星等。从本质上讲，这张图中的数据表示，距离地球和太阳 1.0 天文单位的彗星的平均亮度为 7.01 星等。

根据（1.6）式可以算出 127 颗已编号的短周期彗星的 H_0 和 2.5n 的值。图 1.37 给出了绝对星等 H_0 的分布，图 1.38 给出了指前因子 2.5n 的分布。其中，H_0 的平均值为 9.70，标准偏差约为

① 这里指的是 UBV 测光系统中的 V 星等，也称黄星等（和目视星等相似）。——译者注

两个星等。指前因子 2.5n（1.6）式的平均值为 13.9，标准偏差约为 5 个星等，略大于（1.5）式中的假定值 2.5n = 10 或 n = 4。

图 1.39 显示了某些长周期彗星的绝对星等 H_0 的分布，图 1.40 显示了某些长周期彗星的指前因子 2.5n 的分布。图中包含 181 颗彗星的数据。这些彗星的平均 H_0 值为 7.49 星等，指前因子的平均值为 9.16。

表 1.7 总结了大量的短周期和长周期彗星的 H_0、2.5n 和 H_{10} 的平均值。可以看出，这两类彗星之间的一个区别，即短周期彗

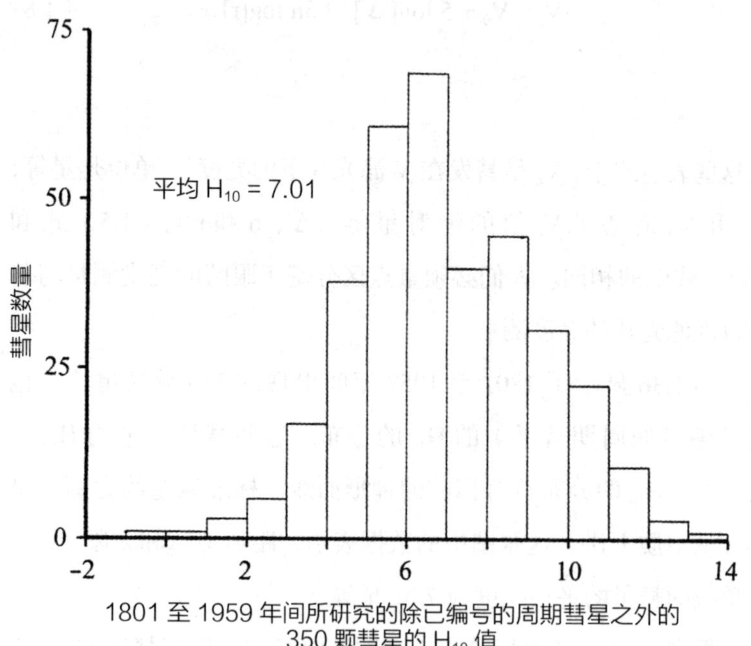

图 1.36　1801 至 1959 年间所研究的 350 颗彗星的 H_{10}（1.5）式的分布。已编号的周期彗星不包括在内。数据来自加里·克罗（Gary Kronk）所著的《彗星志》（*Comeography*，第 2 卷至第 4 卷，2003 年、2007 年和 2009 年）。数据未修正为标准孔径对应的值。

星的 H_0 和 H_{10} 比长周期彗星的要低 2 到 3 个星等。可能是因为短周期彗星因多次与太阳近距离接触而丢失了大部分挥发性物质。此外，其 2.5n 的差异也相当大，可能是因为短周期彗星相对长周期彗星拥有的挥发性物质较少。

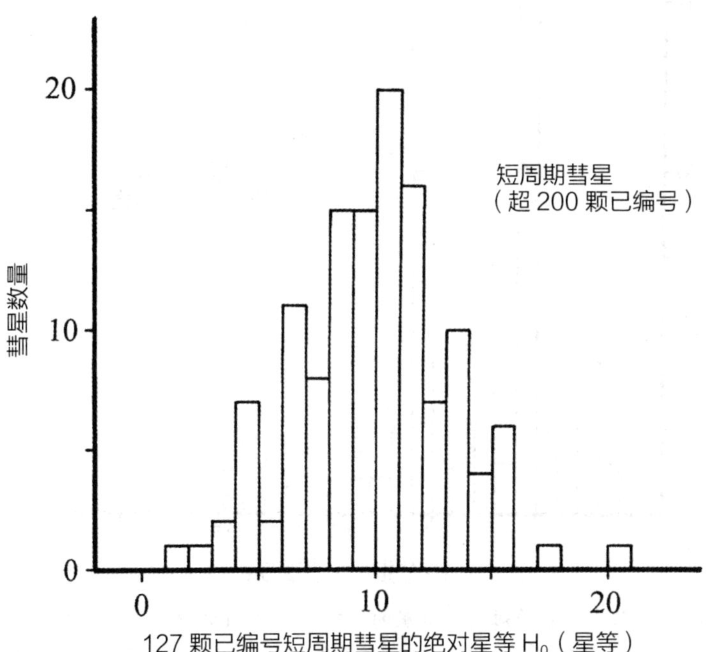

图 1.37　127 颗已编号的短周期彗星的绝对星等 H_0 的分布。大部分数值来自《国际彗星季刊》（第 28 卷第 4a 期和第 2 卷第 4a 期）。其中一些数据来自乔纳森·尚克林（Jonathan Shanklin）的网站上的简讯及其撰写的《彗星的尾巴》（*Comet's Tail*），以及作者对一些彗星的分析。图中所使用的所有数值已修正为 6.8 厘米标准孔径对应的值。

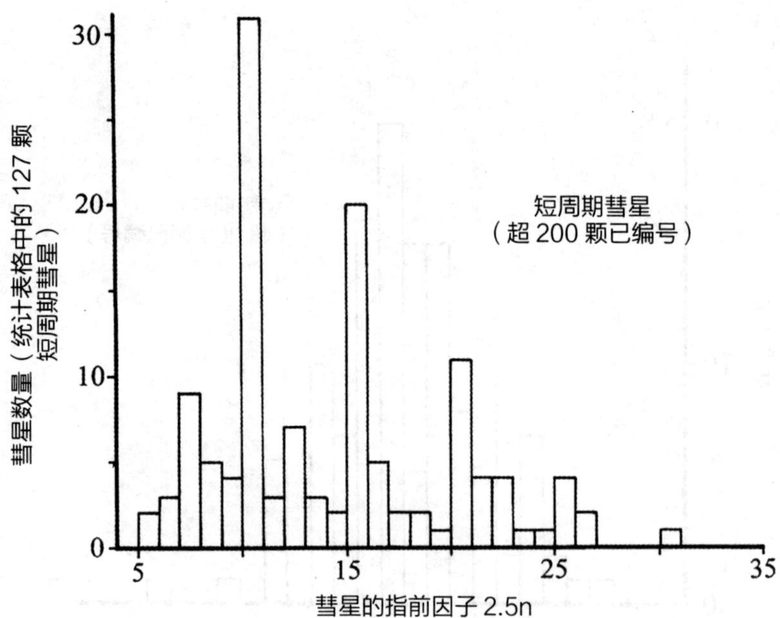

图 1.38　127 颗已编号的短周期彗星的指前因子 2.5n 的分布。大部分数值来自《国际彗星季刊》(第 28 卷第 4a 期和第 2 卷第 4a 期)，其中一些数据摘录自乔纳森·尚克林的网站上的简讯及其撰写的《彗星的尾巴》，以及作者对一些彗星的分析。图中所使用的所有数据已修正为 6.8 厘米标准孔径对应的值。

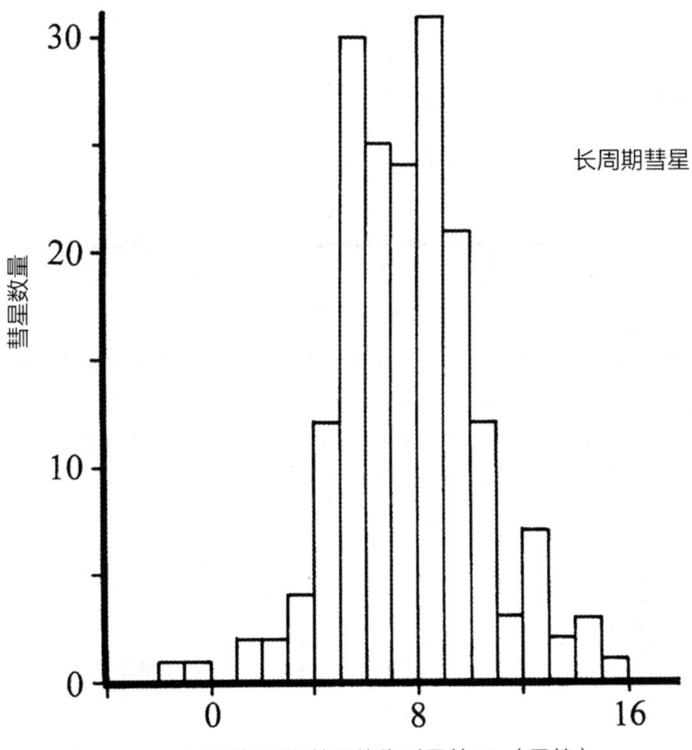

图 1.39　181 颗长周期彗星的绝对星等 H_0 的分布。大部分数值来自《国际彗星季刊》（第 28 卷第 4a 期和第 2 卷第 4a 期），其中一些数据摘录自乔纳森·尚克林的网站上的简讯及其撰写的《彗星的尾巴》，以及作者对一些彗星的分析。图中所使用的所有数据已修正为 6.8 厘米标准孔径对应的值。

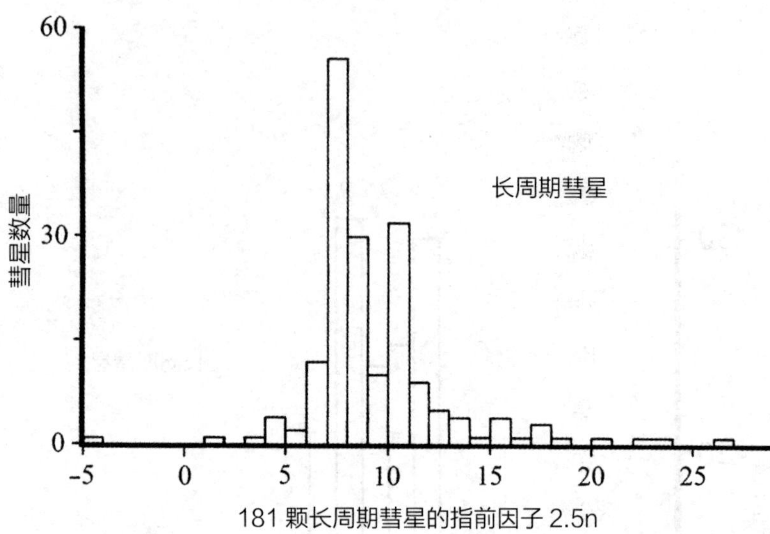

图 1.40　181 颗长周期彗星的指前因子 2.5n 的分布。大部分数据来自《国际彗星季刊》(第 28 卷第 4a 期和第 2 卷第 4a 期)，一些数据摘录自乔纳森·尚克林的网站上的简讯及其撰写的《彗星的尾巴》，以及作者对一些彗星的分析。图中所使用的数值都已修正为 6.8 厘米标准孔径对应的值。

表 1.7　大量长周期彗星和短周期彗星的 H_{10}、H_0 和 2.5n 的平均值

彗星的类型	H_0	2.5n	H_{10}	彗星的数量
已编号短周期彗星	9.70	13.9	–	127
长周期彗星	7.49	9.16	–	181
以上两行中的彗星（长周期和短周期彗星）	8.40	11.1	–	308
已编号周期彗星（短周期彗星）	–	–	10.19	68
《彗星志》第2卷至第4卷中带有“C/”标识的彗星（长周期彗星）	–	–	7.01	350
以上两行中的彗星（长周期和短周期彗星）	–	–	7.53	418

作者根据（1.5）式和（1.6）式计算得出。数据来自《国际彗星季刊》《国际月球和行星观测者协会会刊》、乔纳森·尚克林的网站上的简讯及其撰写的《彗星的尾巴》，以及作者对一些彗星的分析。

H_0 值能告诉我们彗核的大小吗？很难说。我们将在这里进行初步讨论。首先请注意表 1.8 列出的一些短周期彗星彗核的特征量，这些量是从航天器拍摄的图像获取的。表中，1P/Halley 彗星的彗核最大，和预期的一样，它的 H_0 最小。毕竟，最大的彗核的彗发也应该最大，反射的光线也最多。相较而言，81P/Wild 2 彗星的彗核最小，H_0 最大，表明在这四颗彗星中，其彗发反射的光是最少的。

表 1.8　四颗彗星的彗核的特征量

彗星	彗核面积（平方千米）	Log[彗核面积（平方千米）]	H_0
1P/Halley	500	2.70	4.1[a]
19P/Borrelly	90	1.95	6.7
81P/Wild 2	46	1.66	6.9
9P/Tempel 1	119	2.08	5.5

[a] 1985 至 1986 年，近日点前后的平均值。

表 2.2、表 2.5、表 2.12 和表 2.15 列出了这四颗彗星彗核面积的数据来源。H_0 由作者根据国际天文学联合会快报和几期《国际彗星季刊》中的数据计算得出。

此外，我还计算了表 1.8 中所列彗星彗核面积的对数。对数的缩写是 log。采用线性最小二乘公式，对表 1.8 中的 log [面积（平方千米）] 和 H_0 进行拟合，拟合结果为：

Log [彗核面积（平方千米）] = 3.99 – 0.327 H_0　**短周期彗星**（1.9）

数值完全遵循了公式（1.9），相关系数 r 等于 0.96。根据 H_0 该方程可以近似计算出短周期彗星的面积和直径。表 1.9 总结了一些计算的结果，有助于回答刚才提出的问题。

表 1.9　短周期彗星的面积、等效直径和彗核面积的对数

H_0	Log[彗核面积(平方千米)]	彗核面积（平方千米）	等效直径（千米）
–2	4.64	44,000	118
2	3.34	2200	26
6	2.03	110	5.9
10	0.73	5.3	1.3
14	–0.58	0.26	0.29
18	–1.89	0.013	0.064

作者根据文中（1.9）式计算得出。

最后，我们认为（1.9）式和表 1.9 只是对问题的初步解答，想要把 H_0 值与彗星彗核的大小联系起来，还需要考虑几个因素。其中的三个是:（1）彗星彗核活跃表面的占比。（2）挥发性物质释放过程中所携带的粉尘量。（3）释放的尘埃颗粒大小分布。人们认为，最主要的因素是彗核活跃表面的占比。例如，当太空探测器飞过 1P/Halley 彗星和 19P/Borrelly 彗星时，探测到只有约 10% 的表面处于活动状态。若在 1986 年，1P/Halley 彗星彗核 50% 的表面是活跃的，而不是 10%，那么它会更亮，H_0 也会不同。

1.8 彗星各部分

一般来说，彗星上至少有四个肉眼可见的部分，即中心凝聚物、彗发、尘埃彗尾和气体彗尾。第五个是彗核，彗星的一个看不见的部分。很多情况下，气体彗尾和（或）尘埃彗尾也都是看不见的。气体彗尾有时被称为离子彗尾或等离子体彗尾。本书采用了“气体彗尾”一词。图 1.1 给出了这四个部分的示意图，下面将分别进行论述。

彗核的中心凝聚物

中心凝聚物是彗发中最明亮的部分。它一般位于彗发的中心，但也可能偏向一侧。中心凝聚物囊括了彗核、可能的喷流、密集的气体云和尘埃云。不能将它与固体彗核混淆。中心凝聚物的直径在几百到几千千米之间，而一个中等大小的彗星的彗核却只有几千米宽。彗核不大可能被人看到。

彗核占据了彗星的大部分质量。质量分布在几米到几千米的范围内。人们认为彗核是一个“冰脏球”，也就是说它是由携带污染物的可升华的冰构成的。这种冰与较暗的非挥发性物质混合在一起，水也有可能被包裹在这些水合物中。水合物含有与盐离子结合的水分子，泻盐[①]就是一个例子。泻盐重量的 40% 以上都是

① 泻盐（Epsom salt），得名于其产地——英国埃普索姆镇，是一种天然产生的硫酸镁矿物质。自 1680 年被发现以来，泻盐在人类社会中一直占有重要地位，被广泛用于工业和园艺上。——译者注

水。我们知道，太空探测器所研究的彗核的反照率都很低，说明彗核上有大量的黑色物质。表 1.8 中列出的彗核的平均反照率均在 0.06 或以下，这与煤的反照率相似。相比海王星的卫星海卫一上的冰的平均反照率为 0.72。因此，彗核（表 1.8 中列出）上的冰中必定含有深色污染物。大部分冰也有可能埋在一层薄薄的黑色物质下面。

当彗核远离太阳时，它是冰冷的，挥发性物质不会变成气体。因此，很少有或根本没有气体和尘埃从彗核上逃逸，冰冷的彗核也没有形成彗发。当彗核接近太阳时，气体开始逃逸，灰尘也被激起，它们一起离开彗核，成为彗发的一部分。

为什么彗发中的气体和尘埃不会像地球上的那样落回彗核呢？答案是，与地球相比彗核太小了，它的引力极其微弱。彗核的逃逸速度比地球低太多了。

逃逸速度是逃离天体的引力所需的速度。例如，地球的逃逸速度约为 11, 000 米 / 秒。我们大气中的气体原子和分子以每秒几百米的速度运动，因此，它们不会也不可能逃离地球。换句话说，我们大气中的气体没有达到地球的逃逸速度。逃逸速度 V_e 定义为：

$$V_e = [(2 \times G \times M)/d]^{0.5} \quad (1.10)$$

在表达式中，M 是彗核或行星的质量，d 是到这些大质量物体中心的距离，G 是重力常数，为 6.67×10^{-11} $m^3/(kg\ s^2)$。地球因质量大而拥有很高的逃逸速度。当一个物体离地球越来越远时，它的逃逸速度就会下降。彗星的逃逸速度远低于地球，因为它的质量非常小。直径为 4 千米、密度为 0.5 克 / 立方厘米的球状彗核的逃逸速度约为 1 米 / 秒。因此，以大于 1 米 / 秒的速度离开的尘埃将逃脱该彗核的引力束缚。另一方面，缓慢移动的速度小于 1 米 / 秒的尘埃粒子将落回到彗核上。

彗星彗核的强度和结构是什么？近期的一些观察和计算揭示了答案。空间探测器的数据表明，一些彗核的密度远低于水冰的密度。人们认为彗核内部有一些空隙，这降低了它们的密度。天文学家还研究了使苏梅克 – 列维 9 号彗星（C/1993 F2）[①]破碎的力。一组天文学家估计，这颗彗核的抗拉强度在 100 到 10, 000 牛顿 / 平方米之间，即 0.015 到 1.5 磅 / 平方英寸[②]，与土块相似，比玻璃（5000 ~ 30, 000 磅 / 平方英寸）或低碳钢（22, 000 磅 / 平方英寸）的抗拉强度小得多。

图 1.41 为彗核的示意图。彗核上有挥发性物质区，也有非挥发性物质区。挥发性物质含有水、一氧化碳或其他物质，聚集在如图所示的冰块中。当冰升华时，往往会释放出尘埃，这些尘埃可能是冰晶和非挥发性物质的某种结合。它可能从彗核向外移动，也可能向内沉淀，这取决于它的移动速度是大于还是小于彗核的逃逸速度。许多逃逸的冰粒本身也会升华，释放出额外的气体和尘埃。

当彗星离太阳多近时，彗发开始形成？这取决于彗核表面的

---

① 苏梅克 – 列维 9 号彗星是由美国天文学家尤金・苏梅克和卡罗琳・苏梅克夫妇及天文爱好者大卫・列维三人于 1993 年 3 月 24 日共同发现的，这是他们发现的第九个彗星，因此，依据国际星体命名规则依照三人的姓氏命名，根据表 1.1，编号为 C/1993 F2。然而彗星在 1992 年 7 月 8 日距木星表面 4 万千米时因受到强大的潮汐力而被分裂为 21 个碎块，在格林尼治标准时间 1994 年 7 月 16 日 20 时 15 分开始以每小时 21 万千米的速度陆续坠入木星大气层，撞向木星的南半球。按照命名规则，编号应改为 D/1993 F2。——译者注

② 一种计量单位，1 巴 ≈14.5 磅 / 平方英寸。——编者注

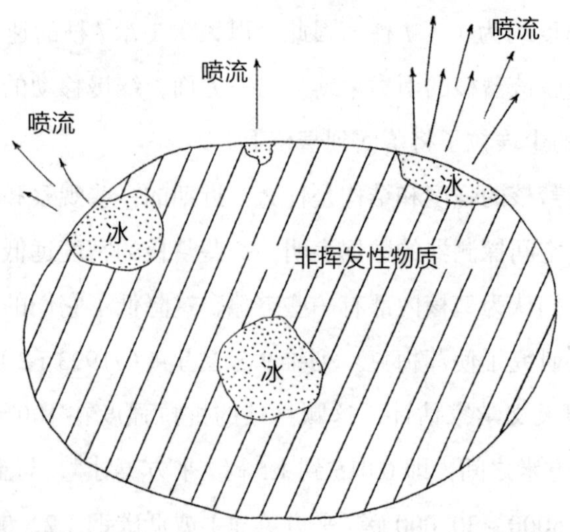

图 1.41　彗星彗核示意图。面向太阳的冰发生升华并从彗核上逃逸。非挥发性物质一般不会升华，除非靠太阳太近。

化学成分。大量的氮在非常低的温度（约 50 开氏度[①]）下就开始升华，扬起灰尘。水的升华则需要更高的温度，硅酸盐物质升华的温度更高。一般来说，彗核上的物质被分为两类——挥发性物质（或冰）和非挥发性物质。挥发性物质是指能够在室温（25 摄氏度或 77 华氏度[②]）下快速蒸发的物质。挥发性物质有氮、一氧化碳、二氧化碳、氨、甲烷、乙烷和水等。非挥发性物质有铁、钠、硅酸盐物质和碳质球粒陨石等。挥发性物质在室温下的蒸汽压高于非挥发性物质，因此，它们升华得较快，形成浓密的彗发。

物质的蒸汽压是它在给定温度下的平衡压力。例如，将水放在一个封闭的容器中，水会蒸发，在液态水的上方形成水蒸气。

① 开氏度，一般指热力学温标或称绝对温标单位开尔文，简称“开”，是国际单位制中的温度单位，开氏度和摄氏度换算公式是开氏度 = 273.15+ 摄氏度。——译者注

② 按照华氏温标，水的冰点为 32 华氏度，沸点为 212 华氏度。——译者注

水蒸气与下面的液态水发生碰撞重新变成液态水，这就是所谓的凝结过程。水蒸发得越多，从气相返回液相的速度就越快。等蒸发速率等于冷凝速率时，就达到了平衡。平衡蒸汽压是气态水在平衡条件下的压强。

在彗星上，物质的蒸汽压越高，升华的速度就越快。表 1.10 列出了几种物质及其在四种不同温度（50 开氏度、100 开氏度、150 开氏度和 200 开氏度）下的平衡蒸汽压。与其他物质相比，氮的蒸汽压最高；与其他挥发性物质相比，水的蒸汽压较低。因此，与纯水冰彗核相比，有大量纯氮冰的彗核能够在距离太阳较远的地方形成彗发。例如，海尔 - 波普彗星在距离太阳约 18 天文单位时就开始形成彗发。这证明海尔 - 波普彗星彗核上有高挥发性冰，如氮冰、一氧化碳冰和甲烷冰。

表 1.10　彗星上几种物质的平衡蒸汽压（单位是帕斯卡，1 帕斯卡 = 0.00001 标准大气压或者 0.000147 磅 / 平方英寸）

物质	50开氏度时的蒸汽压	100 开氏度时的蒸汽压	150开氏度时的蒸汽压	200 开氏度时的蒸汽压
水	<0.001	<0.001	<0.001	0.1
氨	<0.001	<0.001	20	>1000
二氧化碳	<0.001	0.02	800	>1000
乙烷	<0 001	10	>1000	>1000
甲烷	0.3	>1000	>1000	>1000
一氧化碳	100	>1000	>1000	>1000
氮气	400	>1000	>1000	>1000

作者根据克劳修斯 – 克拉珀龙方程计算而得。方程参见彼得・阿特金斯（Peter Atkins）和胡里奥・德・保拉（Julio de Paula）的《物理化学》（*Physical Chemistry*，第 7 版，2002 年）。计算过程中使用的升华热来自 D. R. 利德（D. R. Lide）主编的《化学和物理手册》（*Handbook of Chemistry and Physics*，第 89 版，2008 年）。

挥发性物质可以以纯冰的形式存在，也可以作为混合物的组成部分存在，也可以作为单相物质的一部分存在。表 1.10 仅列举了纯物质的数据，下面将讲述混合物和单相物质中的挥发性成分。

物质在混合物中的蒸气压不同于在纯物质中的蒸气压。混合在一起的两种或多种物质彼此之间不能紧密结合。混合物的成分也可以多种多样。例如，盐和水形成一种混合物，它可以微咸，也可以很咸。人们认为冥王星上的冰就是混合物，因此，彗星彗核上的冰也有可能是混合物。确定混合物中某种成分的蒸汽压并不容易，这个问题也超出了本书的范围。毋庸多言，人们相信在彗星彗核上挥发性混合物可能很常见。

假如彗星彗核覆盖有一层冰层，它由 99.87% 的水、0.10% 的氨和 0.03% 的二氧化碳（按质量计）组成。进一步假定，混合物是理想的溶液，这意味着每种物质的蒸汽压都遵循拉乌尔定律①。我们还假设彗核接近太阳时，混合物升温至 150 开氏度。那么该混合物中的水、氨和二氧化碳在 150 开氏度的平衡蒸汽压分别为 $<10^{-3}$ 帕斯卡、0.02 帕斯卡和 0.1 帕斯卡。在这些蒸汽压下，彗发足以形成。这里的重点是，化合物中的氨和二氧化碳的蒸汽压远低于它们 150 开氏度纯冰状态时的蒸汽压（分别为 20 帕斯卡和 800 帕斯卡）。因此，挥发性较强的物质（氨冰和二氧化碳冰）在混合物中存留的时间将长久些。

当物质由两种化合物结合而成时，将遵守不同的化学规律。例如，在泻盐（$MgSO_4 \cdot 7H_2O$）中，每个 $MgSO_4$ 单元与七个水分子结合。一旦泻盐受热，水分子就开始脱离 $MgSO_4$ 单元，大

① 拉乌尔定律用来计算混合溶剂的蒸汽压。其表达式为：pA = p*A xA，式中 p*A 为纯溶剂的蒸汽压，pA 为溶液中溶剂的蒸汽压，xA 为溶剂的摩尔分数。——译者注

部分变成水蒸气。在火星土壤中，就有一些水与盐化合在一起，彗星上的水也可能是这样。水的释放速率由温度和连接水分子的键的强度决定。当然，有些化合物是与其他的挥发性物质结合而成的。

彗 发

在彗核的上方，一旦聚集了足够多的气体和尘埃，彗发就形成了。彗发的大小从 1000 千米以下到 100 万千米以上不等。借助现代设备，天文学家能够探测到微弱的彗发，这是自 1990 年以来，天文学家能够发现众多彗星的原因之一。表 1.11 列出了 10 个彗发的直径。在多数情况下，彗星在经过太阳时，彗发的大小会发生改变。例如，在 1996 年年中，海尔 – 波普彗星彗发的平均直径为 220 万千米，但等到了 1997 年年初彗星到达近日点时，其彗发仅剩 120 万千米。见图 1.42。另外三颗彗星，布莱德菲尔德（Bradfield）彗星（C/1987 P1）、威尔逊（Wilson）彗星（C/1986 P1）和 23P/Brorsen-Metcalf 彗星，它们的彗发在近日点附近都有不同程度的缩小。太阳附近强烈的太阳风和（或）太阳辐射是导致这种变化的原因。

表 1.11 彗星彗发的直径

彗星	彗发的直径（千米）（年份或日期）
1P/Halley	70万（1986）[a]
9P/Tempel 1	8万（2005）[b]
17P/Holmes	54万（2007年10月29日）[c]
17P/Holmes	160万（2007年11月9日）[c]

续表

彗星	彗发的直径（千米）（年份或日期）
19P/Borrelly	12万（1981、1987—1988、1994—1995和2008）[b]
23P/Brorsen Metcalf	22万（1989年8月7日）[d]
81P/Wild 2	6.8万（1990—1991和1997）[b]
鹿林彗星（C/2007 N3）	28万（2009年2月17日）[c]
百武彗星（C/1996 B2）	32万（1996年3月25日）[c]
海尔-波普彗星（C/1995 O1）	120万（1997年初）[e]

[a] 计算基于的图片来自 J. C. 布兰特（J. C. Brandt）等编著的《国际 1P/Halley 彗星联测大型现象图集》（*The International Halley Watch Atlas of Large-Scale Phenomena*，1992 年）。

[b] 基于《国际彗星季刊》中的数据计算得出。

[c] 基于作者自己的观测计算得出。

[d] 引自 Machholz（1995）。

[e] 引自 Schmude et al.（1999）。

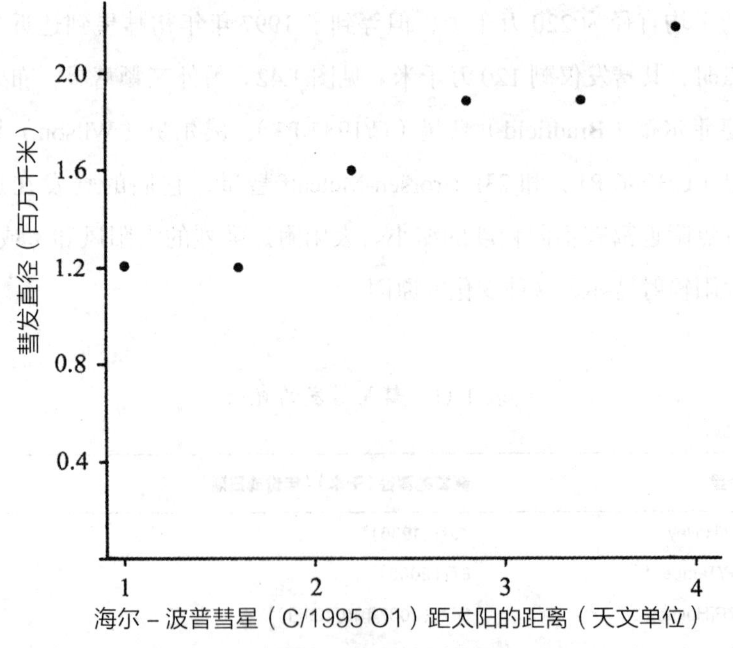

图 1.42　海尔－波普彗星在离太阳不同距离时的彗发直径

彗发中尘埃颗粒的大小范围是 0.01 微米到 1.0 厘米。较大的颗粒遵循着自身的动量运动，太阳和彗核引力的影响较弱。小颗粒的动量很小，它们受到太阳辐射和太阳风压力的影响，这些影响要大于其所受引力的影响。这意味着，从彗核中释放出来的不同大小的尘埃颗粒，最终会分离。

尘埃、气体和离子（离子是带有净电荷的原子或分子）在外层空间中受到的力不同，力的影响也不同。因此，它们也遵循着不同的路径，各自分离。例如，磁场会影响离子的轨迹，但对尘埃或中性原子没有作用。中性原子和离子几乎没有动量，因此会受到太阳辐射和太阳风压力的强烈影响。此外，引力和动量在尘埃颗粒的轨迹中发挥了一定的作用，但对气体和离子几乎没有影响。最终结果是，灰尘、离子和气体将各自分离。因此，彗星呈现出两个截然不同的尾巴——气体彗尾和尘埃彗尾。

我在 1997 年 3 月和 4 月对海尔 – 波普彗星进行了拍摄，并从拍摄图像上测量了其气体彗尾和尘埃彗尾之间的夹角。这两条彗尾的平均夹角为 29 度，表明尘埃的移动方向与离子和气体的移动方向不同。

尘埃彗尾

彗发一旦形成，部分物质就会逃逸，形成尘埃彗尾。构成尘埃彗尾的粒子没能在引力的作用下落回彗核。尘埃彗尾通常是弯曲的，它与彗星的轨道平面大致相同，因此，当地球穿过彗星轨道平面时，它看起来几乎是笔直的。决定尘埃彗尾曲率的因素有：彗星与太阳的距离、尘埃颗粒大小分布、太阳风的强弱和彗核的旋转状态。尘埃彗尾的形状通常与彗星轨道的形状不同。

什么决定了尘埃彗尾的长度和形状？这个问题比较难回答。因为在彗尾长度和形状的测量中，很多因素都会对结果产生较大影响，如光照条件、天空条件、仪器类型以及观测者使用的观测方法。例如，1987 年 10 月 12 日前后几天，国际月球和行星观测者协会的成员报告了布莱德菲尔德彗星的 20 次尾长测量。报告中，平均“尾巴长度”是 370 万千米，标准偏差却高达 200 万千米。较大的标准差无疑是光照差异等因素造成的，尘埃彗尾的宽度和形状也很难测量，原因就在这里。

理论研究为探索彗星尘埃彗尾的长度和形状提供了方法。尘埃彗尾在某些情况下分解为等时线和等颗粒线。根据贝蒂和布赖恩特的理论（2007 年），等时线包含同时释放的尘埃颗粒。等颗粒线是尾部的一个区域，其中颗粒的大小几乎相同。太阳的引力和辐射压力共同作用于尘埃颗粒上，形成等颗粒线彗尾纹理。尘埃颗粒越小，辐射压力对其轨迹的影响就越大。马尔科·富尔（Marco Fulle）对麦克诺特彗星（C/2006 P1）的分析表明，尘埃颗粒越小，就越快地被推离彗核。

当地球穿过彗星的轨道平面时，一般可以看到逆向彗尾。它是一个指向太阳的特征，由在彗核前方运动的大颗粒组成。

气体彗尾

彗星的第四个部分是气体彗尾，它由气体和离子组成。气体的成分是中性原子、分子和自由基。自由基是一个、两个或多个原子的结合，由于不稳定的电子结构而具有高反应活性。离子带有电荷，电荷源于原子或分子中数量不等的质子和电子。例如，CO^+（一氧化碳离子）带有 + 符号，表示其净电荷为 +1。该离子含有一个碳原子和一个氧原子，它们结合在一起。它有 14 个质子（6 个是碳，8 个是氧），却只有 13 个电子。因质子比电子多一个，所以净电荷为 +1。

在气体彗尾中发现的离子有 H_2O^+、OH^+、CO^+、CO_2^+、CH^+、N_2^+ 和 C_2^+。它们不一定全部是从彗核中逃离出来的。相反，一些由彗核释放的气体经历了一次或多次电离，母分子被分开，碎裂的部分就成了气体彗尾中的离子。例如，水分子可以被分解成一个 OH^+ 离子、一个氢原子和一个电子。气体彗尾在图片和照片中呈浅蓝色，然而，这条尾巴太暗淡，目视观测者无法看到其真实的色彩。

气体彗尾从彗核指向太阳的反方向，在几度的范围内伸展开来。因此，可以根据测量彗尾的角度大小以及彗星位置的数值计算出这条尾巴的长度。计算过程可见第四章。

太阳周围有着强大的磁场，一直延伸到外太空。磁场分为两个具有不同极性的区域。日球层电流片①将两个区域分开。电流片时而靠近太阳的赤道，时而会改变位置，因为太阳磁场每 11 年就会发生一次变化。当彗星穿过日球层电流片时，它的气体彗尾通常会断裂。旧的彗尾脱离了彗星，新的彗尾又形成了。1996 年 3 月 25 日，百武彗星（C/1996 B2）穿过了日球层电流片，其气体彗尾发生了一次大断裂。

① 日球层电流片又称太阳圈电流片，是太阳系内部磁场极性发生转换的表面，这个区域在太阳圈内沿着太阳赤道平面延伸。——译者注

1.9 彗星亮度随时间的变化

彗星会消失吗？答案无疑是肯定的。彗星可能是逐步消失的，也可能是突然消失的。若彗星暴露出一大块冰，那么当它靠近太阳时冰就会升华。这些冰可能会在 200 年内消耗殆尽，彗星因此而消失，直到新的冰区暴露出来。一旦有新的冰区暴露出来，彗星将再次点亮，并在接下来的 400 年里维持着这个亮度，直到新的冰块耗尽后，彗星再次消失。因此，彗星亮度的变化是无规律可循的。

天文学家对几颗彗星上水和其他气体的损失率进行了测量。典型的水的损失率为每秒 3×10^{28} 个分子。如果这种损失率持续 3 个月，彗星将丢失 2.3×10^{35} 个水分子，质量相当于 7×10^{9} 千克。若将丢失的水铺在一个 4 千米直径的球上，厚度将会有 140 厘米。这样算来，只要其富含挥发性物质的沉积物深度在 100 米以上，且近日点距离大于 0.6 天文单位，彗核就可以在太阳周围演化出数十次彗发。

还有其他影响彗星亮度的因素。彗星亮度受彗星与太阳之间及彗星与地球之间的距离的影响。因此，必须参照绝对星等，例如 H_{10}，而不是彗星的实际亮度。绝对星等是彗星距离地球和太阳都是 1.0 天文单位时的亮度，它不受距离的影响，见上文（1.5）式。第二个因素是亮度测量的不确定性，若用眼睛估测，亮度的不确定性约有 0.5 星等。若改用光度计或 CCD 相机进行测量，亮度的不确定性将减少到 0.01 星等。自然，采用不确定性小的测量方式，更能揭示出亮度的长期变化规律。

想要计算 H_0，就需要彗星到太阳距离范围内的大量数据。这些数据很难获取。因此，我更专注 H_{10} 的值。我的目标是寻找彗星过去 100 年中的亮度变化。

常识表明，最先出现衰落迹象的彗星是那些轨道周期较短的彗星。因此，我研究了几颗短周期彗星，即轨道周期小于 200 年的彗星。一个棘手的问题是，较旧的 H_{10} 值没有修正为 6.8 厘米标准孔径对应的数值。让事情变得更加复杂的是，19 世纪和 20 世纪初，大部分天文学家都是用折射式望远镜估计亮度。自 20 世纪 60 年代以来，大部分采用的是牛顿反射式望远镜估计亮度。牛顿反射式望远镜具有比相同孔径的折射式望远镜小得多的孔径改正因子。例如，一台 0.25 米的折射望远镜的孔径改正因子为 –1.2 星等，而同样大小的牛顿反射式望远镜的改正因子仅为 –0.3 星等。因此，人们认为，除 1P/Halley 彗星外，所有彗星的 H_{10} 值都应该修正到 6.8 厘米标准孔径对应的值。1P/Halley 彗星的大部分 H_{10} 值都是在天文望远镜发明前收集的，并且对不同的可见期，基于裸眼估计的 H_{10} 值偏差并不大。

我对九颗周期彗星进行了分析。其中，已经有了对 2P/Encke 彗星的研究，我将直接引用其结果。我对 4P/Faye 彗星、6P/d’Arrest 彗星、7P/Pons-Winnecke 彗星、8P/Tuttle 彗星、10P/Tempel 2 彗星、19P/Borrelly 彗星和 81P/Wild 2 彗星的亮度进行了修正，亮度估计值修正为 6.8 厘米标准孔径对应的亮度值。我没有使用孔径不确定的亮度数据，也没有使用通过摄影获得的星等，因为照相底片对蓝光比人眼更敏感。计算出绝对星等 H_{10}，就可以给出 H_{10} 与年份的线性方程了。图 1.43 到图 1.46 显示了 6P/d’Arrest 彗星、7P/Pons-Winnecke 彗星、19P/Borrelly 彗星和 81P/Wild 2 彗星亮度的变化。

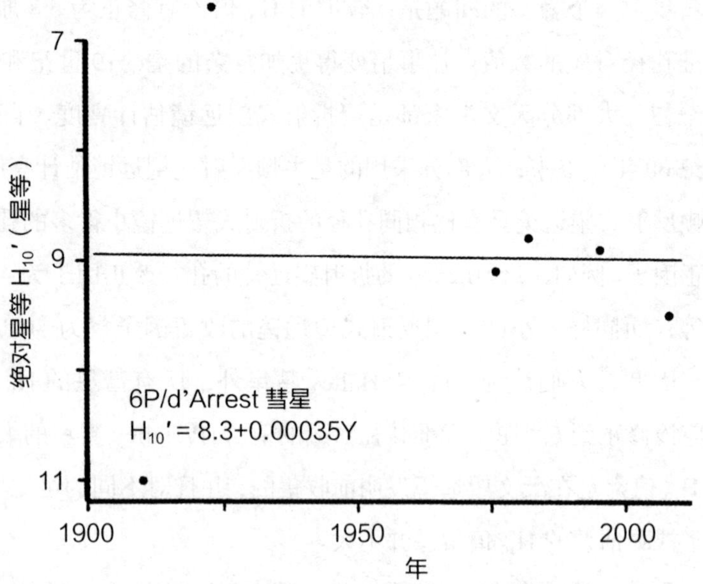

图 1.43　1910 至 2008 年，6P/d’Arrest 彗星 H_{10}' 的线性拟合。1933 年之前的数据引自加里·克罗在《彗星志》第 3 卷中报道的亮度值，并根据 6.8 厘米标准孔径做了改正。1974 年之后的数据由作者对国际天文学联合会快报中报道的测量结果进行分析而得。作者根据 6.8 厘米标准孔径对这些数据做了修正。图内表达式中的 Y 代表年份。

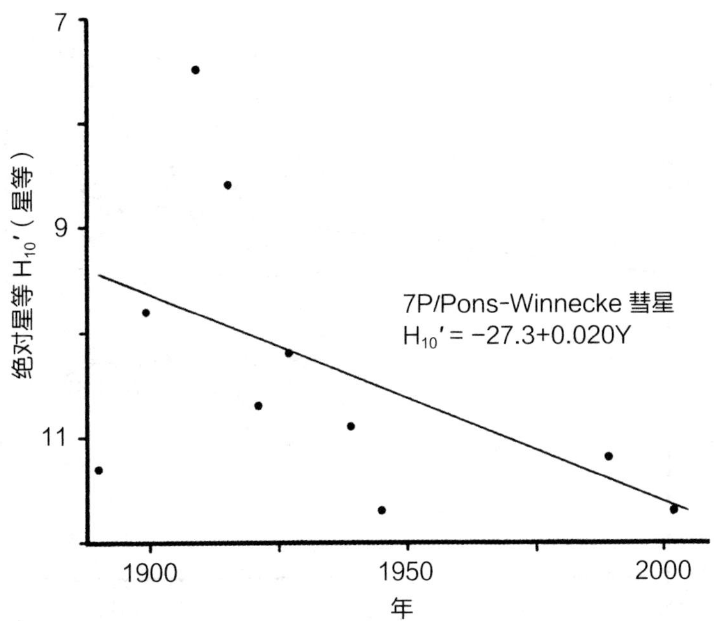

图 1.44　1892 至 2002 年，7P/Pons-Winnecke 彗星 H_{10}' 的线性拟合。1959 年之前的数据引自 S. K. 弗谢赫斯维亚茨基（S. K. Vsekhsvyatskii）的《彗星的物理特性》(*Physical Characteristics of Comets*, 1964 年）和加里·克罗在《彗星志》第 2 卷和第 3 卷中报道的亮度值，并根据 6.8 厘米标准孔径做了修正。1974 年之后的数据由作者对国际天文学联合会快报中报道的测量结果进行分析而得。作者根据 6.8 厘米标准孔径对这些数据做了修正。图内表达式中的 Y 代表年份。

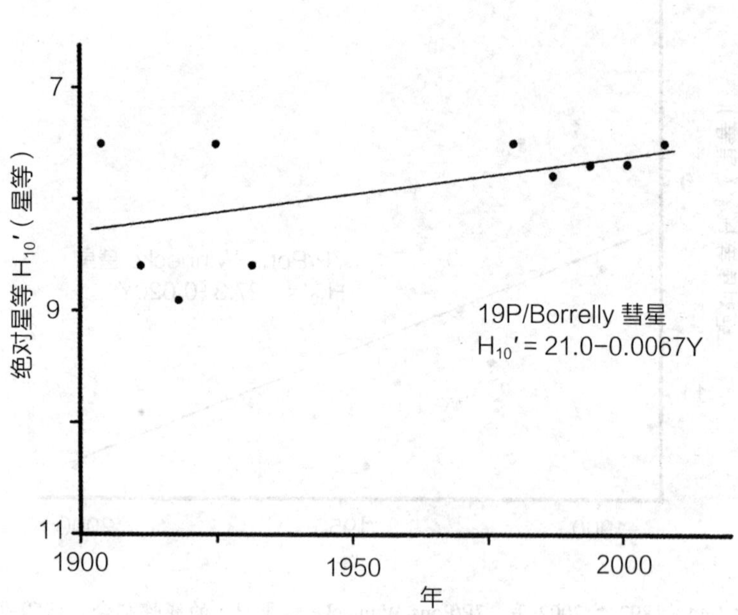

图 1.45 1904 至 2008 年，19P/Borrelly 彗星 H_{10}' 的线性拟合。1934 年前的数据引自加里·克罗的《彗星志》第 3 卷。1974 年之后的数据由作者根据国际天文学联合会快报中的测量结果进行分析而得。数据根据 6.8 厘米标准孔径做了修正。图内表达式中的 Y 代表年份。

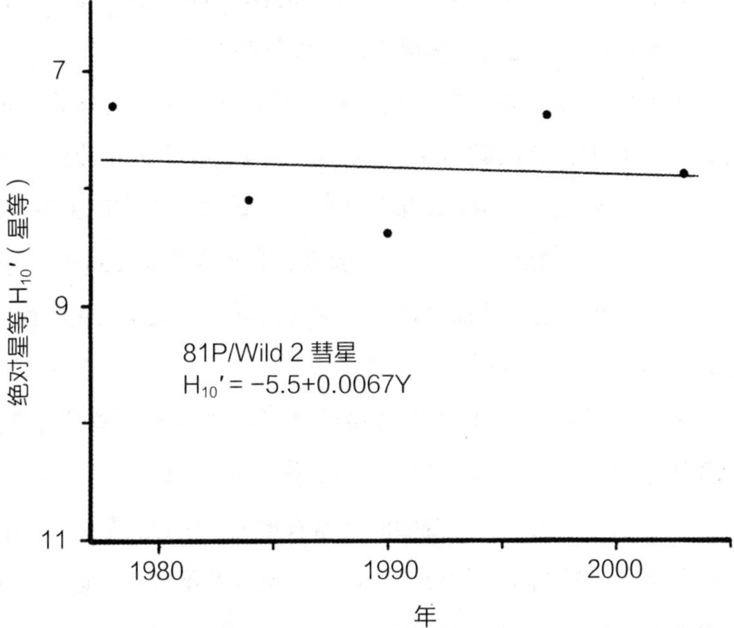

图 1.46 自 1978 年开始，81P/Wild 2 彗星 H_{10}' 的线性拟合。图中的数据由作者通过对国际天文学联合会快报中的测量结果进行分析获得。数据已修正为 6.8 厘米标准孔径对应的值。图内表达式中的 Y 代表年份。

上述每幅亮度变化图中都有一个绝对星等与年份 Y 的线性方程。方程显示 4P/Faye 彗星、7P/Pons-Winnecke 彗星和 81P/Wild 2 彗星的绝对星等值逐渐增加，表明彗星在数据覆盖的时间内逐渐变暗。例如，7P/Pons-Winnecke 彗星的绝对星等在 20 世纪以 0.02 星等 / 年的平均速率逐年变暗，而 10P/Tempel 2 彗星和 19P/Borrelly 彗星在 20 世纪的大部分时间里都在逐渐变亮。而 6P/d'Arrest 彗星的亮度变化很小，可以忽略不计。

表 1.12 总结了这九颗周期彗星的绝对星等 H_{10}' 与年份之间的关系。其中，有四颗彗星的 H_{10}' 值随时间变化很小或没有变化，即亮度变化小于 0.001 星等 / 年。三颗彗星有变暗的趋势，其余两颗则有变亮的趋势。平均起来，这些彗星以 0.003 星等 / 年的速率逐年变暗。然而，这一速率远远低于这九颗彗星亮度变化的标准偏差——0.009 星等 / 年。

表 1.13 给出了表 1.12 中彗星的轨道周期数据。总体来说，九颗彗星的绝对星等随轨道周期的变化为 0.026 星等每周期（或约 2%）。因为平均绝对星等随时间略有增加，因此，彗星在略微变暗。然而，数据又比较分散，这个结论也并不可靠。迈泽尔和莫里斯（1982 年）对 11 颗周期彗星进行了研究，他们的结论是：彗星随着时间几乎没有变暗的迹象。

表 1.12　九颗周期彗星的亮度和 H_{10} 随时间变化的总结

彗星	星等公式[a]	亮度变化（星等/年）	时间间隔	评论
1P/Halley	H_{10} = 4.1+0.00015 Y	<0.001	239BC—1986	不随时间变化或变化很小
2P/Encke	无变化	~0	1832—1987	不随时间变化或变化很小
4P/Faye	H_{10} = 29.8+0.0019 Y	0.0019	1910—1991	随时间变暗
6P/d' Arrest	H_{10} = 8.3+0.00035 Y	<0.001	1851—2008	不随时间变化或变化很小

续表

彗星	星等公式[a]	亮度变化（星等/年）	时间间隔	评论
7P/Pons-Winnecke	H_{10} = –27.3+0.020 Y	0.020	1892—2002	随时间变暗
8P/Tuttle	H_{10} = 9.1–0.0004 Y	<0.001	1912—2007	不随时间变化或变化很小
10P/Tempel 2	H_{10} = 25.7–0.0088 Y	–0.0088	1899—1990	随时间变亮
19P/Borrelly	H_{10} = 21.0–0.0067 Y	–0.0067	1910—2008	随时间变亮
81P/Wild 2	H_{10} = –5.5+0.0067 Y	0.0067	1978—2003	随时间变暗

平均值 0.003

[a] 所有公式中的 Y 代表年份。

H_{10} 的值由作者根据国际天文学联合会快报、《国际彗星季刊》和加里·克罗的《彗星志》第 1 卷至第 3 卷（1999 年、2003 年、2007 年）中的数据计算得出。

表 1.13　九颗周期彗星每周期亮度变化的总结

彗星	平均周期（年）	亮度改变（星等/周期）
1P/Halley	77.5	0.012
2P/Encke	3.30	~0
4P/Faye	7.36	0.014
6P/d' Arrest	6.47	0.002
7P/Pons-Winnecke	6.05	0.12
8P/Tuttle	13.6	0.005
10P/Tempel 2	5.28	–0.046
19P/Borrelly	6.87	–0.046
81P/Wild 2	6.30	0.042

平均值 0.026

H_{10} 由作者根据国际天文学联合会快报、《国际彗星季刊》和加里·克罗的《彗星志》第 1 卷至第 3 卷（1999 年、2003 年、2007 年）中的数据计算得出。

采用 CCD 相机和标准滤光片进行亮度测量，是解答彗星未来是否变暗这一问题的方法之一。此时，应对整个彗发进行测量。基于 CCD 的测量可以达到 0.01 星等的精度。长达几十年的高精度星等测量，是研究周期彗星长期亮度变化的有力工具。

1.10 彗星的近期撞击事件

纵观历史，地球和月球的表面曾发生过多次彗星和小行星撞击事件，月球坑坑洼洼的表面保留了大量证据。6500 万年前，地球上的一次大撞击可能导致了恐龙的灭绝。本章讲述了 1900 年以来发生的三次撞击事件，它们分别是 1908 年俄罗斯西伯利亚地区发生的通古斯撞击、1994 年苏梅克 – 列维 9 号撞击木星，以及 2009 年 7 月发生在木星上的意外撞击。

许多天文学家认为，通古斯撞击事件是由一颗彗星的碎片引起的。它和一家大餐馆差不多大，在离地面几英里[①]的地方发生了爆炸。爆炸发生在北纬 61 度，东经 100 度，俄罗斯圣彼得堡正东约 3800 千米处。爆炸将和罗得岛州[②]面积相当的区域中的大小树木夷为平地，并激起了大量灰尘，其威力相当于几百枚原子弹。这次撞击非常强烈。然而，1994 年 7 月发生了一次威力更大的撞击——苏梅克 – 列维 9 号彗星撞上了木星。

1992 年 7 月，苏梅克 – 列维 9 号彗星在接近木星时解体了，其碎片继续沿着先前的路径前进。1994 年 7 月，约有 20 枚大型碎片撞上了木星。这些碰撞产生了大量的红外辐射和黑色物质，红外辐射来自碰撞过程中释放的大量热量。撞击斑点形成不久后，我就观测到了它们。我测出最暗的斑点的反照率为 0.15。最初的

① 1 英里约等于 1.61 千米。——编者注

② 罗得岛州（Rhode Island）全名为罗得岛与普罗维登斯庄园州，它是美国新英格兰地区的一个州，面积约 3144 平方千米。——译者注

撞击区域形成了直径几千千米的黑点。几天后，它们就散开了。到 1995 年初，这些斑点已经演变成了弥漫的黑色团块。1995 年中期，撞击区域仍比平均水平暗。但等到 1996 年，木星的表面恢复到了最初的样子。

这些撞击发生在木星南纬 47 度附近，位于南—南—南温带洋流中。英国天文协会的约翰·罗杰斯（John Rogers）报告称，撞击斑点的平均漂移率为 –10.9 度 /30 天（见 Rogers 1996）。该值接近南—南—南温带洋流的平均漂移率,即 –8.3 度 /30 天（标准偏差 = 5.7 度）。

1994 年 6 月 7 日至 8 月 7 日，国际月球和行星观测者协会的约翰·韦斯特福尔（John Westfall）对木星进行了光电测光，他使用了类似约翰逊 B 系统和 V 系统的滤光片。根据他的测量，木星并没有因撞击而在绿光和蓝光波段变亮或变暗。在撞击发生前的几个月，天文学家预言了这次撞击事件。然而，2009 年 7 月 19 日，木星的下一个撞击事情却毫无征兆地发生了。

2009 年 7 月 19 日，澳大利亚业余天文学家安东尼·韦斯利（Anthony Wesley）在木星的南半球发现了一个黑点。几小时后，专业天文学家在红外波段对该点进行了拍摄。他们发现黑点周边有大量红外线发出，说明有大量的热量释放出来。结果很明显，一个大物体撞击了木星。天文学家唐·帕克（Don Parker）在黑点发现的五天后拍摄了照片。

我们了解了撞击点和产生撞击点的物体的一些特征。7 月 19 日，撞击点位于木星系统 II 经度西经 208 度，木面纬度南纬 56.5 ± 0.5 度。撞击点最暗的部分的经度为 6.2 度，相当于 4200 千米，那一天的南北方向是 2800 千米。该点的面积约为 900 万平方千米，与美国的面积大致相同。在 7 月 19 日至 7 月 26 日间，这一点以平均每天向西移动三分之二度的速度移动。应该指出，为了评估准确的漂移率，需要在更长的时间间隔内获得更多的数据。一位专业天文学家表示，产生撞击点的物体有“几个足球场那么大”。

第1章

9P/Tempel 1 彗星、1P/Halley 彗星、19P/Borrelly 彗星和 81P/Wild 2 彗星

2.1 导　言

本章详细介绍 9P/Tempel 1 彗星、1P/Halley 彗星、19P/Borrelly 彗星和 81P/Wild 2 彗星。本章的内容能得以呈现，全靠我们向这些彗星发射的航天器。此外，专业天文学家和业余天文学家在多个可见期内对它们进行了观测。最后，自公元前 239 年以来，人类见证了 1P/Halley 彗星的每一次回归。

这四颗彗星都是周期彗星。其中，有三颗属于木族彗星，它们的轨道周期都非常短。表 2.1 总结了这四颗彗星的轨道特征。

本章分为四个部分，分别讲述了当前我们对 9P/Tempel 1 彗星、1P/Halley 彗星、19P/Borrelly 彗星和 81P/Wild 2 彗星的认识。

表 2.1　1P/Halley 彗星、9P/Tempel 1 彗星、19P/Borrelly 彗星和 81P/Wild 2 彗星的部分轨道特征

彗星–年	近日点距离（天文单位）	轨道倾角（度）	轨道周期（年）
1P/Halley–1986	0.5871	162.2	76.0
9P/Tempel 1–2005	1.506	10.5	5.52
19P/Borrelly–2008	1.355	30.3	6.85
81P/Wild 2–2003	1.590	3.2	6.40

数据引自布莱恩 · G. 马斯登和加雷思 · V. 威廉姆斯的《彗星轨道目录 2008》。

2.2 9P/Tempel 1 彗星

1867 年 4 月 3 日，恩斯特·坦普尔在天秤座附近发现了一颗新彗星。当时，这颗彗星的亮度接近 10 星等。随后，布鲁恩斯（Bruhns）对其位置进行了测量，并首次计算了它的椭圆轨道，确定其轨道周期为 5.74 年，这个结果得到了其他人的证实。1873 年 4 月 4 日，斯特凡（E. J. M. Stephan）再次发现了这颗彗星。它是人类发现的第九颗周期彗星，所以它名字中最前面的两个字符是 9P。另外，编号为“Tempel”的周期彗星一共有两颗，它是其中的第一颗，所以人们在它名字的最后加上了序号 1。最终，它的全名是 9P/Tempel 1。天文学家在 1867 年、1873 年和 1879 年都观测到了这颗彗星。1879 年后，它三次接近木星，轨道受到了影响。结果，9P/Tempel 1 彗星走丢了，直到伊丽莎白·罗默（Elizabeth Roemer）于 1967 年 6 月 8 日再次拍摄到它。直到 2005 年，每次可见期天文学家都看到了它的身影。

目前，9P/Tempel 1 彗星的轨道周期为 5.52 年。因此，它有利于观测和不利于观测的可见期交替出现。图 2.1 显示了 2005 年可见期和 1999 至 2000 年可见期中地球、太阳和 9P/Tempel 1 彗星的位置。在 20 世纪和 21 世纪之交，彗星几乎全部隐藏于太阳的正后方（从地球上看）。结果，它看起来离太阳太近，不方便观测。但是，五年半之后的情况就不同了。如图 2.1 所示，2005 年 7 月，它处于更有利于观测的位置，人们也因此对它进行了全面的观测。因此，在 1966 至 1967 年、1977 至 1978 年、1988 至 1989 年和 1999 至 2000 年的不利可见期中，我们没有获得太多关于 9P/Tempel 1 彗星的数据。

本部分首先讨论这颗彗星的目视观测的结果；接着，概述了“深度撞击号”探测器任务。这次任务揭示了该彗星的彗核。本部分接着总结了“深度撞击号”探测器的成果，随后对 9P/Tempel 1 彗星的彗发和彗尾进行了梳理。最后，讨论了这颗彗星将在 21 世纪第二个十年发生的重要事件。①

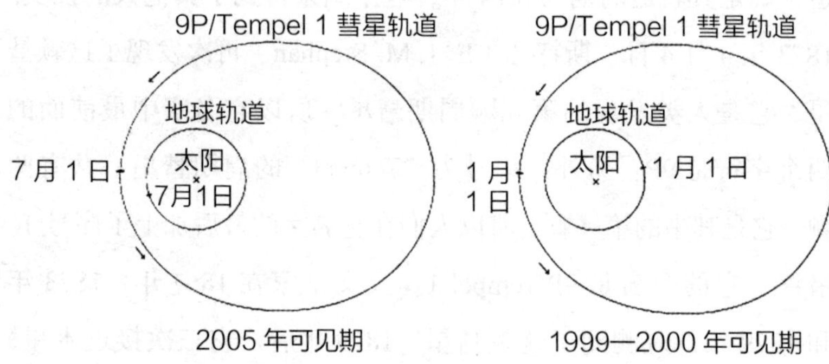

图 2.1　2005 年可见期（左）和 1999 至 2000 年的可见期（右）中，太阳、地球和 9P/Tempel 1 彗星的位置。地球和 9P/Tempel 1 的位置用短线记号表示。2005 年，这颗彗星的近日点在太阳的反方向，很容易在地球上看到。然而，1999 至 2000 年的可见期是不利于观测的，此时彗星的近日点几乎隐藏在太阳的后面，很难在地球上看到。

目视观测结果

本节讲述 9P/Tempel 1 彗星在 1983 年、1994 年和 2005 年可见期中的亮度和绝对星等。接着讲述其彗发大小和凝结度（DC 值）。

天文学家分别在 1983 年、1994 年和 2005 年估计了 9P/Tempel 1

① 本书于 2010 年初版。——编者注

彗星的亮度，并根据（2.1）式把这些测量值转换为了 H_{10}'。

$$H_{10}' = M_c - 5\log[\Delta] - 10\log[r] \tag{2.1}$$

其中，M_c 是彗星的测量亮度（单位：星等），已修正为 6.8 厘米标准孔径对应的值，Δ 是彗星与地球之间的距离，r 是彗星与太阳之间的距离。Δ 和 r 的单位都是天文单位。H_{10}' 是绝对星等，表示彗星在距离地球和太阳都是 1.0 天文单位位置上的亮度。H_{10}' 和 H_{10} 之间的区别在于，H_{10}' 的值是根据单个亮度值计算得出；而 H_{10} 是 $M_c - 5\log[\Delta]$ 与 log[r] 关系图中，当斜率被限定为 10 的时候的 Y 轴截距。彗星的每个可见期都只有一个 H_{10} 值，而 H_{10}' 值与亮度估计值一样多。否则，H_{10} 和 H_{10}' 就没什么区别了。

绝对星等 H_{10}' 的意义在于它排除了地球、太阳和彗星之间距离的影响。图 2.2 显示了该彗星在 1983 年、1994 年和 2005 年可见期之中，H_{10}' 值随日期的变化。图中有两个明显的趋势。第一个是在彗星接近近日点时，H_{10}' 值逐渐变小。在这三个可见期内，近日点附近，H_{10}' 值的平稳下降趋势重复出现。这有力地证明了彗星在接近太阳时迅速变亮。

第二个趋势是，1983 年的 H_{10}' 值比 1994 年和 2005 年时要小，这说明 1983 年彗星反射的光线比 2005 年多。因为一个天体的星等越大，它就越暗。图 2.2 中的变暗趋势是真实存在的吗？采用（1.6）式确定彗星的绝对星等 H_0 和指前因子 2.5n，是回答这个问题的最佳方法。

在 1983 年、1994 年和 2005 年的可见期内，9P/Tempel 1 彗星的星等亮度遵循（2.2）式至（2.4）式，表达式如下：

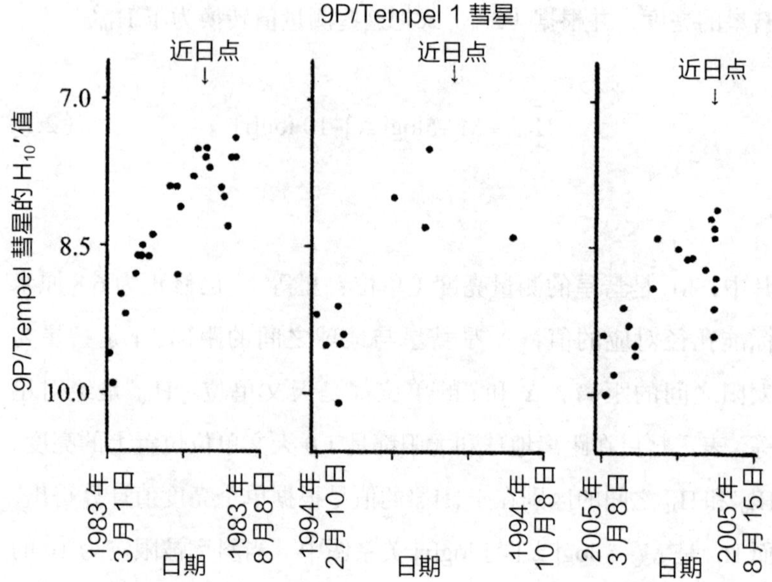

图 2.2　9P/Tempel 1 彗星的 H_{10}'值，根据 1983 年、1994 年和 2005 年不同日期的观测亮度绘制。计算中，采用（2.1）式对亮度估计进行处理，所有亮度估计值均引自国际天文学联合会快报。最后，使用第三章中的公式将所有亮度估计值修正为 6.8 厘米标准孔径对应的亮度值。

$$M_c = 5.11+5\log[\Delta]+24.8\log[r] \quad \text{1983 年可见期} \tag{2.2}$$

$$M_c = 5.42+5\log[\Delta]+24.0\log[r] \quad \text{1994 年可见期} \tag{2.3}$$

$$M_c = 5.92+5\log[\Delta]+23.7\log[r] \quad \text{2005 年可见期} \tag{2.4}$$

在表达式中，M_c、Δ 和 r 的意义与（2.1）式中的相同。（2.2）式至（2.4）式对应的数据来字国际天文学联合会快报。所有的亮度测量值均根据孔径进行了修正。（2.2）式至（2.4）式的结果表明，9P/Tempel 1 彗星在接近太阳时会迅速变亮。实际上，9P/Tempel

1 彗星与太阳的距离每减少 10%,它的亮度会增加 1.1 星等。然而，按照（1.5）式的计算，随着距离减少 10%，亮度仅增加 0.46 星等。因此,（1.5）式低估了 9P/Tempel 1 彗星因彗星与太阳之间距离的减小而引起的星等变化。这样的低估解释了，彗星在 1983 年、1994 年和 2005 年接近近日点时，为什么 H_{10}' 的值会急剧下降这一问题。

表达式（2.2）至（2.4）的绝对星等 H_0（5.11、5.42 和 5.92）和指前因子（24.8、24.0 和 23.7）都显示出了相当一致的趋势。这三个方程呈现的一致性表明，彗发在这三个可见期中的演化过程是相似的。

表达式（2.5）至（2.7）与表达式（2.2）至（2.4）类似。不同的是，在表达式（2.5）至（2.7）中，H_0' 位于公式的左边，而

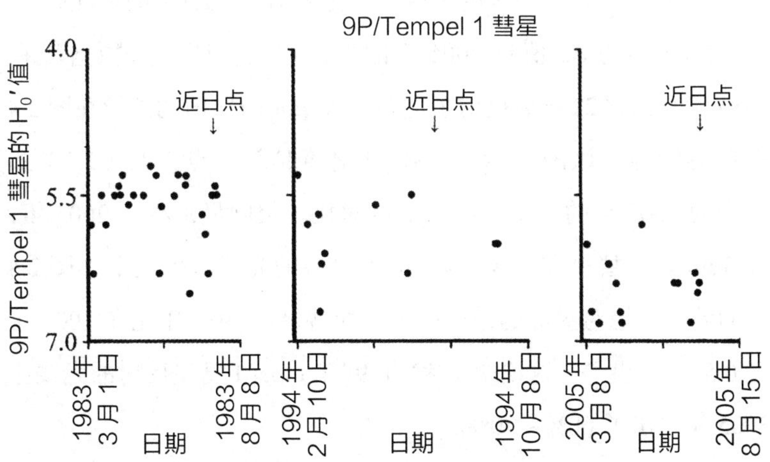

图 2.3 9P/Tempel 1 彗星的 H_0' 的值。根据1983 年、1994 年和 2005 年的不同日期的数据绘制。数值均基于（2.5）式至（2.7）式计算而得，数据来自国际天文学联合会快报的亮度估计。使用第三章中的公式将所有亮度估计值修正为 6.8 厘米标准孔径对应的亮度值。

不是 M_c。这些公式为：

$$H_0' = M_c - 5\log[\Delta] - 24.8\log[r] \quad 1983\text{ 年可见期} \qquad (2.5)$$

$$H_0' = M_c - 5\log[\Delta] - 24.0\log[r] \quad 1994\text{ 年可见期} \qquad (2.6)$$

$$H_0' = M_c - 5\log[\Delta] - 23.7\log[r] \quad 2005\text{ 年可见期} \qquad (2.7)$$

在这些表达式中，M_c、Δ 和 r 的意义与表达式（2.1）中的相同。

表达式（2.5）至（2.7）用于计算 1983 年、1994 年和 2005 年 9P/Tempel 1 彗星的绝对星等 H_0'，结果如图 2.3 所示。从图中可以看出，在近日点附近绝对星等下降的趋势不再存在，原因是表达式（2.5）至（2.7）的亮度模型比表达式（2.1）的更准确。

1983 年的 H_0' 值比 2005 年的低，这也表明，这颗彗星在 1983 年时比它 22 年后反射了更多的太阳光。H_0' 值的差异在图 2.4 中更为清晰。该图显示了 1983 年亮度估计（点）与（2.7）式给出的 2005 年的亮度（曲线）的对比。很明显，相比 2005 年，9P/Tempel 1 彗星在 1983 年反射了更多的光线。事实上，图 2.4 中的数据与绝对星等的结论一致，即彗星在 1983 年比在 2005 年亮 0.5 ~ 0.6 星等。这说明 1983 年 9P/Tempel 1 彗星反射的光线比 2005 年多出了 60% ~ 70%。

图 2.5 给出了彗发半径、DC 值和绝对星等 H_0' 随时间的变化趋势。DC 值描述彗发的弥散或凝结程度，将在第三章中给出进一步描述。1983 年、1994 年和 2005 年可见期期间的平均值，是通过对每 30 天内的数据求平均得到的。计算过程中，去掉了

2005 年 7 月 4 日和 5 日的数据，因为“深度撞击号”探测器的抛射过程对数据产生了影响。

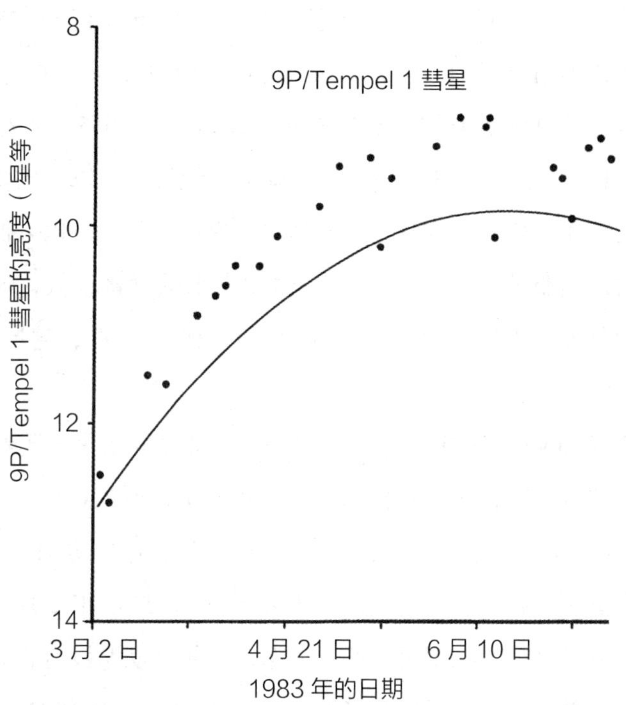

图 2.4　1983 年 9P/Tempel 1 彗星的亮度（点）与（2.7）式给出的 2005 年亮度曲线的对比。1983 年的 9P/Tempel 1 彗星比 2005 年亮 0.5 ～ 0.6 星等。星等减小，亮度增加。

图 2.5 至少呈现了两个趋势。一是 2005 年的 H_0' 值高于 1983 年和 1994 年的值。如前所述，这表明彗星在 2005 年反射的光线比 1983 年少。尽管如此，彗发半径在这三个可见期内几乎是一样的。这说明，虽然这颗彗星在 2005 年反射的光线少了，但其彗发并没有缩小。这似乎有点矛盾，对此有一种解释是 DC 值。近日点前的 DC 值从 1983 年的 4 左右下降到 2005 年的 3 以下，

这说明彗发的中心部分在 1983 年比 2005 年亮。有趣的是，这一变化趋势是否会继续保持下去呢？

图 2.2 至图 2.5 中的变暗趋势是否与专业天文学家测量的结果一致？是的！有一位天文学家报告，9P/Tempel 1 彗星在 2005 年产生的水和尘埃比 1983 年少。还有一项研究印证了这一点。来自国际紫外线探测器的数据表明，该彗星在 2005 年产生的羟基（OH）气体比 1983 年少。我们知道，纯羟基不以冰质化合物的形式存在。相反，羟基很可能是水的次级产物，所以，低羟基产率对应着低水产率。2005 年，彗发中水的含量较低，这一年喷射到彗发中的物质也较少，两者是一致的。因此，彗星变暗，绝对星等增大。

9P/Tempel 1 彗星在 1867 至 2005 年间发生变化了吗？弗谢赫斯维亚茨基分别在 1867 年（8.4 星等）、1873 年（9.2 星等）和 1879 年（10.4 星等）报告了该彗星的绝对星等 H_{10}。相比 1983 年（8.3 星等）、1994 年（8.9 星等）和 2005 年（9.0 星等）的值，彗星之前的亮度更暗淡。弗谢赫斯维亚茨基没有将亮度测量值修正为 6.8 厘米标准孔径对应的亮度值，而对 1983 至 2005 年的亮度值进行了修正。这就解释了为什么 19 世纪的绝对星等大于 1983 至 2005 年的。因此，我认为彗星的绝对星等 H_{10} 在 1867 至 2005 年几乎没有变化。

彗发的大小从一个可见期到另一个可见期不断变化。1867 年、1873 年、1879 年、1983 年、1994 年和 2005 年的平均彗发半径分别为 4 万千米、2 万千米、2 万千米、3 万千米、5 万千米和 4 万千米。在这六次测量中，彗发的大小有很大的波动。因此，这些图中的估计值不具普适性。

增强因子是一个比较有趣的特征参量。它表示彗星和满相

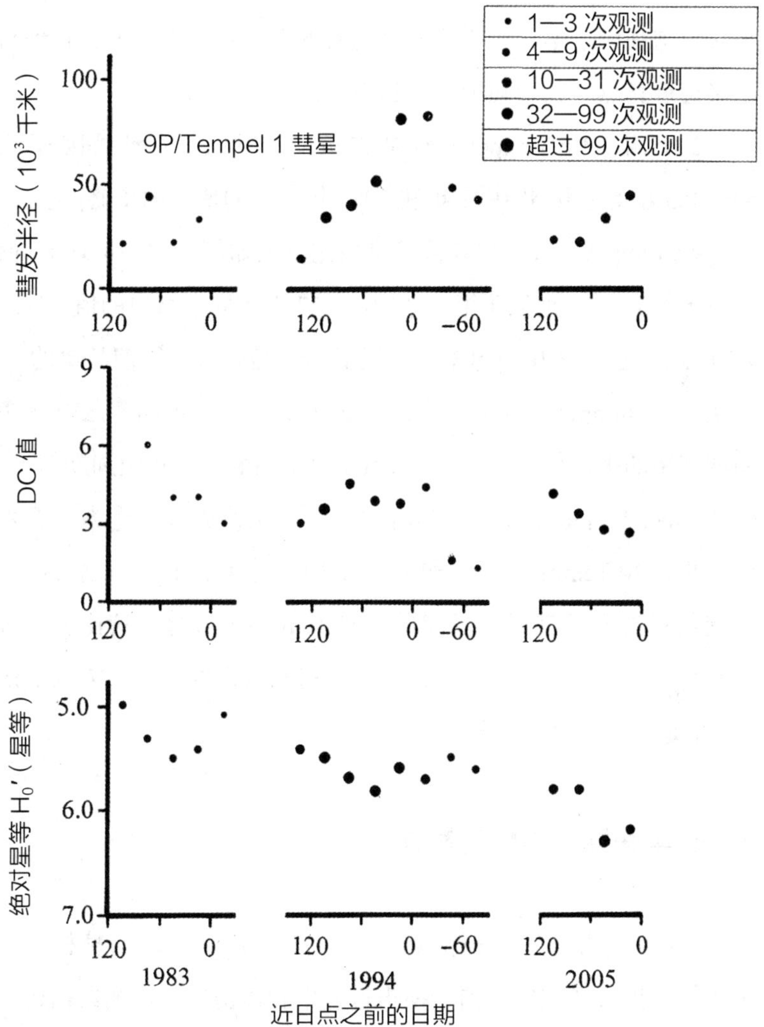

图 2.5 9P/Tempel 1 彗星在 1983 年、1994 年和 2005 年可见期期间的彗发半径、DC 值和绝对星等 H_0'。数据来自国际天文学联合会快报和《国际彗星季刊》。绝对星等由亮度估计值计算得到，亮度估计值已修正为 6.8 厘米标准孔径对应的亮度值。

时裸核之间的亮度差（单位：星等）。裸核满相时的日地张角是0度。当彗星完全失去彗发和彗尾时，增强因子为零，当彗发出现时，增强因子不再为零，并且随着彗发的变大而增大，直到彗星接近近日点时，增强因子达到最大。

2005年，9P/Tempel 1彗星在近日点附近的增强因子为5.9±0.3星等，相比1983年和1994年，它的增强因子略高。

9P/Tempel 1彗星与其他彗星相比情况如何？它的平均 H_0 值相当于5.5星等,远低于第一章中的127颗短周期彗星的值（H_0 = 9.70）。因此，9P/Tempel 1彗星反射的光是典型短周期彗星的40多倍。9P/Tempel 1彗星的指前因子为24.2，也远高于127颗短周期彗星的平均值。这说明，相比表1.7中的大多数短周期彗星，9P/Tempel 1彗星在接近太阳时的亮度变化快得多。作为一颗木族彗星，9P/Tempel 1彗星彗核的平均半径为3千米，比大部分木族彗星的半径都要大。同样，9P/Temple 1彗星彗核比大多数木族彗星的彗核都要亮。因此，可以得出这样的结论：9P/Tempel 1彗星是一个大号木族彗星。

2005年深度撞击任务概述

“深度撞击号”飞掠探测器对9P/Tempel 1彗星的彗核进行了拍摄，拍摄涵盖撞击前、撞击过程中和撞击后。探测器执行的是飞掠任务，也就是说它没有绕彗核飞行，而是径直飞过了彗核。在飞行过程中，它向彗核释放了撞击器，撞击器撞向了彗核。撞击器的质量约为370千克，撞击时的速度为10千米/秒。撞击器以此速度撞向彗核，释放了 2×10^{10} 焦耳的动能。一列满载100节车厢，质量为500万千克，以100千米/小时的速度行驶的货运列车，动能仅为 2×10^9 焦耳，不过是撞击器所释放动能的十分之一。

2005 年 7 月 4 日，世界时 5 : 44 : 36，“深度撞击号”器击中了彗核。当时，彗核距离地球 0.894 天文单位，所以撞击发出的光需要 7 分钟 26 秒才能抵达地球。地球上的天文学家在世界时 5 : 52 : 02 首次探测到了这一事件，整个过程持续了 3 秒。撞击器击中了纬度为 30 ~ 35 度的地区。撞击区域的土壤温度约为 310 开氏度。

我们对 9P/Tempel 1 彗星的了解主要基于地球上的观测和航天器收集的数据，包括深度撞击任务和撞击器撞击中获得的数据，这些数据覆盖了电磁频谱中相当广的波长范围。结果表明，不同波长的光携带的信息也不同。所以，将几个不同实验的数据结合在一起分析，有助于我们深入理解这颗彗星。图 2.6 给出了天文学家在研究 9P/Tempel 1 彗星时，使用的仪器、航天器 / 天文台和电磁频谱。不难发现，天文学家分别使用了 X 射线、紫外线、可见光、红外线和微波对该彗星进行了测量。

彗核：简介和一般特征

“深度撞击号”探测器使用了不同的滤光片，记录了 9P/Tempel 1 彗星彗核的特写图像。图像显示了大约 25% 的彗核，分辨率约为 10 米。也就是说，我们可以从图像中识别到小到 10 米的特征。表 2.2 列出了彗星彗核的一些物理参量和测光参量。

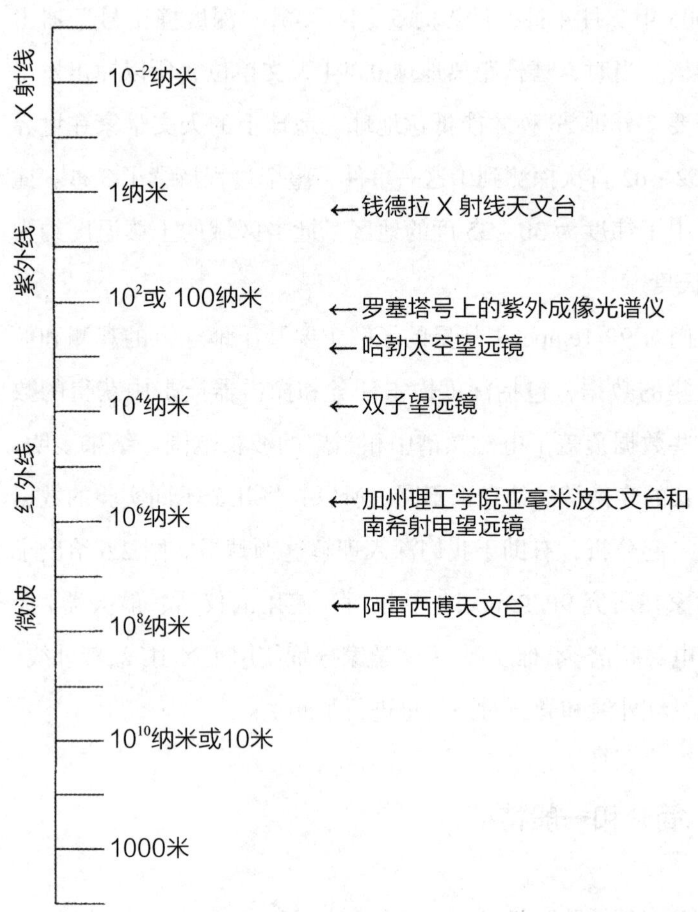

图 2.6　研究 9P/Tempel 1 彗星撞击过程所涉及的一些不同的航天器、天文望远镜、天文台和电磁频谱。研究过程中，天文学家使用了微波、红外线、可见光、紫外线和 X 射线。请注意，可见光波段非常窄，处在红外部分和紫外部分之间。这些研究以论文的形式发表在《9P/Tempel 1 彗星的深度撞击——伊卡洛斯特刊》第 191 卷第 2 期。

表 2.2　9P/Tempel 1 彗星彗核的物理参量和测光参量

特征参量	数值	数据来源
半径	3.9 × 2.8千米	Lamy et al. (2007a)
平均半径	3.0 ± 0.1千米	Thomas et al. (2007)
密度	0.4克/立方厘米	Richardson et al. (2007)
表面积	119平方千米	Thomas et al. (2007)
质量	4.5 × 10^{13}千克	Richardson et al. (2007)
表面平均重力加速度	~0.0003 米/平方秒	Thomas et al. (2007) and Richardson et al. (2007)
自转速率	41~42小时	Bensch et al (2007) and Lamy et al (2007a, b)
体积	~110立方千米	作者根据质量和平均密度计算所得
逃逸速度	~1 米/秒	作者根据质量和平均半径计算所得
几何反照率（红光）	0.072 ± 0.016	Fernández et al. (2007b)
几何反照率（绿光）	0.056 ± 0.007	Li et al. (2007)
R–J	1.46 ± 0.13	Hergenrother et al. (2007)
B–V	0.84 ± 0.01	Li et al. (2007)
V–R	0.50 ± 0.01	Li et al. (2007)
R–I	0.49 ± 0.02	Li et al. (2007)
V(1, 0)	15.2 ± 0.2	Ferrín (2007)
日地张角系数	0.055 ± 0.007 星等/度	Li et al. (2007)

在本节中，我将讲述彗核的基本特征。接着，描述它的地质特征和侵蚀类型。之后，讲述升华速率、表面温度和彗发的演化。本节的最后是我们对彗核表层几米的了解的概述。

彗核的形状不规则，因为它的引力太弱，无法把自己拉成球形。地球的形状就接近球形，因为地球的引力足够强，可以把自己拉成这个形状。彗核不规则的形状导致其亮度随自转而变化。有一项研究表明，因彗核自转，R 滤波片测量的亮度变化达到了 39%，相当于 0.4 星等。

彗核的两个重要地质术语是孔隙率和渗透性。土壤或岩石样本的孔隙率是指样本中的孔隙所占的比例。一块没有任何裂缝的花岗岩的孔隙率很低，几乎为零，相反浮石的孔隙率就很高。渗透性与孔隙率密切相关，渗透性描述物质（液体或气体）在土壤或岩石中的流动。渗透性好的材料，物质通过时受到的阻力较小。

以一箱柠檬为例，每一个柠檬是一块独立的材料，柠檬之间的空隙向其他材料敞开，即孔隙率。当把另一种物质（如水）倒入装满柠檬的箱子时，它会绕柠檬流动，穿过孔隙，流进箱子的底部。这就是渗透性。为了使渗透性更强，孔隙必须相对较大并且相互连通。材料在土壤或岩石中移动时，构成材料的原子或分子会受到颗粒表面的吸引，阻碍流动。孔隙尺寸变大，材料与晶粒表面之间的引力的影响就会变小。因此，高孔隙率并不完全意味着材料的渗透性就高，孔隙大小也对其有影响。另外，某种材料可能对某些物质的渗透性高，但对其他物质来说，渗透性就一般。例如，富硅岩石对水蒸气的渗透性低于对气态乙烷的渗透性。

有一组天文学家分析了深度撞击事件后抛射物的轨迹，并以此确定了彗核的大致质量和密度。彗核的密度为 0.4 克 / 立方厘米，远小于水冰的密度（约 0.9 克 / 立方厘米）。据此，天文学家认为，彗核具有很高的孔隙率。虽说重力加速度在彗核的表面上有变化，不过它的值基本都接近 0.0003 米 / 平方秒。相比，地球的重力加速度为 9.8 米 / 平方秒。因为天体的重量与重力加速度成正比，因此，9P/Tempel 1 彗星彗核的重量仅为地球重量的 0.0003 ÷ 9.8 或约 0.00003 倍。地球上一名体重 100 千克的宇航员来到这颗彗星的彗核上，重量只有 3 克。

彗核对绿光的反照率约为 0.05，对红光的反照率约为 0.07，这说明它的表面仅仅反射百分之几的可见光。这一点与其他彗星的彗核类似。9P/Tempel 1 彗星彗核的低反照率表明，它吸收了大部分照射到上面的太阳光。这将导致彗核表面温度升高。

彗核的颜色与太阳光不同。太阳的 B–V 值为 0.65，而 9P/Tempel 1 彗星的为 0.84。这表明，该彗星的 B 星等比 V 星等暗 0.84 星等。太阳的 B 星等比 V 星等暗 0.65 星等，表明太阳比该彗核更蓝。

与其他短周期彗星的彗核相比，9P/Tempel 1 彗星的颜色如何？在哈勃太空望远镜和其他先进设备的帮助下，一组天文学家编制了 40 多个短周期彗星核的色指数表。（色指数是物体颜色的一种定量表示方法。）所研究的短周期彗星彗核的平均色指数（括号内为标准偏差）B–V、V–R 和 R–I 分别为 0.87（0.19）、0.50（0.12）和 0.46（0.10）。9P/Tempel 1 彗星的色指数与这些数据接近（见表 2.2），这表明 9P/Tempel 1 彗星彗核的颜色与其他短周期彗星的彗核相似。

“深度撞击号”飞掠探测器所拍摄的区域的颜色几乎相同。这并不奇怪，因为彗核的表面上可能覆盖着一层起起落落的尘埃。

地质地形和侵蚀

彗核有几种地质特征，包括无边缘凹陷、边缘凸起的填埋凹陷、边缘凸起凹陷、平地和陡崖。侵蚀无疑在这些地形的演化中发挥了重要作用。这里描述了彗核上侵蚀的方式和一些地形特征。

挥发性物质的释放是彗核遭受侵蚀的主要方式。物质的释放形式有升华，含挥发性分子的化合物（如水合盐）的分解。这些过程将去除一些挥发性物质和非挥发性物质。一组天文学家估计，在 2005 年 6 月至 9 月期间，有 1.3×10^9 千克的水逃离了彗核。

假设这些水来源于彗核 10% 的表面，那么消失的冰层就有 12 厘米厚。当挥发性物质逃离彗核时，其他物质，包括非挥发性的尘埃颗粒，也会被释放出来。

第二种侵蚀方式是流星撞击。彗核的周围没有厚厚的大气层，快速运动的流星会径直撞向彗核，不会减慢速度。有一项研究表明，每天大约有 10^{10} 颗流星撞向地球，它们的亮度为 +10 星等或者更亮，这相当于每天每平方千米会发生约 20 次小流星撞击事件。9P/Tempel 1 彗星的彗核面积为 119 平方千米，若按地球上的流星撞击频率来算，每天会有 2000 多颗流星撞上彗核。大多数流星体都很小，即便如此，若它们快速运动，也会对彗核造成侵蚀。

侵蚀彗核的第三种方式是高能辐射与表面物质之间的相互作用。高能辐射有宇宙射线、伽马射线、X 射线和紫外线，它们来自太阳和其他恒星。高能辐射能够破坏化学键。例如，紫外线辐射能够将水分子分解成氢原子和羟基，随后氢原子和羟基以气体的形式离开。

毫无疑问，侵蚀在一定程度上塑造了彗核的表面特征。在接下来的几段中，我将介绍彗核的一些地形。“深度撞击号”探测器仅拍摄了彗核的部分表面。

9P/Tempel 1 彗星上有三种圆形地形，它们可能是撞击坑。其中一种地形的边缘凸起，像一座方山，如图 2.7 的 a 所示。我将这种地形称为边缘凸起的填埋凹陷，也许这种地形是被尘埃填满的撞击坑。我们知道，彗核被落回的尘埃覆盖着。另外两种地形类似撞击坑，它们是无边缘凹陷和边缘凸起凹陷，如图 2.7 的 b 和 c 所示。无边缘凹陷中有平整的地面，类似于地球上的浅天坑。

彗核上最大的无边缘凹陷宽约 250 米。一组天文学家认为这种地形可能是由撞击坑遭侵蚀而形成的。边缘凸起凹陷像是有一个平坦的底面。彗核上最大的边缘凸起凹陷的直径为 400 米。在月球上，直径不到几千米的新撞击坑的内部呈“碗状”，如图 2.7 的 d 所示。9P/Tempel 1 彗星上边缘凸起凹陷与月球上大小相近的撞击坑不同。

一组天文学家在图片上辨认并统计了几十个圆形凹陷。结果是，较小的凹陷比较大的凹陷多。这与撞击坑是一样的。我相信，9P/Tempel 1 彗星的彗核上存在一些撞击坑，只是侵蚀改变了它们的形貌。

彗核上至少有三个平滑的区域。那里不存在圆形凹陷，也没有其他不规则地形。其中的两个面积为 1 或 2 平方千米。人们对这些地形了解甚少。一组天文学家认为，其中一个平滑区域是一个流动特征。

照片上的疤痕是类似悬崖的地形。彗核上有好几个这样的地形。其中的两个陡崖呈环形走向，它们可能是撞击坑被侵蚀后的残余。这两个圆形地形的直径分别为 0.9 千米和 1.1 千米。另一个陡崖至少有 4 千米长，几米高。一组天文学家认为它围绕着一

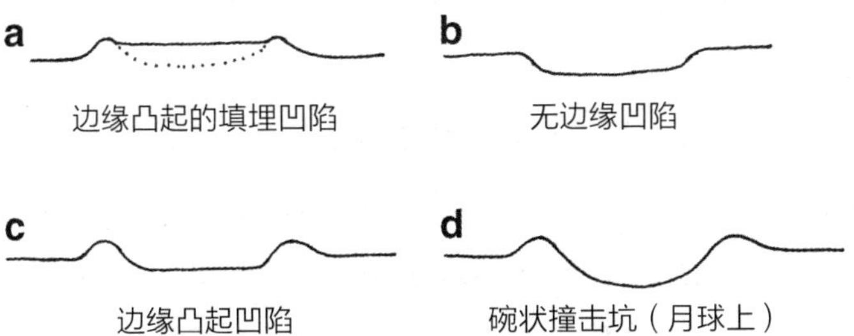

图 2.7 （a–c）9P/Tempel 1 彗星上不同类型的圆形凹陷的侧视图。（d）月球上一个典型的碗状撞击坑的侧视图。请注意，（a–c）中的圆形凹陷与月球上典型的碗状撞击坑不同。

个被剥离物质的区域。也许这个区域曾含有比例较高的挥发性物质，挥发性物质的升华速率较大，早已挥发殆尽。

影响挥发性物质释放的因素

为什么有些区域的物质会被优先剥离？这至少取决于五个因素，即挥发性物质的性质和体量、自转轴的方向、表面的坡度、表面物质的热学特性和渗透性。下面，将逐一对它们进行讲述。

挥发性物质的性质和体量是影响物质释放速率的第一个因素。如果只考虑纯冰，那么蒸汽压是主要因素。高蒸汽压的氮气比水升华快得多，因此，含氮冰多的区域比氮冰少或没有氮冰的区域，物质损失的速度快。此外，相比挥发性物质较少的区域，挥发性物质聚集的区域物质损失得快。

自转轴的方向是影响挥发物释放速率的第二个因素。地球的自转轴指向北极星附近，从地球上看，北极星偏离太阳至少 65 度。因此，很少有阳光照射到地球的极地，那里非常寒冷。9P/Tempel 1 彗星的自转轴指向天龙座的 τ 星[①]附近。但是，自转轴可能会改变。有一组天文学家报告说，彗核的运动可能是混乱的。自转轴的方向决定了哪些区域接收的阳光最多，并最终影响挥发物的释放速率。

表面的坡度是影响挥发物释放速率的第三个因素。你有没有注意过，在晴朗的日子里，屋顶上朝南的霜或雪比朝北的融化得快。在北半球的大部分地区都能见到这种现象，因为朝南的部分比朝北的部分接收更多的阳光。9P/Tempel 1 彗星彗核的形状并不规则，不同的区域有不同的坡度。一个区域的坡度可能恰到好

① 即御女一。——译者注

处，能比其他区域接收到更多的太阳能。结果是，这个区域的温度最高，挥发性物质释放的也最快。

表面物质的热学性质是影响挥发物释放速率的第四个因素。导热性是重要的热学特性。这个量描述了一种物质的传热能力。比如，绝热材料阻碍热量流动，因此，它不是良好的热导体。大面积的绝热材料将阻碍热量向深层输运，这将导致挥发性物质的释放放慢。天文学家认为，9P/Tempel 1 彗星的多孔表面导热性较差，类似一层隔热层。

彗核表层的渗透性是影响挥发物释放速率的第五个因素。高渗透性将促进气体的释放，而低渗透性将阻碍气体的释放。使事情变得更加复杂的是，渗透性恰恰由升华的物质和彗核表层的特性共同决定。

表面温度与彗发的演化

在近日点附近，彗核上的温度起伏较大。日下点处的温度高达 336 ± 7 开氏度，即 145 ± 13 华氏度。日下点是指太阳正当头顶的区域。日下点和明暗界线之间的区域的温度为 300 开氏度，即 80 华氏度。明暗界线处的区域几乎没有阳光，那里的温度为 272 ± 7 开氏度，即 30 ± 13 华氏度。毫无疑问，即使是在近日点，夜晚的温度也远低于水的冰点，这是由于没有大气层反射热量。

9P/Tempel 1 彗星彗核的温度较高，背后有三个原因。第一个原因是，几乎所有的阳光都照射到了彗核的表面。相反，在地球上，我们的大气层吸收了大约 25% 的可见光，有助于将地面的温度维持在中等水平。第二个原因是，彗星的自转缓慢。彗核自转周期为 41 至 42 小时，这意味着有更多的时间让表面升温。

第三个原因是，彗核的反照率低。我们知道，在炎热的夏天，深色的柏油马路会非常热。深色的沥青吸收了大量照射在其上的阳光。黑色的彗核也是如此。

9P/Tempel 1 彗星的彗核运动到离太阳 3.5 天文单位时，彗发才开始形成。相比 1P/Halley 彗星在距离太阳仅 6 天文单位多一点的地方，就开始形成彗发了，而海尔－波普彗星更远，它的彗发在距离太阳约 18 天文单位的地方就开始形成了。1P/Halley 彗星和海尔－波普彗星含有高挥发性物质，如氮冰、甲烷冰和氨冰，因此，它们在距离太阳很远的地方就演化出了彗发。相反，9P/Tempel 1 彗星的表面缺少大量的高挥发性物质，它必须靠近太阳，才能形成彗发。

表层的几米

9P/Tempel 1 彗星的表面有什么特性？它表面大部分布满了尘埃和非挥发性物质。有一组天文学家提出“脏冰球”的概念，来描述 9P/Tempel 1 彗星的彗核，他们舍弃了熟知的“脏雪球”概念。该小组使用“脏冰球”一词，因为彗发中的气尘比很高，特别是在撞击后。彗核的堆积密度低，说明它有一个柔软的表面。另一组天文学家报告说，彗核表面的孔隙率至少有 50%，也有可能高达 90%。彗星松软的表面，要归因于它较小的重力。尘埃在彗核上的重量很小，不像在地球上那样被重力压得严严实实。

图 2.8 是日下点彗核的两个表层结构的横截面示意图。顶层是松软的灰尘，没有与其他颗粒紧密结合。顶层下面是内层，内层的颗粒可能彼此松散地结合在一起。我们知道彗核的平均密度较低，因此，内层有较高的孔隙率。内层最上面 1 米处含有的挥发性物质与 20 米以下位置的相似。顶层和内层的温度有很大的

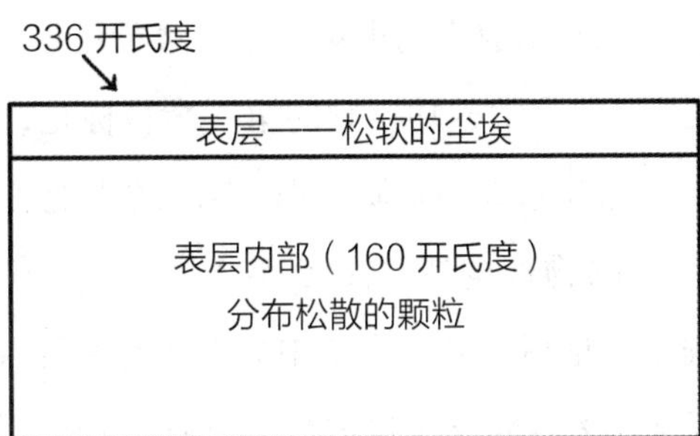

图 2.8　9P/Tempel 1 彗星彗核表层几米的横截面图。彗核表层是松软的尘埃，内部藏有分布松散的颗粒。虽然彗核的表面温度可能达到 336 开氏度，但是，即使彗星位于近日点，深层也仍然很冷，温度可能也只有 160 开氏度。

差别。如前所述，表面温度会变得很高，然而，即使在地表以下几米的地方，温度也非常低。有天文学家对彗核进行了多次热力学建模模拟，发现内部温度约为 160 开氏度（–172 华氏度）。这么大的温差是由顶层的绝热效果引起的。

顶层和深层之间的第二个区别是材料的结晶状态。晶体物质是原子规则排列的物质。内层极有可能存在晶体结构，表面则不然。可能的原因是，相比深层材料，表面材料更多地暴露在高能量辐射下。如前所述，高能量辐射会破坏化学键，从而导致晶体结构被破坏。

表面的物质主要由非挥发性物质组成，如硅和富碳材料。许多富含碳的物质都非常黑，因此反照率很低。9P/Tempel 1 彗星的低反照率也印证了这一点。

深度撞击事件

深度撞击任务是 NASA 发现计划的任务之一。（发现计划中的其他任务有：几次低成本的火星任务、彗星任务和其他天体任务。）深度撞击任务非常成功。它的第一个目标是，更多地认识彗星表面及其下方几米处的物质差别。第二个目标是，进一步了解彗核表层几米的物理构造。2005 年 7 月 4 日，在深度撞击事件的整个过程中，地球上和外太空中的十几台设备对数据进行了收集。业余天文学家也对该事件进行了观测，并在事件发生之前、期间和之后收集了大量宝贵的数据。本节讨论深度撞击事件对彗核的影响，主要是撞击后彗核上的物理变化和彗发中的化学变化。

天文学家尚不清楚快速运动的撞击器撞击彗星时会发生什么。先前，一些人目睹过类似的撞击，包括流星撞击月球、苏梅克 - 列维 9 号彗星撞击木星以及月球“探险者号”飞船在控制下撞击月球等。然而，这些撞击的对象是月球或木星，它们都是大型天体。深度撞击事件则不同，它与大型天体无关。与月球或木星相比，9P/Tempel 1 彗星的彗核小得可怜，上面的引力也微乎其微。彗核和喷出物会怎样？天文学家一直期待着深度撞击事件的实验结果。

从外太空观看深度撞击事件与从地球上观看的效果不同。当撞击器击中彗核时，彗核便会发射出紫外线、可见光和红外线，彗核在几分钟内逐渐变亮，这与业余天文学家的观测结果一致。“深度撞击号”飞掠探测器在撞击后不到一秒内也拍摄到了闪光，闪光在可见光波段。闪光持续了不到一秒钟，没有被地球上的设备捕捉到。最初的闪光可能是撞击器的一部分动能转化成了光。闪光过后立即升起了一股气体和尘埃，形状似羽毛，反射着阳光，此时，羽状物还伴随着一个阴影。羽状物的大小达到了 700 米。它以大约 1000 米 / 秒的速度向远离撞击器的方向移动。

从地球上看，2005 年 7 月 4 日的撞击并没有在中等大小

（0.2 ~ 0.6 米）的望远镜中留下可见光闪光的影子。专业天文学家使用的大型仪器也没有在撞击后立即探测到光线。有人在撞击后 8 分钟，也就是世界时 6 : 00 看到中心凝聚物开始变亮。亮度的增加一直持续到彗星沉入西方的天空。撞击后，彗发的光线变得更加集中，换言之，DC 值上升了。DC 值将在第三章讲述。据两位业余天文学家称，在世界时 5 : 52 至世界时 6 : 10，彗星的亮度增加了零点几星等,或者说增加了约 2 倍。这种亮度增加是逐渐发生的。

还有一些人捕捉到了撞击的过程。他们的照片清楚地显示，彗星在撞击后几分钟变得更加明亮了。《天空与望远镜》（*Sky and Telescope*）杂志在 2005 年 10 月刊登了其中的两张照片。

关于 9P/Tempel 1 彗星的表面特性，深度撞击事件揭露了什么？想要了解答案，最好看一看地球上做的类似实验。一组科学家设计了一系列类似深度撞击事件的实验。他们以高达 5.5 千米 / 秒的速度，朝不同的物质发射了 0.30 克的弹丸，并使用高速摄像机对撞击过程进行了拍摄。通过实验，该小组了解到，拍摄到的闪光由目标材料的孔隙率和化学成分决定。结果表明，像水冰这样的挥发性物质，会降低撞击闪光的亮度和持续的时间。

深度撞击实验的闪光与彗核含有的大量挥发性物质的多孔表面一致。此外，彗核上还存在着硅酸盐和富碳尘埃。一组天文学家通过研究这些尘埃离开撞击地点的轨迹，测量了由引力引起的加速度、彗核的质量和平均密度。

撞击器的部分动能以可见光的形式释放了出来。一组天文学家报告，该过程的发光效率为 7×10^{-5}，低于实验室中模拟的撞击实验结果。原因是 9P/Tempel 1 彗星上存在大量挥发性物质，在它们的影响下，撞击器的小部分动能以红外线的形式释放，而大部分转化为彗核的动能。

撞击使彗核释放了大约100万至1000万千克的水冰。不同的天文学家小组得出了不同的数值，但大多数估计值接近或在上述范围附近。还有一组天文学家报告称，撞击后，彗核释放了大量的一氧化碳。撞击释放了大量的尘埃，一个小组报告说，撞击过程尘埃弥漫。大部分尘埃以约100~200米/秒的速度逃离彗核，气体逃逸的速度更快。

撞击之后，彗核上立刻升起了一股尘雾。最初，这股羽状物在西南方向，几天后，辐射压力推着尘雾向东移动，逐渐回到彗尾部分。有一些证据表明，彗核附近的力能够根据尘埃颗粒大小将其分离。撞击后没有新的喷流出现。撞击后彗发中尘埃颗粒的平均粒径减小，可能是由于撞击释放了大量的小尘埃颗粒。

撞击产生的尘埃含有硅酸盐和碳基物质。一些尘埃中含有橄榄石晶体和辉石晶体，撞击后彗发中的结晶物质增多了。基于此，一组天文学家得出结论：彗核表面以下几米处的物质可能都是晶体，而表面的物质则不然。

撞击后不久，不同种类的气体所占的百分比几乎保持不变，说明表层和深层有相似的化学成分。

这次撞击将对彗星造成什么样的长期影响？撞击当然会留下一个撞击坑，然而，撞击坑无法被分辨出来。原因有三，即相机失焦、撞击产生的碎片阻挡了相机的视野和探测器掠过彗核的速度过快。最后一个因素导致记录图像的时间太短。许多天文学家认为，陨石坑的直径约有100米。

然而，我们对撞击如何影响彗星的彗发和彗尾有了更清晰的认识。撞击导致彗发中的气体和灰尘量暂时激增。一部分增多的物质最终融入了彗星的气体彗尾和尘埃彗尾。然而，彗发中多出的气体和灰尘并没有维持很久。2005年7月31日至8月6日

的平均绝对星等 $H_0' = 6.3$，与 2005 年 3 月至 7 月初的基本相同（$H_0' = 6.1$）。到 2005 年 7 月 9 日，彗发几乎恢复了常态。我们还认识到，撞击没有导致新的可观察到的喷流。

彗发和彗尾

表 2.3 列出了 9P/Tempel 1 彗星彗发的几个测光参量。其中，大多数参量来自业余天文学家的几十次测量。

不止一人对彗发的大小进行了估计，结果从小于 1 角分到几角分不等。图 2.5 总结了彗星在 1983 年、1994 年和 2005 年可见期中，彗发的直径及其每 30 天的平均值。

表 2.3　9P/Tempel 1 彗星彗发的测光参量

特征参量	数值	数据来源
绝对星等H_0（近日点前后）	5.5 ± 0.3[a]	1983年、1994年和 2005年可见期中的观测
指前因子2.5n（近日点前后）	24.2 ± 2.4[a]	1983年、1994年和 2005年可见期中的观测
日地张角系数c_v	<0.02星等/度	作者计算而得
彗星和太阳距离1.6天文单位处的彗发半径	40,000 千米[a]	2005年可见期中的观测
凝结度（DC值）	3.8[a]	1983年、1994年和2005年可见期中的观测
增强因子（近日点）	5.9 ± 0.3[b]	根据2005年6月23日至2005年7月3日期间的数据计算
色指数B-R（彗发内部距彗核9500千米处）	1.1	Walker et al. (2007)
色指数R-I（彗发内部距彗核9500千米处）	0.4	Walker et al. (2007)

[a] 由作者根据国际天文学联合会快报和（或）《国际彗星季刊》上发表的数据计算而得。

[b] 由作者根据彗核和彗星的测光数据计算而得。彗核的测光数据来自 Ferrín（2007）。彗星的测光数据由作者根据国际天文学联合会快报和（或）《国际彗星季刊》上发表的数据计算而得。

在撞击之前，彗发中含有十几种物质，有 C_2 自由基、C_3 自由基、氰基（CN）、碳氢基（CH）、氨基（NH_2）、羟基、NH 自由基、氧原子、氰化氢（HCN）、甲醇（CH_3OH）、二氧化碳、硫化氢（H_2S）和水。其中的一些分子，如水和硫化氢没有经历过化学反应，是彗核的直接构成成分。其他物质则是较大分子的碎片，如 NH 自由基和羟基分别由氨（NH_3）和水分解而成。

就在撞击之前，9P/Tempel 1 彗星上发生过几次喷流。一组天文学家报告说，这些喷流来自彗核上的孤立区域，如喷口或裂缝，喷流还可能形成于表面冰块附近。另一组天文学家对几天内的彗核图像进行了研究，发现至少有两股喷流随彗核旋转。最大的喷流能够喷射到彗核上方 200 千米以上的地方。

2005 年年中，射电天文学家监测到了彗发中氰化氢的丰度。他们发现氰化氢的丰度以 1.7 天的周期波动，接近于彗核的自转周期。彗核上氰化氢波动的源头可能只有一个。

根据表达式（2.5）到（2.7），我计算了 H_0' 的值，结果发现它没有随日地张角而变化。因此，我确定彗发的日地张角系数的上限为 0.02 星等 / 度。

彗发内部（距彗核 9500 千米以内）的 B-R 色指数和 R-I 色指数基于撞击前五天拍摄的图像得出。根据亚瑟 · 考克斯（Arthur Cox）编著的《艾伦的天体物理量》（*Allen's Astrophysical Quantities*，第 4 版，2000 年），太阳的色指数为 B-R = 1.19 和 R-I = 0.34。因此，彗发内部的颜色与太阳相似。彗发中心 2500 千米处比彗发内部偏红。这种颜色差异可能是由彗发中尘埃和（或）冰粒的升华引起的。

在 1983 年、1994 年和 2005 年的可见期中，大约在近日点之前 4 周到 8 周，几种气体（羟基、NH 自由基、氰基、C_2 自由

基和 C_3 自由基）的产率达到最高。这有些不寻常，通常来说温度最高时，气体的产率才最高，而彗核的最高温度应该在近日点之后才能达到。一个可能的解释是，在近日点后约 1 到 2 年，一层含有大量挥发性物质的尘埃又落回到了彗核上。一旦彗核温度开始升高，这种物质就会首先升华。

2005 年，9P/Tempel 1 彗星的亮度增加了好几次，这种高度增加被称为“爆发”。6 月 14 日发生了一次爆发，它使彗星在可见光下亮度增加了 50%。彗发中额外的尘埃引起了这次亮度增加，至少部分是这样，可能彗核还释放了额外的水。第二次爆发发生在 6 月 22 日。在这次爆发期间，彗核又释放了大量的水。事实上，这次爆发释放的水比 12 天后的人为爆发释放的要多。第三次爆发发生在 7 月 2 日。一组天文学家发现，在之后的爆发中，10 次中有 7 次发生在靠近 7 月 4 日撞击发生的一侧上。

这颗彗星有一条短彗尾。目前还不清楚这条彗尾是尘埃彗尾还是气体彗尾。1972 年、1983 年、1994 年和 2005 年的平均彗尾长度分别为 0.03 度、0.04 度、0.06 度和 0.02 度。1994 年 4 月，彗尾的平均位置角为 224 度，标准偏差为 20 度。位置角是相对于北方测量的。北、东、南和西的位置角分别为 0 度、90 度、180 度和 270 度。

9P/Tempel 1 彗星的预测（2013—2019）

等到 2016 年，9P/Tempel 1 彗星将处于有利的观测位置。表 2.4 列出了预测的赤经、赤纬及其他的一些特征。它将在 6 月和 7 月的晚上摆好姿态，静待人们从北半球观看。在 8 月和 9 月，情况将发生逆转。在这几个月里，彗星将出现在天空的南部，对南半球的人们来说，观测位置很好。

表 2.4　2016 年年中，9P/Tempel 1 彗星的位置、彗发的角直径和亮度的预测

日期（2016）	赤经	赤纬	彗发角直径（角分）	亮度（星等）
5月1日	11时40分29秒	18度46角分12角秒	2.3	11.6
5月16日	11时42分21秒	15度41角分17角秒	2.2	11.3
5月31日	11时52分45秒	11度38角分59角秒	2.1	11.1
6月15日	12时10分25秒	06度55角分06角秒	2.0	10.9
6月30日	12时34分05秒	01度42角分33角秒	1.9	10.7
7月15日	13时02分45秒	-03度46角分37角秒	1.8	10.7
7月30日	13时35分46秒	-09度18角分45角秒	1.7	10.8
8月14日	14时12分43秒	-14度38角分44角秒	1.6	10.9
8月29日	14时53分16秒	-19度30角分13角秒	1.5	11.2
9月13日	15时36分58秒	-23度37角分52角秒	1.4	11.5

赤经和赤纬由线上历书系统（Horizons On-Line Ephemeris System）计算得到。彗发的角直径和亮度由作者根据预测的距离和标准方程计算得到。

测量彗核的冲闪具有重要价值。冲闪是指日地张角小于 5 度时，彗核变亮的现象。它提供了有关表面尘埃层的特征信息。未来测量冲闪的三个最佳日期是 2013 年 12 月 3 日、2018 年 11 月 19 日和 2019 年 12 月 15 日。在这些天里，彗星的日地张角将分别为 0.13 度、0.64 度和 0.67 度，彗星裸核亮度将接近 21 星等，并将位于金牛座附近。①

2016 年 5 月 24 日至 2016 年 6 月 5 日将是拍摄该彗星逆向彗尾的最佳时间。在此期间，地球将位于彗星轨道平面 1 度以内。线上历书系统预测，地球将于 2016 年 5 月 29 日世界时 21：19 穿过彗星的轨道平面。

① 本书初版于 2010 年，故此处用了“未来”“将”等词。下文亦同。——编者注

2.3 1P/Halley 彗星

1P/Halley 彗星自古都是人类的常客，世界上很多地方的人们都观测到过它。对它的最早记录可追溯到公元前 239 年。中国人对它的观测甚至保持了 2000 多年。1986 年，七大洲的天文学家对这颗彗星进行了研究，该研究是国际哈雷彗星联测项目（International Halley Watch）的一部分。在 1986 年的项目中，苏联、日本、美国和欧洲的一些国家都参与了进来，一起向这颗彗星发射了六枚太空探测器。1P/Halley 彗星可谓倍受关注！

埃德蒙·哈雷爵士是第一个计算出这颗彗星轨道的人。通过计算，他预测这颗彗星将在 1758 年或 1759 年回归。1758 年 12 月 25 日，农民兼业余天文学家约翰·G. 帕利茨奇（Johann G. Palitzsch）证实了哈雷爵士的预测。1759 年上半年，在深入研究之后，这颗彗星被命名为哈雷彗星。本书采用这颗彗星的全名，即 1P/Halley 彗星。

在 1985 至 1986 年的可见期期间，业余和专业的天文学家对 1P/Halley 彗星进行了研究。我们对它的大部分了解都来自这次研究。《国际哈雷彗星联测大型现象图集》展示了数百张 1P/Halley 彗星的照片，这些照片就是 20 世纪 80 年代和 90 年代初拍摄的。这本精美的图书由 NASA 在世界各地数十位天文学家的协助下出版，是 1P/Halley 彗星照片档案的一部分。

21 世纪初期和中期，1P/Halley 彗星将在哪里？图 2.9 是 1P/Halley 彗星的轨道示意图，图中显示了 2010 至 2061 年间它的几个预测位置。彗星的运动遵循开普勒行星运动第二定律，它在靠

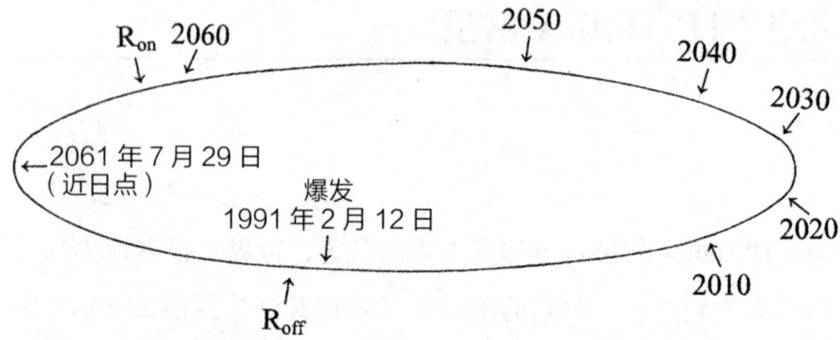

图 2.9　1P/Halley 彗星的预测位置图。时间点是 2010 年、2020 年、2030 年、2040 年、2050 年和 2060 年的 1 月 1 日。图中还显示了 1P/Halley 彗星彗发的形成位置（R_{on}）和消散位置（R_{off}）以及 1991 年 2 月 12 日大爆发时的位置。线上历书系统的计算表明，这颗彗星将于 2061 年 7 月 29 日抵达近日点。

近太阳时运动得快，远离太阳时运动得慢。2023 年末，它将抵达远日点——它离太阳最远的地方，这时它与太阳的距离为 35 天文单位。图中的点"R_{on}"是彗发初现的位置（视觉上），"R_{off}"对应的是彗发刚好消失的点（视觉上）。图 2.9 中的"R_{on}"和"R_{off}"是彗星在 20 世纪 80 年代时的位置。线上历书系统预测，1P/Halley 彗星将于 2060 年 3 月 11 日抵达下一个轨道的"R_{on}"，于 2065 年 8 月 28 日抵达"R_{off}"。1P/Halley 彗星的彗发是否能如期形成和消失，让我们拭目以待。

在本部分，我首先要讲述 1P/Halley 彗星的目视观测结果，它的亮度历史和光变曲线。接着，讲述 1P/Halley 彗星的彗核、彗发和彗尾。最后，简要讨论下它 2061 年的下一个可见期。

目视观测结果

图 2.10 给出了 1P/Halley 彗星的目视亮度估计随日期的变化。

图中显示它在 1985 年年末迅速变亮，并在 1986 年 3 月达到峰值，其峰值亮度约为 2 到 3 星等。1P/Halley 彗星在 3 月离地球更近，因此，它在 3 月时比在近日点（2 月 9 日）时要亮。3 月过后，彗星开始快速变暗，最终亮度在 7 月降低到 11 星等。肉眼可见 1P/Halley 彗星的时间较短，人们只能在 1986 年 2 月底至 5 月初对其亮度进行估计。1986 年，它大部分时间都向南倾斜，因此在南半球上观测最佳。

如图 2.11（顶图）所示，1985 年 7 月到 1987 年 6 月，1P/Halley 彗星的 H_{10} 逐渐变小，因此，计算 1986 年可见期期间的 H_{10}' 的平均值不太合理。不过，在近日点（1985 年 10 月 9 日至 1986 年 6 月 9 日）附近的 4 个月内，1P/Halley 彗星的平均 H_{10}' 为 4.1 星等，标准偏差为 0.7 星等。如果非要对图 2.11 中的所有数据（1985 年 7 月 27 日至 1987 年 6 月 15 日）进行平均，那么平均 H_{10}' 为 3.8 星等，标准偏差为 1.36 星等。若进一步筛选出裸眼的亮度估计数据，并修正为 6.8 厘米标准孔径对应的值，平均 H_{10}' 变为 3.6 星等。与 1910 年的 4.3 星等相比，说明 1P/Halley 彗星在 1986 反射的光线比 1910 年的多。然而，1910 年的 1P/Halley 彗星实际上却比 1986 年的亮，因为在较早的可见期中，它在近日点时离地球更近。

彗星会随日地张角的增大而变暗吗？类比金星、木星、天王星和海王星的情况，它确实应该随着日地张角的增大而变暗。图 2.11 中有两张图，说明了日地张角对 1P/Halley 彗星亮度的影响。其中，顶图显示了 1P/Halley 彗星的 H_{10}' 随日期的变化，底图显示了其日地张角随日期的变化。我把这两张图放在一起，以便进行比较。从图中可以看出，在 1985 年 11 月下旬和 1986 年 2 月下旬，1P/Halley 彗星的日地张角都有大幅度增加。若它和气体

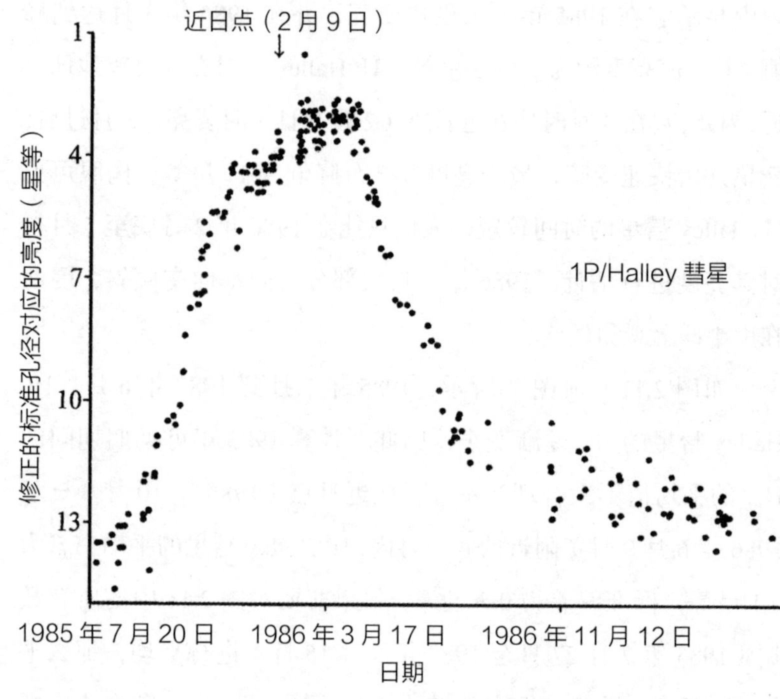

图 2.10　1985 至 1986 年，对 1P/Halley 彗星的亮度的估计，单位为星等。数据来自国际天文学联合会快报，并根据第三章中的公式修正为 6.8 厘米标准孔径对应的亮度。注意，1P/Halley 彗星在 1985 年年末迅速变亮，并在 1986 年 3 月达到峰值，其峰值亮度约为 2 星等或 3 星等。

行星木星一样，那么它的 H_{10}' 也应相应地变大。然而，事实并非如此，彗星在这两个时段的亮度变化没有超过 0.2 星等。据此，我计算出 1P/Halley 彗星在彗发阶段的日地张角系数的上限为 0.2 星等 ÷40 度 =0.005 星等 / 度。为了便于比较，我查找了金星、木星、天王星和海王星的日地张角系数，分别是 0.0063、0.007、0.0011 和 0.0015 星等 / 度。这些系数在绿光下测得，因为这几颗行星都有厚厚的大气层，受此影响，它们的日地张角系数都很低。同样，1P/Halley 彗星的日地张角系数主要由气态彗发决定。实

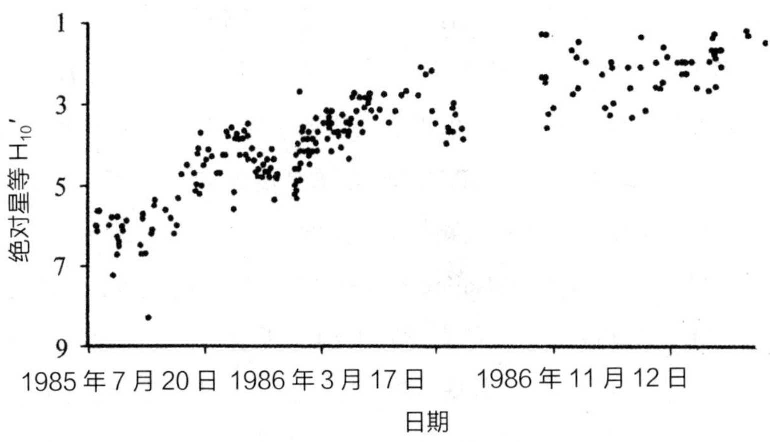

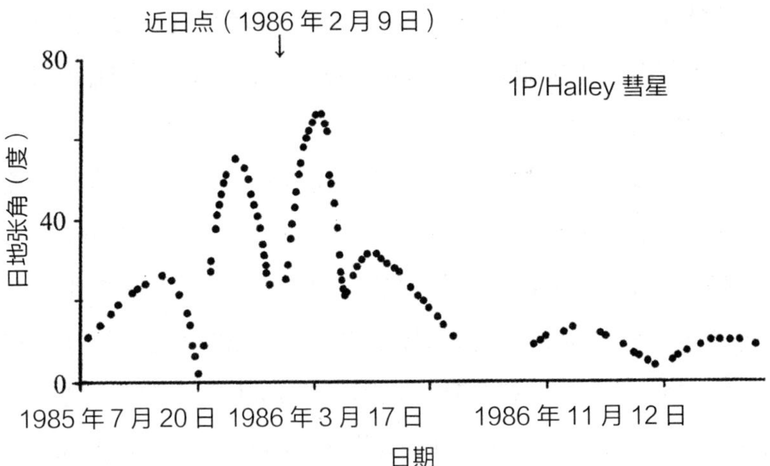

图 2.11　顶图显示了 1P/Halley 彗星不同日期的绝对星等 H_{10}'。H_{10}' 由（2.1）式计算而得，计算中用到的亮度估计都来自国际天文学联合会快报，并按照 6.8 厘米标准孔径做了修正。底图显示了 1P/Halley 彗星不同日期的日地张角。日地张角由线上历书系统计算而得。

际上，1P/Halley 彗星日地张角的上限与带有厚大气层行星的差不多。

图 2.11（顶图）中，H_{10}'随着日期呈下降趋势，原因在于 1P/Halley 彗星的指前因子不等于 10。而实际计算过程中，H_{10}'的计算基于 2.5n = 10。H_{10}'值的变化表明 2.5n 应该不等于 10，因此，（1.5）式不是计算 1P/Halley 彗星亮度的合理模型。因此，应该使用（1.6）式描述这颗彗星的亮度。

图 2.12 显示了 1P/Halley 彗星的 M_c–5 log[Δ] 随 log[r] 的变化。M_c、Δ 和 r 的意义如表达式（2.1）所示。这张图给出的是彗星通过近日点之前的数据。图 2.13 与图 2.12 相似，不同的是，它给出的是近日点之后的结果。两幅图中的数据都是基于目视亮度估计而得，因此数据有些分散，不确定性约 0.5 星等。图 2.12 中，指前因子 2.5n 由拟合直线的斜率给出，绝对星等 H_0 由直线与 y 轴的截距确定。

图 2.12 中的数据无法由一条直线描述，而是两条直线，这表明 H_0 或 2.5n 发生了改变。改变出现在 log[r] 约为 0.15 时，也就是 r 约等于 1.4 天文单位处。格林和莫里斯（1987 年）在 M_c–5 log[Δ] 和 log[r] 的关系图中报告了类似的不连续。图 2.12 表明，log[r] 在 0.15 和 0.51 之间时，1P/Halley 彗星的亮度由等式 M_c–5 log[Δ] = 3.1+16.73 log[r] 描述，log[r] 值介于 –0.19 和 0.15 之间时，由 M_c–5 log[Δ] = 4.3+7.71 log[r] 描述。接下来对两个方程进行调整，解出 M_c，如下所示：

$$M_c = 3.1 + 5\log[\Delta] + 16.73\log[r] \quad \{0.15 < \log[r] < 0.51\} \qquad (2.8)$$

$$M_c = 4.3 + 5\log[\Delta] + 7.71\log[r] \quad \{-0.19 < \log[r] < 0.15\} \qquad (2.9)$$

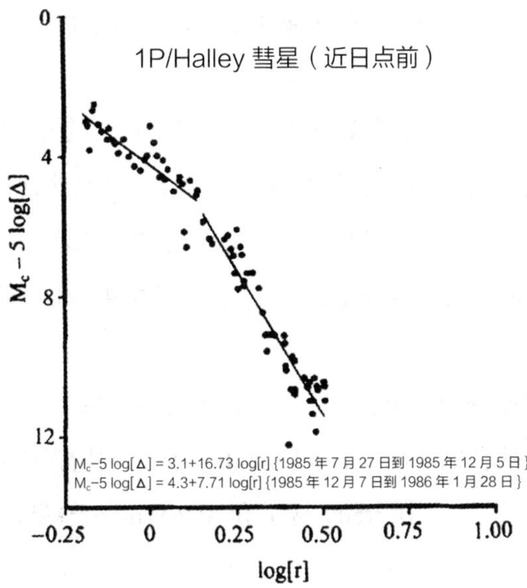

图 2.12　1P/Halley 彗星通过近日点前（1986 年 2 月 9 日），M_c−5 log[Δ] 随 log[r] 的变化，M_c、Δ 和 r 的意义与表达式（1.6）中相同。计算所需的亮度估计来自国际天文学联合会快报。请注意，斜率在 log[r] = 0.15 附近出现了中断。数据由图表底部附近的两个表达式拟合。

在表达式中，M_c、Δ 和 r 的意义和表达式（2.1）中的相同。

表达式（2.8）和（2.9）之间出现了较大的差别，其中指前因子差别最大。在表达式（2.8）中，2.5n = 16.73 或 n = 6.692，而在表达式（2.9）中，2.5n = 7.71 或 n = 3.084。这表明当 log[r]>0.15 时，1P/Halley 彗星在靠近太阳时，亮度增加得更快了。

图 2.13 与图 2.12 不同，很明显，它在 log[r] = 0.15 附近没有断裂，数据呈一条直线。图 2.13 表明，1P/Halley 彗星通过近日点之后的亮度由等式 M_c−5 log[Δ] = 3.9+7.60 log[r] 描述。重排该等式，得到单独的 M_c，如下所示：

$$M_c = 3.9 + 5\log[\Delta] + 7.60\log[r] \quad \{-0.22 < \log[r] < 0.78\} \qquad (2.10)$$

其中，M_c、Δ 和 r 的意义与表达式（2.1）中的相同。根据该式，近日点之后的绝对星等 $H_0 = 3.9$，与近日点之前的 $H_0 = 4.3$ 相比，可知近日点之后彗星增亮。尽管亮度存在差异，但近日点前后的 n 却是相同的；在近日点之前 n = 3.084，而在近日点之后 n = 3.04。

1P/Halley 彗星的增强因子高达 10.5 ± 0.2 星等，说明其彗发的亮度约为裸核的 1.6 万倍。1P/Halley 彗星的增强因子大于 9P/Tempel 1 彗星、19P/Borrelly 彗星和 81P/Wild 2 彗星，因为它比

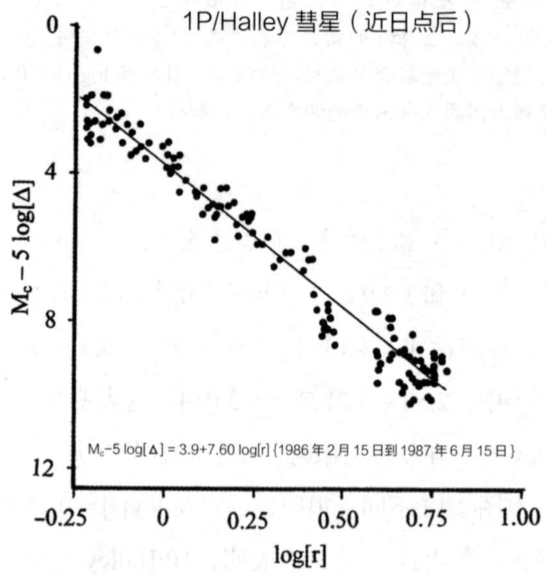

图 2.13　1P/Halley 彗星通过近日点后（1986 年 2 月 9 日），$M_c-5\log[\Delta]$ 随 log[r] 的变化，M_c、Δ 和 r 的意义与表达式（1.6）中相同。计算所需的亮度估计来自国际天文学联合会快报。由于第三章中的孔径校正公式不适用于大型仪器，因此，舍弃了直径大于 0.61 米的望远镜所做的亮度估计。数据由图下方的表达式拟合。

其他三颗彗星离太阳更近。在近日点后的三周左右，1P/Halley 彗星的增强因子达到约 10.6 星等的峰值。

1985 至 1986 年间，1P/Halley 彗星的亮度是否经历了突然变化？如果是，能否在业余观测者的亮度估计中找到证据？爆发确实有发生，并且在业余观测数据中可查。1985 年 12 月 12 日，一群日本天文学家在世界时 9：07 至 12：29 间发现了一次强烈的爆发。他们报告说，在这段时间内出现了一股物质的喷流。格林和莫里斯（1987 年）报告称，1P/Halley 彗星因这次爆发，亮度增加了约 0.3 星等。图 2.10 也表明，12 月 12 日亮度出现了陡增。

1986 年 3 月 24 日至 25 日，一群来自美国和澳大利亚的天文学家报告称，1P/Halley 彗星的亮度出现了第二次增加，同时其彗发中各种气体的数量也有所增加。与此同时，格林和莫里斯根据业余观测者的数据计算出这次亮度增加了 0.3 星等。在 1986 年 4 月初，许多业余天文学家报告说 1P/Halley 彗星变暗了。1986 年 4 月 1 日和 4 月 6 日，彗星的彗尾发生了两次断裂，这次变暗很大程度上与此有关。格林和莫里斯在 4 月 4 日和 8 日报告了两次亮度下降。这两次亮度下降，在图 2.10 中得到了印证。

考虑到亮度的突然变化，不难想到第二个问题：1P/Halley 彗星在某个可见期中会不会反射更多的光？答案是肯定的。图 2.14 给出了公元前 239 年以来 1P/Halley 彗星的绝对星等，主要由克罗估算得出，其中 1910 年和 1986 年的数值仅选取了裸眼观测的估计。尽管数据比较分散，但是我仍然相信这颗彗星在公元 300 年前后反射的光线比平常要多，相反公元 1300 年左右反射的光线则较少。

最后一个问题是：这颗彗星反射的光线会随着时间的推移而减少吗？为了回答这个问题，我对图 2.14 中的绝对星等进行了拟合。拟合公式为：

$$H_{10}' = 4.05 + 0.00015Y \tag{2.11}$$

在拟合公式中，Y 代表年份，如果是公元后，则年份为正；如果是公元前，则为负。公式表明彗星的绝对星等每年增加 0.00015 星等。然而，数据比较分散，因此这一结论很不准确。总之，这颗彗星的亮度并没有随时间发生太大的变化。

相比短周期彗星，1P/Halley 彗星反射的光线是多还是少？需要对绝对星等进行一番考察，才能给出答案。公元前 239 年至公元 1986 年的 30 次可见期中，平均的 H_{10} 为 4.2 星等，标准偏差为 0.8 星等。而 68 颗短周期彗星的平均 H_{10} 为 10.19，因此，相比典型彗星，1P/Halley 彗星反射的光更多。此外，1P/Halley 彗星近日点前后的 H_0 值（4.3 和 3.9）也远低于 127 颗短周期彗星（$H_0 = 9.70$）。1P/Halley 彗星无疑比典型的短周期彗星亮很多，这也是 2000 多年来人们对它的观测从未间断的原因之一。表 1.7 中总结了 127 颗短周期彗星的平均指前因子。不难发现，通过近日点之后，1P/Halley 的指前因子 2.5n 约为短周期彗星平均值的一半。这说明，当 1P/Halley 彗星接近太阳时，它的亮度增量不如典型的短周期彗星。

在 2061 年之前，1P/Halley 彗星将始终暗淡无光，除非爆发出大量的气体和尘埃。彗核的亮度（单位：星等）表达式如下：

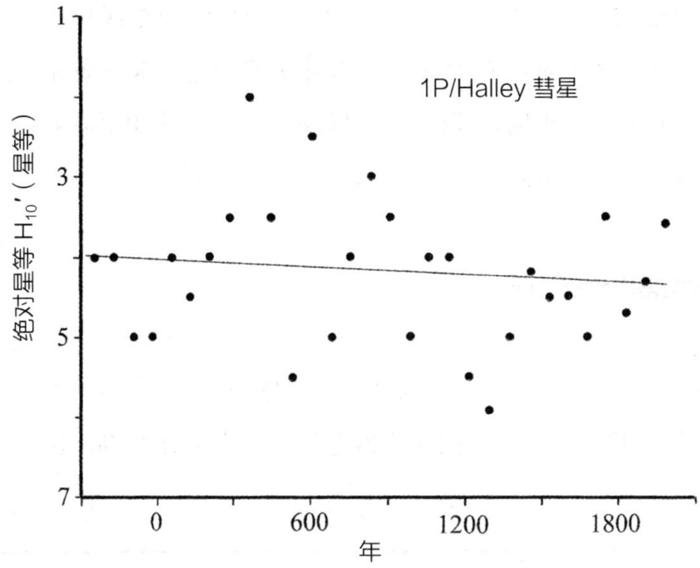

图 2.14　1P/Halley 彗星绝对星等 H_{10}' 随年份的变化。这些重新计算的亮度值来自克罗的《彗星志》的第 1 卷至第 3 卷。1910 年和 1986 年的数据来自不同人群的目视估计，摘录自国际天文学联合会快报和 B. 多恩（B. Donn）、J. 拉赫（J. Rahe）和 J. C. 布兰特（J. C. Brandt）的《哈雷彗星图集 1910 II》（*Atlas of Comet Halley 1910 II*，1986 年）。

$$M_N = 15.2 + 5\log[\Delta \times r] + 0.046 \times \alpha \qquad (2.12)$$

在表达式中，M_N 表示彗核亮度，单位是星等，α 和 r 与（2.1）式中的相同，α 是日地张角，单位是度。由于彗核的形状不规则，它的亮度有零点几星等的波动。彗核的亮度会一直低于 27 星等，一直持续到 21 世纪 50 年代早期。

图 2.15 显示了 2010 至 2060 年间 1P/Halley 彗星的位置。在这段时间内，彗星距离太阳很远，它的赤经和赤纬变化不大。这段时间内，彗核将在 1 月或 2 月初处于大冲。然而，即便是大冲，彗核的亮度也只不过增加了零点几星等。此外，一年之中，它的

位置也只有些许变化。这都是因为它离太阳太远的缘故。

天文学家继续对 1P/Halley 彗星的彗核进行成像研究。他们使用这些图像来测量其位置和寻找爆发。如果采用更高灵敏度的设备，他们还可以深入地认识彗核的复杂旋转。

航天器研究概述

共有“织女星 1 号”（苏联）、“织女星 2 号”（苏联）和“乔托号”（欧洲）三个空间探测器近距离飞掠了 1P/Halley 彗星的彗

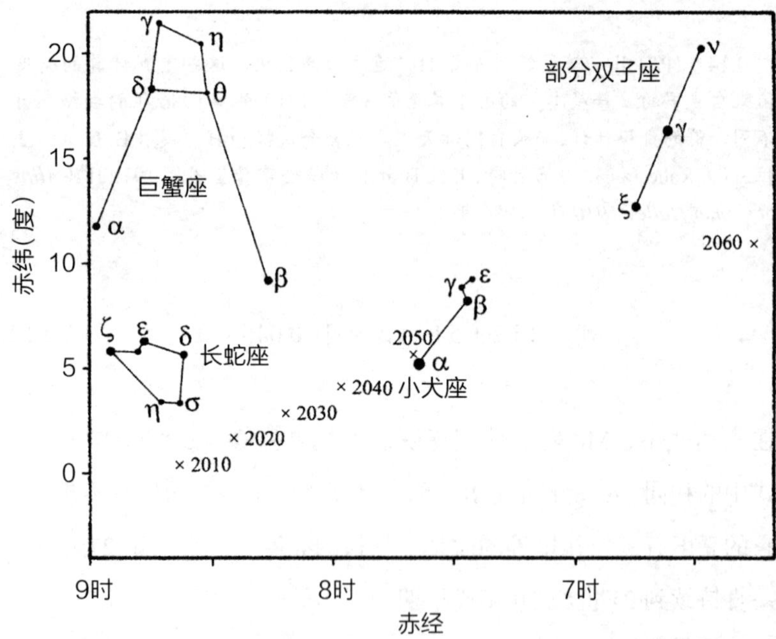

图 2.15　1P/Halley 彗星在天空中的位置。时间点为 2010 年、2020 年、2030 年、2040 年、2050 年和 2060 年 1 月 1 日。这些数据由线上历书系统计算而得。在 21 世纪上半叶的大部分时间里，这颗彗星将位于长蛇座和小犬座附近。

核，而“水星号”（日本）、“先锋号”（日本）和“国际彗星探测器”（美国和欧洲）则进行了较远距离的彗核飞掠。许多其他国家帮助接收了这些探测器飞掠时发出的无线电信号。1986 年初，发射到太阳系其他地方的几个探测器也收集了一些 1P/Halley 彗星的数据。

两个“织女星号”探测器以 78 千米 / 秒的速度相对于 1P/Halley 彗星的彗核移动，“乔托号”飞掠彗核的速度为 69 千米 / 秒。因此，测量和成像的速度必须得快。另一个比较严重的问题是，尘埃对航天器的碰撞，一些航天器上的仪器就因为高速尘埃的碰撞而损坏。更糟糕的是，尘埃还破坏了“织女星号”上的太阳能电池板。这些面板是航天器上许多仪器的电源。此外，“乔托号”在接近彗核之前，就失去了与地球的无线电信号联系。尘埃颗粒很可能就是罪魁祸首，一个或多个尘埃撞上了“乔托号”，导致它晃动不已（之后我会讲到，尘埃颗粒有可能大如雨滴）。这种晃动导致其天线的指向发生了改变，从而失去了与地球的联系。

下文分为“彗核”“彗发”和“彗尾”三个小部分，逐一对它们进行讨论。

彗　核

“织女星 1 号”“织女星 2 号”和“乔托号”三个探测器在 1P/Halley 彗星彗核的活跃峰值期对其进行了拍摄。结果，彗核的喷流遮挡了大部分的视野。更糟糕的是，它们只拍摄到了彗核的一部分，因为彗核的绝大部分都隐藏在黑暗中。尘埃造成的损害也阻碍了探测器的拍摄。这些都限制了我们对彗核质量和密度的认识。表 2.5 列出了彗核的一些物理参量和测光参量。

与 9P/Tempel 1 彗星一样，1P/Halley 彗星彗核的形状也是不规则的，它看起来像一颗花生。但是，由于缺少整个表面的高分辨率图像，我们不能确定其三维形状。

表 2.5　1P/Halley 彗星彗核的物理参量和测光参量

特征参量	数值	数值来源
半径	7.6 × 3.6 × 3.6千米	Merényi et al. (1990)
平均半径	4.6千米	作者基于半径计算得到
密度	0.4克/立方厘米（估算）	作者基于Peale (1989)的估计
表面积	~500平方千米	Keller et al. (1986)
估算质量	1~2 × 10^{14}千克	作者估算而得
重力加速度	0.0005 米/平方秒	作者基于平均半径和质量计算而得
自转速率	较复杂，有证据表明其为2.2或7.4天	Peale (1989)
体积	400立方千米	Peale (1989) and Merényi et al. (1990)
逃逸速度	~2 米/秒	作者基于平均半径和密度计算而得
几何反照率（可见光或近红外光）	0.04 ± 0.02	Sagdeev et al. (1986b)
V(1, 0)（可见光）	14.1	Ferrín (2007)
B–V	0.65	Lamy and Toth (2009)
V–R	0.35	Lamy and Toth (2009)
R–I	0.28	Lamy and Toth (2009)
日地张角系数	0.046 星等/度	Ferrín (2007)

1P/Halley 彗星彗核的旋转比较复杂，这是探测器最令人惊喜的发现。彗核没有固定的转轴，对此人们应该感到意外吗？我相信答案是否定的。整个彗核的质量约为 1.6×10^{14} 千克；它每前往一次太阳系，都会损失 2×10^{10} 千克左右的物质。自公元前 239 年以来，它已经进入内太阳系 30 次了。算起来，在过去的

2200 多年里，它已经损失了约 6×10^{11} 千克的物质。这大约是其总质量的 0.4%。这样的质量损失改变了彗核的转动惯量，形成了作用在彗核上的非引力。这两个因素都会引起转轴的移位。在太阳附近穿行的彗星，其质量损失得很快，导致旋转的彗核不断改变转轴，而距离太阳较远的彗星更容易有固定的转轴。

天文学家只能识别 1P/Halley 彗星彗核上大于 500 米的地形特征。原因是“织女星号”和“乔托号”探测器有限的图像分辨率，以及彗核前大量的气体和尘埃的遮挡。从彗核的特写照片中，我们发现分割白天和夜晚的明暗界线①是锯齿状的，说明彗核上的地形高低起伏。一组天文学家认为地形的实际起伏约为 1 千米。

彗核上有几个像撞击坑的圆形地形。目前尚不清楚这些地形是由撞击、地面塌陷还是喷射造成的。其中一个宽 2.1 千米，深 0.1 千米。月球上一个 2.1 千米的新撞击坑的深度约为 0.4 千米，相比月球，该地形特征要浅得多。第二个圆形地形特征宽约 4 千米，伴随几个较小的圆形特征。

彗核的表面是什么样的？照片没拍摄到高反照率的大面积区域，因此，表面上的冰都混有较暗的物质。当彗核靠近近日点时，白天的表面温度达到 330 开氏度（134 华氏度），表面上的冰会迅速升华。因太阳高度、表面坡度和自转轴方向的不同，彗核每次在近日点处的表面温度都不一样。彗核的表面可能覆盖着一层富碳尘埃，隔热性好，导致表面和表面下方一米处有较大的温度梯度。

即使近日点附近彗核表面的温度升到 330 开氏度，不久也会降低到 100 开氏度。彗核靠近太阳的时间太短，热量没有足

---

① 即晨昏线。——译者注

够的时间到达内部，因此，内部的温度可能始终在 100 开氏度左右。

若宇航员站在 1P/Halley 彗星彗核的日光侧，他（她）会看到什么？若在近日点附近，宇航员只能看到挥发性物质带出的少量尘埃，这些尘埃稀薄、透明，比地球上的微风扬起的尘云还要少，很容易被忽略。在夜晚，宇航员能轻易看到最亮的恒星，毕竟“织女星号”探测器隔着 8000 多千米的尘埃和气体彗发还能拍摄到彗核的图像。走几步后，宇航员就会立刻发现彗核的引力微乎其微，他 68 千克的体重现在只剩零点几盎司[①]，与地球上一枚美国五美分硬币或一枚英国一便士硬币的重量差不多。他（她）必须小心谨慎地行走在松软的表面上，不然一不留神就会跳进或跃入太空之中。同样因为彗核微弱的引力，松软的表面上能够行走，他（她）不会陷下去。

当 1P/Halley 彗星的彗核远离太阳时，爆发是否还会发生？会。1991 年 2 月 12 日，欧洲南方天文台的天文学家拍摄到了一次巨大爆发。在爆发前后，彗星的亮度从约 25 星等变为 19 星等左右，增加了 100 多倍！当天，这场爆发产生的气体和尘埃云长达 23 万千米，宽 14 万千米。2 月 12 日至 3 月 24 日之间的平均彗发半径接近 10 万千米，彗发亮度增强为裸核的 100 倍。1991 年 4 月 3 日至 13 日，彗发半径降至 5 万千米，彗发亮度也降为裸核的 20 倍。在这次爆发期间，彗核距太阳超过 14 天文单位，彗核的白天温度在 100 开氏度左右。如果气体和尘埃以 700 米 / 秒的速度移动，那么爆发发生的时间为 1991 年 2 月 11 日的早些时候。

---

① 重量单位，1 盎司约为 28.35 克。——编者注

彗 发

1P/Halley 彗星在距离太阳约 6 天文单位时开始形成彗发，在靠近太阳的过程中，彗发越积越厚，越来越大。在彗星抵达近日点附近时，彗发的半径可达到 35 万千米以上。1P/Halley 彗星的彗发比 9P/Tempel 1 彗星的大得多，可能是因为 1P/Halley 彗星的彗核比较大。表 2.6 列出了在近日点附近 1P/Halley 彗星彗发的物理参量和测光参量。

图 2.16 显示了 1985 至 1986 年彗发半径每半个月的平均值，这些数值是从照片上测量而得。1986 年 2 月下旬至 6 月，彗发的大小几乎没有变化。这一点与海尔 – 波普彗星（C/1995 O1）不同，后者的彗发在近日点附近变小了。一个可能的解释是，对 1P/Halley 彗星来说，1986 年近日点附近，彗星频繁发生水蒸气爆发，维持了彗发的大小。

表 2.6　1P/Halley 彗星彗发的一些物理参量和测光参量

特征参量	数值	方法
绝对星等H_{10}	4.1 ± 0.2[a]	近日点附近四个月的平均值（1986年2月9日）
绝对星等H_0（1986年近日点前）	4.3 ± 0.3[a]	1985年12月7日到1986年1月28日
指前因子2.5n（1986年近日点前）	7.71 ± 0.8[a]	1985年12月7日到1986年1月28日
绝对星等H_0（1986年近日点后）	3.9 ± 0.3[a]	1986年2月15日到1987年6月15日
指前因子2.5n（1986年近日点后）	7.6 ± 0.8[a]	1986年2月15日到1987年6月15日
日地张角系数	<0.005 星等/度	作者根据绝对星等计算而得
彗星和太阳距离1.6天文单位处的彗发半径	350,000千米	作者通过分析1985—1986年发表在Brandt et al.（1992）的照片而得
凝结度（DC值）	5.5	[b]
近日点处的增强因子（星等）	10.5 ± 0.2	[c]

[a] 作者根据发表在国际天文学联合会快报上的亮度测量分析计算而得。

[b] 作者根据《国际彗星季刊》上发表的数据计算而得。

[c] 作者根据彗核和彗星的测光数据计算了这个值。彗核的测光数据来自 Ferrín（2007）。彗星的测光数据由作者根据国际天文学联合会快报和（或）《国际彗星季刊》上发表的数据计算而得。所有使用的数据都是在 1986 年 1 月 26 日至 1986 年 2 月 24 日期间收集的。

1985 年 12 月 1 日到 1986 年 7 月 6 日的 101 天里，彗发的平均半径为 35 万千米，比目视估计的 20 万千米要大得多，因为目视观测者看不到彗发的微弱部分。相比，“织女星号”和“乔托号”探测器能够探测到视力极限之外的尘埃，证明了在距彗核 20 万千米以外还有彗发存在。此外，照片本身还可以捕捉到彗

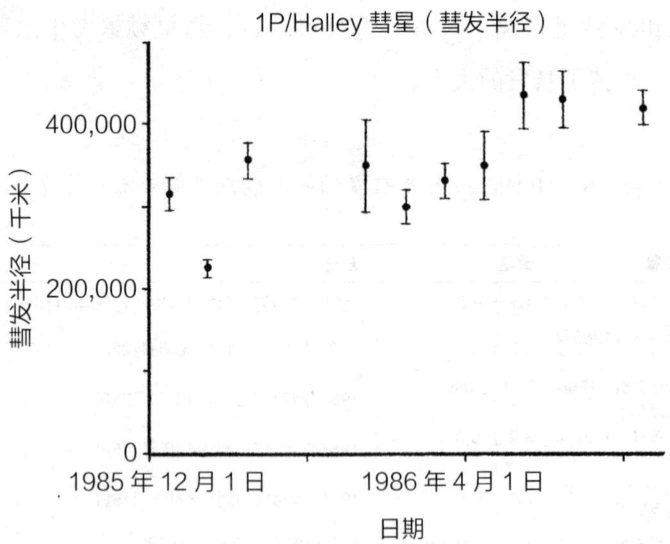

图 2.16　1985 年和 1986 年间 1P/Halley 彗星彗发的平均半径。图中数据由作者从 J. C. 布兰特、小 M. B. 倪德纳（M. B. Niedner, Jr.）和 J. 拉赫 1992 年出版的《国际哈雷彗星联测大型现象图集》中的照片中测量而得。彗发半径是每半个月的平均值。误差条由标准偏差除以数据点数量的平方根计算而得。

发中较模糊的部分。

1985 至 1986 年，1P/Halley 彗星的彗发不是完美的圆形，它在气体彗尾的方向上略长一些。如图 2.17，较长的部分位于太阳—气体彗尾的连线上。根据 31 次的测量结果，我得出最长的彗发长度是垂直于气体彗尾方向上的彗发长度的 1.12 倍。彗发的这种不对称是由喷流导致的，因为大多数喷流位于彗核面对太阳的一侧。它们朝向太阳方向释放更多的物质，导致彗发沿太阳—气体彗尾连线方向的尺寸变长。

彗发的颜色是不均匀的，部分区域会反射更多的红光。天文学家认为，这种颜色的不均匀性是尘埃颗粒大小的分布不同造成的，我同意这个结论。此外，喷流的颜色与彗发一般也不同。例如，1986 年 3 月 1 日拍摄的一股喷流就比彗发红。这也是彗发颜色随区域变化的背后原因。

天文学家报告称，1986 年 3 月，彗核每秒释放 3000 到 1 万千克左右的尘埃，这段时间大约释放了气体重量的 10% 到 30%。此外，大部分尘埃是从彗核面向太阳的一侧释放出来的。

尘埃颗粒有什么特征呢？研究表明，尘埃颗粒的平均密度约为 0.35 克 / 立方厘米，仅仅是水密度的三分之一，与 9P/Tempel 1 彗星彗核的体积密度相似。这样低的密度说明尘埃颗粒稀疏蓬松的特点。我们知道，有超过 1 万颗尘埃颗粒撞向了重达 1.2 万磅[①]的“乔托号”探测器，有些碰撞甚至改变了探测器的方位。一组天文学家根据探测器微小的偏移近似计算出了较大撞击颗粒的质量。其中，最大的撞击颗粒的质量为 40 毫克，与一滴大雨滴的质量差不多。还有一些颗粒的质量在 1.0~30 毫克之间，相

① 约为 5443 千克。——编者注

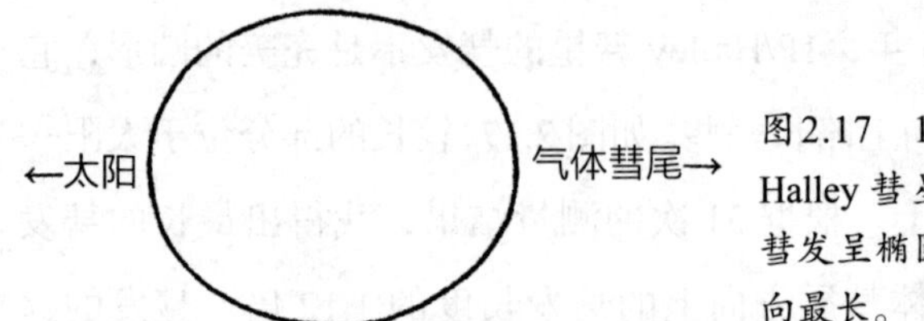

图2.17　1985至1986年，1P/Halley彗星彗发的大致形状。彗发呈椭圆形，在气体彗尾方向最长。

当于中等大小雨滴的重量。

尘埃中含有什么元素？“织女星号”和“乔托号”探测器上的质谱仪等仪器解答了这个问题。尘埃中的元素非常丰富，有碳、氮、氧、镁、铝、硅、硫、钙和铁。在这九种元素中，氧的含量最丰富，其次是碳和镁。氧无疑与硅和铁等其他元素形成了化合物，大部分碳也是如此。一组天文学家从光谱中找到了碳-氢键存在的证据。这些物质以及大量的碳的存在，均表明构成尘埃的物质与碳质球粒陨石中发现的物质相似。

天文学家通过研究彗发的颜色和亮度来确定尘埃的分布。如果尘埃是均匀地飞离彗核的，那么在远离彗核的方向上，它的密度将按距离的平方降低。例如，距离彗核 1000 千米处的尘埃密度是 2000 千米处的 4 倍。然而，在理解尘埃信号时，必须考虑深度——第三维度，这使得问题变得复杂起来。尘埃信号包含深度的因素，其强度随其与彗核的距离的增加而下降。因此，在距离彗核 2000 千米处的尘埃信号应仅为距离彗核 1000 千米处的一半。

然而，在 1986 年 3 月，尘埃信号并没有随着与彗核距离的增加而呈线性下降，说明彗发的部分区域有不均匀的尘埃流。原因可能有：气体从彗发中逃逸或尘埃颗粒在太阳风的压力下加速运动。此外，尘埃的突然爆发也会导致信号偏离预期。

“织女星号”和“乔托号”探测器在穿越彗发的过程中测量了尘埃的密度和成分。根据它们的测量，尘埃颗粒的质量至少为 10^{-17} 克，并且它们还在距离彗核 20 多万千米的地方探测到了尘埃。在较近的地方，这三个探测器还测量了单位体积内的尘埃颗粒数。3 月 6 日，“织女星 1 号”在距离彗核约 9000 千米处测量到每立方米三个尘埃颗粒的密度（1 立方米约为一台中等尺寸冰箱的体积）。三天后，“织女星 2 号”在距离彗核 8000 千米的地方测量到每立方米只有 0.1 个尘埃颗粒的密度。这两个值相差 30 倍。这种差异说明，灰尘的流动是喷涌式的，而不是均匀的。

据计算，1P/Halley 彗发的峰值质量约为 100 万至 200 万吨。这个数字囊括了距离彗核 15 万千米以内的所有气体和尘埃的质量。超过这个距离，气体和尘埃的数量非常低，不会对彗发质量产生实质性的影响。若以这个质量来算，彗核的质量将是彗发的 10 万倍。因此，即使彗发的亮度超过彗核的 1 万倍，它的质量相对彗核也只是九牛一毛。

当 1P/Halley 彗星距离太阳不到 1 天文单位时，水就变成了彗发中最丰富的气体。在这个距离，彗星以 30,000 千克 / 秒的平均速度释放着水。和尘埃一样，水喷射而出。地球上的观测站在 1986 年 2 月 19 日至 20 日、3 月 20 日和 3 月 24 日探测到了彗核上的水爆发。

是什么导致了水爆发？一组天文学家给出了四种可能的原因。当处于固体状态的水分子的取向由混乱（无定形冰）变为有序（结晶冰）时，会释放大量能量。这些释放的能量导致水蒸气的爆发式释放。该小组还认为，化学爆炸、蒸气压和压缩气团也会导致水爆发。

表 2.7 列出了不同种类的气体相对于水的近似产率。目前，

我们还不知道这些种类的气体来自彗核，还是来自彗发中的尘埃颗粒，还是两者都有。二氧化碳和氨可能是冰融化而来。其他气体，如双原子硫（S_2），可能是较大分子分裂的产物。

表 2.8 列出了 1986 年彗发中存在的不同种类的分子和离子。这些物质分为三类，即稳定的分子、分子碎片和离子。稳定的分子极不活泼，它们以冰或气体的形式存在。相比，分子碎片和离子具有很强的反应活性，它们不以纯冰的形式存在。分子碎片是较大分子碎裂的产物。例如，羟基可能是水分子的碎片，离子是那些失去或获得一个或多个电子的物质形式。来自太阳的紫外线或高能离子将一个或多个电子从中性原子或分子上剥离，形成离子。当 1P/Halley 彗星接近近日点时，彗发中明显存在大量离子。例如，“织女星 1 号”探测器探测到的离子密度为每立方厘米 4000 个，相当于天王星和海王星电离层中的离子密度。

表 2.7　在近日点之后，1P/Halley 彗星彗核各种气体的产率（以水蒸气的产率为基本单位）

物质	相对于水的产率	参考文献
一氧化碳	0.05	Combes et al. (1988) and Samarasinha et al. (1994)
二氧化碳	0.03	Combes et al. (1988) and Krankowsky et al. (1986)
甲烷	0.02	Krankowsky et al. (1986) and Allen et al. (1987)
甲醛（H_2CO）	0.04	Combes et al. (1988)
氨	0.01	Krankowsky et al. (1986), Allen et al. (1987), and Magee-Sauer et al. (1989)
双原子硫	0.001	Wallis and Swamy (1987)
C_2自由基	0.0028	Fink (2009)
氨基	0.00276	Fink (2009)
氰基	0.00147	Fink (2009)

表 2.8　1986 年 1P/Halley 彗星彗发中不同种类的分子和离子

稳定的分子	分子碎片	离子
一氧化碳[h]	碳氢基(CH)[a]	C^{+} [d]
二氧化碳[h]	氰基[a]	$^{12}CH^{+}$ [d]
萘($C_{10}H_8$)[i]	C_2自由基[a]	CO^{+} [c]
菲($C_{14}H_{10}$)[i]	C_3自由基[a]	CO_2^{+} [f]
氰化氢[i]	NH自由基[a]	C_2^{+} [d]
水[h]	氨基[a]	$^{56}Fe^{+}$ [d]
甲醛[h]	羟基[a]	H_2^{+} [e]
氨[j]	一氧化硫(SO)[g]	H_2O^{+} d
	双原子硫[g]	H_3O^{+} [h]
	碳[b]	Na^{+} [d]
	铁[b]	$^{16}O^{+}$ [d]
	镁[b]	OH^{+} [d]
	氧[b]	$^{32}S^{+}$ [d]
	硅[b]	$^{34}S^{+}$ [d]
	钠[b]	

[a] 引自 Moreels et al. (1986)。
[b] 引自 Kissel et al. (1986b)。
[c] 引自 International Astronomical Union Circular 4183。
[d] 引自 Krankowsky et al. (1986)。
[e] 引自 Balsiger et al. (1986)。
[f] 引自 Korth et al. (1986)。
[g] 引自 Wallis and Swamy (1987)。
[h] 引自 Combes et al. (1988)。
[i] 引自 Crovisier and Encrenaz (2000)。
[j] 引自 Magee-Sauer et al. (1989)。

虽然喷流只在 1P/Halley 彗星彗核面向太阳的一侧出现，但大部分喷流形成于彗核处于下午的区域。一组天文学家报告说，一股喷流在彗核上 7 平方千米的区域喷射而出。另一组天文学家报告说，彗核总表面积的 27% 都处于活跃状态。我认为多数喷流是大面积散开的、温和的，而不是像喷射的消防水管那样力道十足。

“织女星号”探测器和“乔托号”探测器在彗发中探测到了弱磁场。磁场峰值约为 65 到 80 纳特斯拉，比地球磁场弱几百倍。一组天文学家认为，彗发中的磁场是由于太阳风和彗发物质之间的相互作用产生的。磁场还影响了带电离子和微尘颗粒的运动。

彗　尾

首张带有明确彗尾的彗星照片拍摄于 1985 年 11 月 9 日，收录在《国际哈雷彗星联测大型现象图集》中。此时，1P/Halley 彗星距离太阳 1.5 天文单位。在接下来的八个月里，彗星出现了气体彗尾。1986 年 7 月 6 日拍摄的一张照片中，一条薄薄的气体彗尾清晰可见。此时，彗星距离太阳 2.5 天文单位。等过了 1986 年年中，有关彗尾的照片报道就大大减少了。

在近日点附近，1P/Halley 彗星有一条尘埃彗尾和一条气体彗尾。一组天文学家报告说，在 1985 年 12 月 4 日至 1986 年 4 月 13 日期间，气体彗尾经历了 19 次断开事件。当气体彗尾的一部分断裂时，就会发生断开事件。该小组还报告说，这 19 次事件发生时，1P/Halley 彗星都位于日球层电流片 30 度以内，其中有 11 次在 10 度以内（“日球层电流片”见第一章）。另一组天文学家对其中两次断开事件进行了研究。他们对多个航天器的数据进行了分析，来确定 1986 年 4 月的事件中太阳风的性质。结论是，这两次断开事件都发生在 1P/Halley 彗星穿过日球层电流片的过程中。

图 2.18 显示了 1985 年 11 月 29 日至 1986 年 7 月 6 日间，气体彗尾长度随日期的变化。气体彗尾的长度从 0.02 天文单位变到 0.27 天文单位。图中多次尾长的变化都是由断开事件引起的。尾长与图 2.11 顶图中的 H_{10}' 没有太大关系。也就是说，彗星彗尾越长并不意味着它越亮或 H_{10}' 值越小。不过，平均彗发的大小和气体彗尾的长度之间似乎存在某种联系。彗发和气体彗尾在 1986 年 1 月初同时超过了平均值，当年 5 月亦是如此。

1986 年，尘埃彗尾呈黄白色，比气体彗尾宽。1986 年 3 月，尘埃彗尾长约 2 到 3 度。这条尾巴最亮的部分与气体彗尾最长的部分形成了约 8 度的夹角，是近日点时海尔 – 波普彗星两条彗尾

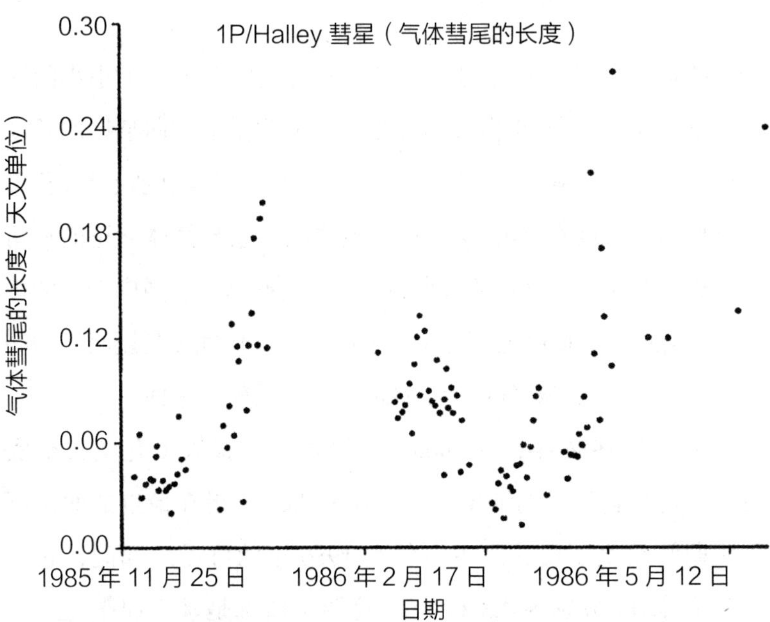

图 2.18　1P/Halley 彗星气体彗尾长度随日期的变化。作者根据 J. C. 布兰特、小 M. B. 倪德纳和 J. 拉赫 1992 年出版的《国际哈雷彗星联测大型现象图集》中的照片，采用（4.10）式测量了气体彗尾的长度。

夹角的三分之一。

表 2.9　1P/Halley 彗星逆向彗尾的特征参数

十进制日期（1986）	逆向彗尾和气体彗尾的夹角（度）	逆向彗尾的角长度（度）	角ENP（度）
5月5.11	177	0.1	5
5月6.01	180	0.15	4
5月11.18	179	0.13	2
5月11.41	179	0.17	2
5月11.87	180	0.1	2
5月27.38	180	0.07	1
6月2.03	179	0.05	2

角 ENP 是地球与彗星轨道平面之间的夹角。作者根据 J. C. 布兰特、小 M. B. 倪德纳和 J. 拉赫 1992 年出版的《国际哈雷彗星联测大型现象图集》中的照片对尾长进行了测量。角 ENP 的值由线上历书系统计算得到。

1986 年 5 月和 6 月初，1P/Halley 彗星出现了一个小小的逆向彗尾。我在 1986 年拍摄的几张照片上测量了逆向彗尾的长度以及它与气体彗尾之间的最小夹角，结果见表 2.9。在所有情况下，逆向彗尾角长度在 0.05 度至 0.17 度之间，它与气体彗尾的夹角几乎都为 180 度。但是必须小心，曝光时间越长，逆向彗尾的长度可能会越长。在以上照片中，逆向彗尾都比气体彗尾暗。1986 年 5 月 19 日，地球穿过了 1P/Halley 彗星的轨道平面。

1910 至 1986 年，1P/Halley 彗星发生了很大变化吗？确实如此，我们有足够的证据证明。1P/Halley 彗星在最近的两次可见期期间发生了变化。1910 年和 1986 年的可见期期间，它的绝对星等 H_{10} 分别为 4.3 和 3.6。这两个值都是基于裸眼亮度估计的计算得到的。这表明，1986 年 1P/Halley 彗星反射的光线大约是 1910 年的两倍。彗发的大小同样表明了彗星的变化。根据近日点后 30 天内拍摄的照片，1910 年的彗发半径约为 27 万千米，而 1986 年为 31 万千米。1986 年的彗发更大，1P/Halley 彗星也反射了更多的光线。1910 年，在近日点后 60 天内，气体彗尾的平均长度为 0.13 天文单位，而 1986 年的值为 0.073 天文单位。1986 年气体彗尾尾长较短可能是由大量断开事件导致的。1986 年近日点后的 60 天内，彗尾共发生了 10 次断开事件，而 1910 年仅为 2 到 3 次。1986 年的断开事件接连不断，可能是因为 1986 年的太阳黑子数量大约是 1910 年的两倍（Fix 2008）。

1P/Halley 彗星 2061 年可见期的预测

表 2.10 列出了 1P/Halley 彗星的赤经、赤纬和亮度的预测值，这些预测由线上历书系统计算得到。然而，非引力和行星摄动可能会导致误差。表 2.10 中列出的亮度预测估计值由表达式（2.8）、（2.9）和（2.10）计算得到。

无论是在 2061 年 6 月下旬、7 月上旬，还是 2061 年 8 月中下旬，在北半球观测 1P/Halley 彗星的效果最好。2061 年 6 月下旬和 7 月上旬它将出现在清晨东方的天空中，而 2061 年 8 月中下旬它将出现在傍晚西方的天空中。彗星最亮时，与太阳成 20 度以下的夹角。人们在 7 月底和 8 月初可能会寻找一个特征，就是前向散射光引起的亮度增加。1910 年 5 月，澳大利亚塔斯马尼亚州的 J. B. 布洛克（J. B. Bullock）注意到 1P/Halley 彗星在离太阳仅 2 度时变得非常明亮。有人把这种光亮归因于前向散射光，这并不奇怪，因为直径约 0.5 微米的尘埃颗粒在前向散射光中是非常明亮的。“织女星号”和“乔托号”探测器探测到，1P/Halley 彗星上有大量这种尺寸的尘埃颗粒。1P/Halley 彗星将于

2061 年 7 月下旬进入太阳 20 度以内的范围。

表 2.10 2061 年 1P/Halley 彗星的位置和亮度预测

日期（2061）	赤经	赤纬	亮度（星等）
2月1日	03时39分47秒	13度34角分25角秒	12.9
3月3日	03时13分17秒	14度21角分54角秒	12.1
4月2日	03时08分22秒	16度05角分19角秒	11.0
5月2日	03时15分36秒	18度32角分11角秒	9.3
6月1日	03时29分15秒	21度54角分23角秒	6.9
6月11日	03时35分10秒	23度26角分49角秒	6.2
6月21日	03时42分44秒	25度26角分17角秒	5.4
7月1日	03时54分33秒	28度16角分57角秒	4.4
7月11日	04时20分16秒	32度56角分34角秒	3.1
7月21日	05时44分35秒	40度50角分36角秒	1.7
7月26日	07时33分16秒	42度36角分40角秒	1.1
7月31日	09时49分36秒	33度51角分13角秒	1.0
8月5日	11时16分37秒	19度39角分56角秒	1.1
8月10日	11时59分23秒	09度22角分07角秒	1.8
8月20日	12时33分49秒	–01度03角分49角秒	3.2
8月30日	12时46分59秒	–05度55角分06角秒	4.4
9月29日	13时04分24秒	–12度36角分29角秒	6.7
10月29日	13时15分47秒	–16度40角分22角秒	8.0
11月28日	13时20分42秒	–20度06角分59角秒	8.8

赤经和赤纬由线上历书系统计算得到。亮度由作者根据表达式（2.8）、（2.9）和（2.10）计算得到。

届时还可以观看逆向彗尾。2061 年 5 月 20 日，地球将穿过 1P/Halley 彗星的轨道平面。逆向彗尾应该可以在 2061 年 5 月和 6 月初拍摄到。

2.4 19P/Borrelly 彗星

1904 年 12 月 28 日，阿方斯 · 路易 · 尼古拉斯 · 包瑞利新发现了一颗彗星。随后的两周，多个天文学家对它的位置和亮度展开了测量，并报告了测量结果。G. J. 法耶（G. J. Fayet）计算出了它的椭圆形轨道，并预测它下一次将在 1911 年 12 月到达近日点。1911 年 9 月 20 日，H. 诺克斯 – 肖（H. Knox-Shaw）再次发现了这颗彗星，并由此确认了它的周期轨道。现在，它的名字是 19P/Borrelly 彗星，本书将沿用这个名字。

1905 至 1911 年，有迹象表明 19P/Borrelly 彗星不同于其他彗星。几位天文学家报告称，19P/Borrelly 彗星的中心凝聚物不在彗发中心。1918 年，有天文学家报告称其“彗核”被拉长了，报告称“彗核”的直径达到了 50 角秒。我们知道，在 1918 年末，19P/Borrelly 彗星的“彗核”最长还不到 0.03 角秒。有报道称，50 角秒的“彗核”尺寸可能是由一个大且明亮的大喷流导致的。如今，天文学家认识到，长“彗核”和一个或多个喷流有关，这也印证了彗核总是在彗发的一侧变长这一事实。

NASA 发射的“深空 1 号”飞船，于 2001 年 9 月 22 日从离 19P/Borrelly 彗星彗核约 2170 千米的地方经过。飞船拍摄了彗核的图像，记录下了光谱，并在飞行过程中收集了等离子体环境的数据。在 2004 年的《伊卡洛斯》（*Icarus*）杂志上，专业天文学家发表了几篇关于这颗彗星的科学论文。此外，世界各地的业余天文学家也对这颗彗星进行了研究。

本部分首先讲述 19P/Borrelly 彗星的目视观测结果，随后，讨论它的彗核、彗发和彗尾。最后，给出该彗星在 21 世纪第二和第三个十年的一些预测事件。

目视观测结果

S. K. 弗谢赫斯维亚茨基报告了 19P/Borrelly 彗星不同年份的绝对星等 H_{10}，分别为 9.0 星等（1904 年）、9.5 星等（1911 年），10.2 星等（1918 年）、10.1 星等（1925 年）和 9.2 星等（1932 年）。这些早期的估计存在一个问题，它们的亮度都是采用 0.2 到 0.3 米孔径的折射式望远镜进行估计的，而弗谢赫斯维亚茨基没有将亮度估计修正为 6.8 厘米标准孔径对应的亮度。于是，我对此进行了修正，并根据修正后的亮度重新计算了绝对星等。计算中，所采用的亮度估计均来自 Kronk（2007 年）。最后算得，1904 年、1911 年、1918 年、1925 年和 1932 年可见期中的 H_{10} 分别为 7.5 星等、8.6 星等、8.9 星等、7.5 星等和 8.6 星等。

我还对 19P/Borrelly 彗星最近的可见期中的 H_{10} 进行了计算，结果为 7.5 星等（1980 年）、7.8 星等（1987—1988 年）、7.7 星等（1994—1995 年）、7.7 星等（2001 年）和 7.5 星等（2008 年）。不难发现，近期的绝对星等略低于 20 世纪初重新计算的值。1904 至 1932 年间，彗星的 H_{10} 的平均值为 8.2 星等，而 1981 至 2008 年间的平均值为 7.6 星等，这表明在 20 世纪，19P/Borrelly 彗星发出的光越来越多。

19P/Borrelly 彗星彗发的大小在整个 20 世纪不断变化。1904 年、1911 年、1918 年、1925 年和 1932 年它的平均半径分别为 3 万千米、2 万千米、1 万千米、2 万千米和 3 万千米，均小于现在的 6 万千米。有趣的是，1918 年，这颗彗星既暗淡，彗发又小。

而在最近的可见期中，19P/Borrelly 彗星的彗发较大，这与它的反射光线增多的现象是一致的。从本质上讲，彗发越大，彗星反射的光线越多，绝对星等就越小。

在典型的可见期中，19P/Borrelly 彗星开始时很暗淡，随后在近日点附近达到最大亮度。大多数情况下，它到达近日点时，离地球并不是最近的。除非发生大爆发，否则它的亮度不会超过 7 星等。如图 2.19，1987 年 12 月下旬，这颗彗星的亮度达到了 7 星等，这是它所能达到的最大亮度了。因为，它此刻几乎离地球和太阳都是最近的。1987 年到 1988 年间，19P/Borrelly 彗星处于最佳的观测位置，许多人都看到了它。在其他最近的可见期中，它的亮度远小于 7 星等，也没留下很多的观测结果。

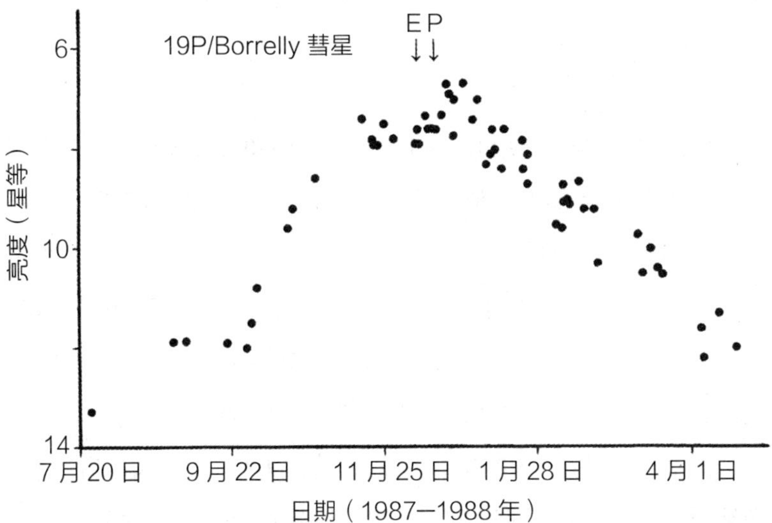

图 2.19　1987 至 1988 年间，19P/Borrelly 彗星的亮度变化。彗星最接近地球的时间标记为 E，在近日点的时间标记为 P。数据已修正为 6.8 厘米标准孔径对应的亮度，原始星等测量值来自国际天文学联合会快报。

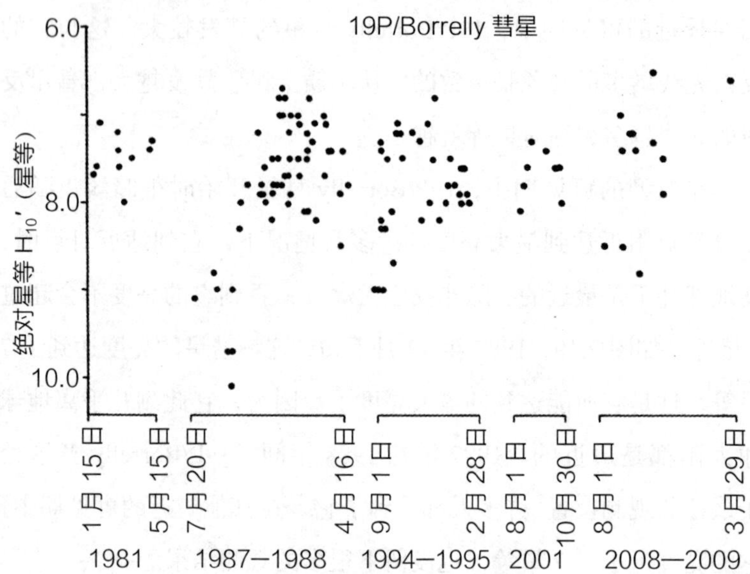

图 2.20　19P/Borrelly 彗星五次可见期中的绝对星等 H_{10}'。这五次可见期的时间分别为 1981 年、1987—1988 年、1994—1995 年、2001 年和 2008—2009 年。数据已修正为 6.8 厘米标准孔径对应的亮度值；原始星等测量值来自国际天文学联合会快报。

图 2.20 绘制了 19P/Borrelly 彗星在 1980 至 2008 年间五次可见期中不同日期的 H_{10}' 值。从图中可以看出，除 1987 年年中以外，绝对星等 H_{10}' 的值均保持在 7.0 星等到 8.4 星等。1987 年年中，彗星的 H_{10}' 介于 9 到 10 星等之间。而到了 1987 年 10 月中旬，彗星竟然变亮了，星等变回为正常的 8 星等左右。这说明它的亮度增加了约 4 倍，是因为彗核上形成了一个大喷流吗？

图 2.21 绘制了 19P/Borrelly 彗星彗发半径、DC 值（凝结度）和绝对星等 H_{10}' 随日期的变化。DC 值将在第三章中做进一步的讲述。在 1981 年、1987—1988 年、1994—1995 年和 2008 年的可见期中，对每 30 天的数据求平均，得到了图中的数据。这里采用的是 H_{10}' 而不是 H_0'，因为近日点前后的指前因子差异太大。

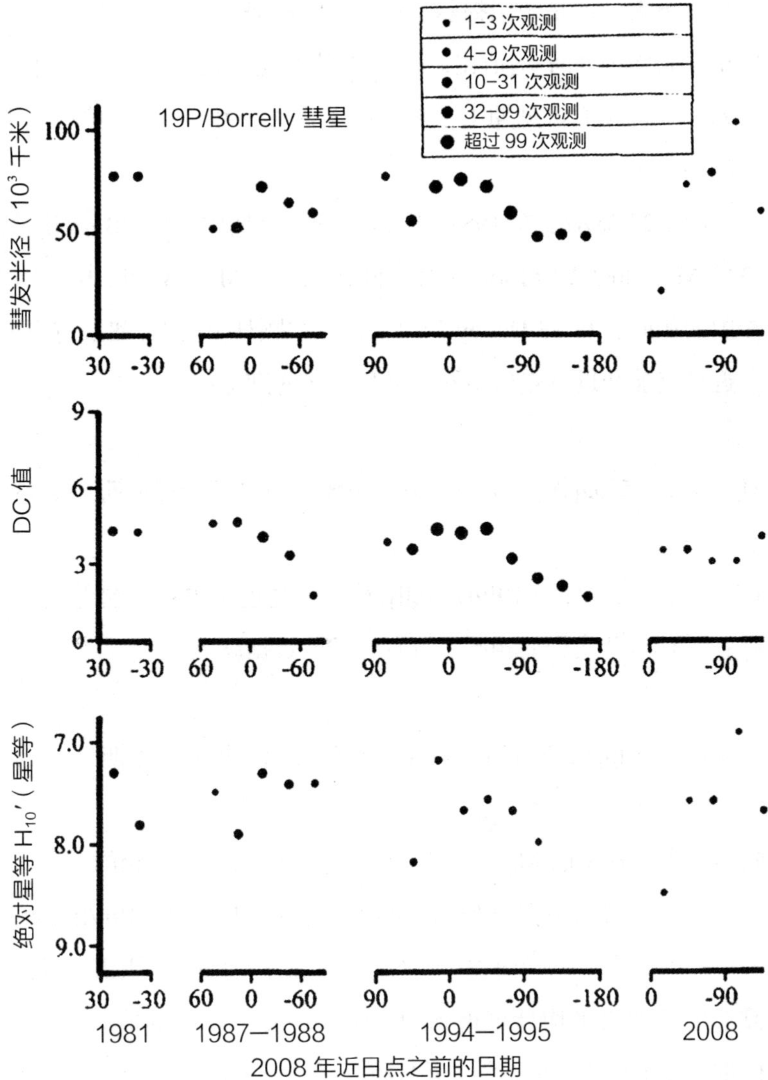

图 2.21　19P/Borrelly 彗星在 1981 年、1987—1988 年、1994—1995 年和 2008 年的可见期中彗发半径、DC 值（凝结度）和绝对星等 H_{10}'。数据来自国际天文学联合会快报和《国际彗星季刊》。绝对星等由亮度估计值计算得到，亮度估计值已修正为 6.8 厘米标准孔径对应的亮度值。

图 2.21 显示，每个可见期的平均彗发半径、DC 值和绝对星等变化不大，这是该图揭示的最重要的趋势。然而，在同一可见期中，每个月的平均值出现了显著的变化。在 1987—1988 年和 1994—1995 年的可见期中，近日点之后彗发大小和 DC 值有减小的趋势。

图 2.22 显示了在 1987—1988 年的可见期中，19P/Borrelly 彗星的 M_c–5 log[Δ] 与 log[r] 值之间的关系。M_c、Δ 和 r 与（2.1）式中的相同。与 1P/Halley 彗星一样，这颗彗星的 H_0 和指前因子在近日点前和近日点后不同。近日点之前满足：

$$M_c = 6.35 + 5\log[\Delta] + 21.10\log[r] \quad \text{1987—1988 年的可见期} \quad (2.13)$$

在表达式中，M_c 是 19P/Borrelly 彗星的亮度（单位：星等），Δ 和 r 与（2.1）式中的相同。近日点后的数据满足：

$$M_c = 6.9 + 5\log[\Delta] + 13.04\log[r] \quad \text{1987—1988 年的可见期} \quad (2.14)$$

同样，表达式中的 M_c、Δ 和 r 与表达式（2.1）中的相同。

表 2.11 总结了在 1981 至 2008 年的可见期期间，19P/Borrelly 彗星的绝对星等和指前因子。加权平均值是通过对可见期中数据数量进行加权平均计算得到的。所以，表 2.11 中的值有不同的权重。H_0 的加权平均值在近日点之前为 6.1 ± 0.3 星等，在近日点之后为 7.2 ± 0.3 星等。指前因子的加权平均值在近日点之前为 22.4，在近日点之后为 11.7。

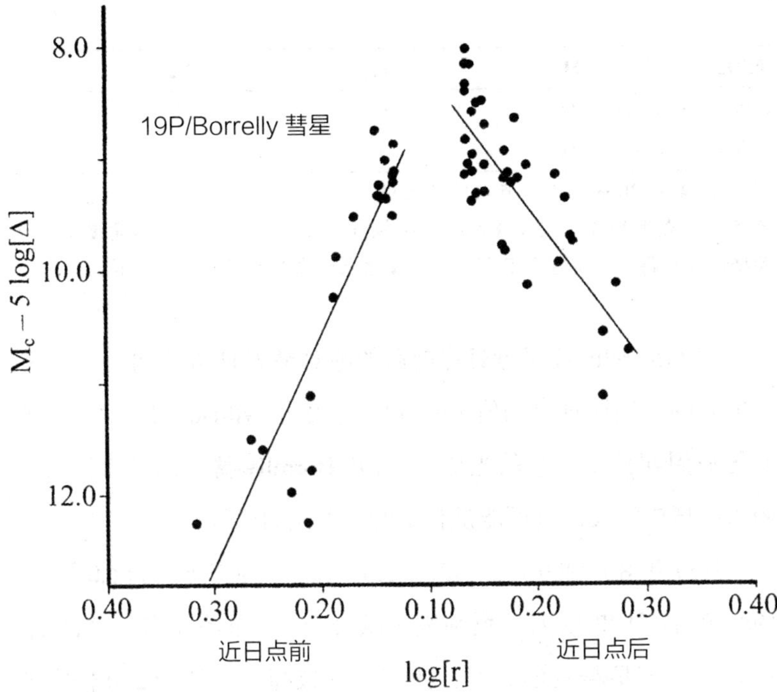

图 2.22 19P/Borrelly 彗星的 M_c-5 log[Δ] 与 log[r] 的关系图。r 的单位是天文单位。图左侧总结了彗星到达近日点之前的测量结果，图右侧总结了彗星到达近日点之后的测量结果。

表 2.11 19P/Borrelly 彗星的绝对星等和指前因子的汇总

可见期	H_{10}	H_0	2.5n
1981（近日点之前）	7.5	–	–
1981（近日点之后）	7.5	8.1	5.95
1987（近日点之前）	8.3	6.4	21.10
1987（近日点之后）	7.4	6.9	13.0
1994（近日点之前）	7.8	4.8	28.9
1994（近日点之后）	7.7	7.0	13.8
2001（近日点之前）	7.7	–	–
2001（近日点之后）	7.7	–	–

续表

可见期	H_{10}	H_0	2.5n
2008（近日点之后）[a]	7.5	8.4	6.0
平均值	7.6	–	–

[a] 作者没查到 2008 年近日点之前的数据。

数值由作者根据国际天文学联合会快报和《国际彗星季刊》的亮度值估计数据计算而得。所有星等已修正为 6.8 厘米标准孔径对应的亮度值。

19P/Borrelly 彗星近日点前后的绝对星等 H_0 的值小于 127 颗有编号的短周期彗星的值（9.70）。这表明 19P/Borrelly 彗星比典型的短周期彗星反射的光更多。19P/Borrelly 彗星的彗核比典型的木族彗星的大，这可能是它反射更多光的原因。

1987 年 8 月和 9 月，19P/Borrelly 彗星增强因子约为 6.0 星等，1987 年 11 月和 12 月，增强因子跃升至 7.5 星等左右。这说明，1987 年，彗星彗发的亮度相比满相彗核亮度，从约 250 倍突变到 1000 倍左右。1987 年 10 月发生的一次爆发，可能是这次跃变背后的原因。

1987 至 1988 年，19P/Borrelly 彗星的增强因子大于 9P/Tempel 1 彗星，但小于 1P/Halley 彗星，它们增强因子之间的差异，很大程度上是由于近日点距离不同造成的。19P/Borrelly 彗星在 1987 年达到了 1.36 天文单位的近日点距离，而 1983 至 2005 年，9P/Tempel 1 彗星距离太阳不超过 1.49 天文单位，相比，1P/Halley 彗星 1986 年距离太阳只有 0.6 天文单位。彗星离太阳越近，增强因子自然就越大。

彗 核

表2.12列出了19P/Borrelly彗星彗核的物理参量和测光参量。作者通过对“深空1号”飞船拍摄的彗核特写照片的分析，得到了这些数据。下面将讨论彗核的形状、可能的碎裂、反照率、表面温度、自转、季节和地形特征。

彗核类似一个保龄球，可能是由两部分组成的，这两部分由引力固定在一起。然而，即便从最好的图像中也看不出窄端和宽端之间的裂缝。灰尘可能将缝隙掩盖了起来，或者裂缝太窄，无法拍到。有一组天文学家认为，彗核会在最细的地方裂开，这可能已经发生了。

表2.12 19P/Borrelly彗星彗核的物理参量和测光参量

特征参量	数值	数值来源
半径	4.4 × 2.2 × 1.5[a]千米	Lamy et al. (1998)
平均半径	~2.4千米	作者基于半径计算得到
表面积	~90平方千米	Schleicher et al. (2003)
质量	1.5 × 10^{13}千克	作者假定密度为0.25克/立方厘米的情况下计算而得
重力加速度	0.0002 米/平方秒	作者基于平均半径和质量计算而得
自转速率	25 ± 0.5小时	Lamy et al. (1998) and Schleicher et al. (2003)
自转轴指向	RA = 14小时27分钟 Dec. = –5度 42分钟	Schleicher et al. (2003)
密度	0.18~0.3克/立方厘米	Davidsson and Gutiérrez (2004)
体积	60立方千米	作者基于半径和密度计算而得
自转轴倾角	102.7± 0.5度	Schleicher et al. (2003)
逃逸速度	~1 米/秒	作者基于平均半径和密度计算而得
几何反照率(500~1000纳米波长)	0.029 ± 0.006	Buratti et al. (2004)

续表

特征参量	数值	数值来源
V(1, 0)（可见光）	15.9	Tancredi et al. (2006)
J–K	~0.82	Soderblom et al. (2004b)
H–K	~0.43	Soderblom et al. (2004b)
V–R	0.25 ± 0.78	Lamy and Toth (2009)
日地张角系数	0.045 ± 0.005星等/度	Ferrín (2007)

[a] 这三个半径是作者在假定彗核为三轴椭球体的情况下，依据 60 立方千米的体积计算得到的。

2009 年 5 月，有几位天文学家报告称，19P/Borrelly 彗星彗发中出现了一个明亮的凝聚物，离中心凝聚物有几角秒远。也就是说，这个新的凝聚物离彗核至少几千千米远。一组天文学家报告说，它的亮度大约是中心凝聚物的四分之一。彗核破裂了？抑或，新的凝聚物只是一大团尘埃？相信未来的研究会给出明确的答案。

当彗星与“深空 1 号”飞船相遇时，彗核的北半球朝向太阳。彗核上的日下点纬度是北纬 55 度，表明在距离自转极 35 度的区域接收的阳光最多。基于彗核北半球的拍摄图像和测量数据，我们对其反照率和表面温度有了很好的认识。

你见过木炭吗？19P/Borrelly 彗星的北半球比木炭还黑。它只反射 3% 的可见光，它的彗核是太阳系中最黑的物体之一。19P/Borrelly 彗星的彗核怎么会如此黑？答案是碳。在太阳系中，碳的含量相当丰富，当彗核保持中低温度时，碳以固体的形式存在。这些碳原本可能存在于碳氢化合物中，然后在太阳的紫外线照射下，碳 – 氢键断开，氢气逸出，碳留存了下来。即使 19P/Borrelly 彗星形成了彗发，来自太阳的紫外线仍然能到达彗核。

虽然彗核比木炭还黑，但并不是所有的区域都如此。

19P/Borrelly 彗星上的某些区域反射的可见光要多些。一项研究表明，北半球的反射率上下差了近 3 倍，也就是说，有些区域反射的光线是其他区域的 3 倍。反射率的部分变化是由平均粒径的不同导致的。比如，糖粉就比砂糖亮，因为糖粉的颗粒较小。天文学家还认为，化学成分的差异也会导致彗核某些区域变暗，毋庸置疑的是，低反照率是这颗彗星表面温度较高的原因。

当彗核靠近近日点时，日下点的温度上升到 340 开氏度，即 152 华氏度。致使温度上升的原因有两个，一是表面的几何反照率低，二是彗发中的气体几乎不吸收阳光。近日点附近的明暗界线处的温度降到 300 开氏度左右，即 80 华氏度左右。和 9P/Tempel1 彗星以及 1P/Halley 彗星一样，深层彗核的温度非常低，同样，被黑夜笼罩的一侧的温度也很低。

根据彗星的反照率和北半球温度，我们可以推断出 19P/Borrelly 彗星彗核的表面上没有大面积的纯水冰。即使表面存在一些水冰，也是与黑色物质混合而成的低反照率混合物。

彗核围绕自转轴自转，表 2.12 给出了轴的指向。彗核的极星（pole star）是 6 等星室女座 104 恒星。旋转轴向侧面倾斜，倾角为 102.7 度。这样的倾斜表明 19P/Borrelly 彗星的彗核和地球一样经历着四季更替。除非转轴引发岁差，或者轨道发生改变，否则彗核在近日点将始终处于同一个季节。最近，一组天文学家将 19P/Borrelly 彗星在 2001 年近日点时，彗核偏向太阳的极点规定为“北极”。因此，彗星接近太阳时，北方处于春季和夏季，也是它最明亮的季节。当北方处于秋季和冬季时，彗星远离太阳，进入黑暗之中。转轴的倾斜和指向表明彗星的北半球比它的赤道地区和南半球接收的阳光更多。此外，彗核的自转也会影响从地球上看到的它的亮度。

自转和日地张角的改变都会引起彗核亮度的变化。彗核大概每 25 小时左右旋转一次。它保龄球般的形状，使亮度的波动超过 2 倍。此外，当日地张角减小时，彗核也会变亮。一组天文学家报告称，当日地张角从 87 度左右下降到 7 度左右时，彗核的红光亮度增加了 26 倍，这与表 2.12 中所列出的日地张角系数一致。最后，冲闪也会影响彗核的亮度。

冲闪是日地张角为 0 度时，天体的一种非线性变亮的现象。冲闪透露出彗核表面尘埃的平均粒径以及表面致密性的信息，激起了天文学家浓厚的观测兴趣。它只能从绝对星等和日地张角的关系图中才能得到。如前所述，我们已经了解了 19P/Borrelly 彗星彗核的绝对星等随日地张角的变化。我们有日地张角在 2 到 87 度之间的亮度值的数据，但是没有日地张角低于 2 度时的绝对星等。当日地张角为 2 度时，彗核的亮度比大角度范围内彗核的亮度还要亮约 0.1 星等。如果 19P/Borrelly 彗星的彗核与天王星的卫星天卫三（Titania）类似，有着相似的绝对星等与日地张角的关系图，那么冲闪约为 0.5 星等。然而，有必要进一步确认这个值。

彗核南半球的反照率和颜色揭示出重要的季节变化过程。在近日点附近，南半球大部分地区背向太阳，保持寒冷，水蒸气以及其他气体将在这里凝结。凝结反复出现，导致这里的反照率升高，甚至出现与北半球不同的颜色。（本节末尾，我将讨论彗核南半球最佳的观测时间。）

“深空 1 号”飞船捕获到了几十张 19P/Borrelly 彗星彗核的图像，图像的分辨率从 1 千米 / 像素到 47 米 / 像素不等。最清晰的图像能够显示约 150 米宽的特征。由于彗星与飞船相遇时，自转轴指向太阳附近，所以“深空 1 号”飞船只能拍摄到大约一半的彗核表面。下面有关表面的讨论都是以这些图像为依据的，高分辨率图像揭示了彗核上的几个特征，我们接着讨论。

19P/Borrelly 彗星彗核上有方山、凹坑、山脊和山丘。方山是高出地表约 100 米的光滑区域。其中一个方山的边缘曾是一大型喷流的发源地，它位于彗核的北半球，以北极为中心。彗核上分布着十几个直径在 200 到 300 米之间的凹坑，它们大部分都集中在彗核较窄的一端。这些坑的大小几乎相同，从大小分布来看，它们很有可能不是撞击坑。首先撞击坑的大小分布是不均匀的，小型撞击坑的数量远超大型撞击坑；其次，它们没有凸起的边缘。它们很可能是下面的冰升华后塌陷而形成的。

山脊是 19P/Borrelly 彗星彗核的第三种地形。它们是一个狭长的隆起区域，像长而高的小山。19P/Borrelly 彗星上的山脊高出周围地形约 200 米，长达 2 千米。许多山脊集中在彗核较窄的那部分。此外，彗核上还有小山丘，它高出周边约 100 米，集中分布在彗核较宽的部分。

“深空 1 号”飞船拍摄到的区域没有明显的大撞击坑。彗星围绕太阳周而复始地运动，转几十圈后，冰的升华可能抹去了大部分撞击痕迹。19P/Borrelly 彗星的彗核也很小，无法像地球那样与大量的太空碎片碰撞。不过，撞击坑最有可能在南半球保留下来（如果有的话）——“深空 1 号”飞船没能对南半球进行拍摄——毕竟 19P/Borrelly 彗星彗核的南半球在远离太阳时才朝向太阳。这说明，很少有挥发性物质离开彗核的南半球，小撞击坑在那里会保存得更好。

彗 发

表 2.13 列出了 19P/Borrelly 彗星彗发的一些物理参量和测光参量。这些参量根据 1981 至 2008 年的多次可见期中的测量结果计算得到。19P/Borrelly 彗星近日点附近的彗发半径（6 万千米）大于 9P/Tempel 彗星（4 万千米），却明显小于 1P/Halley 彗星（35 万千米）。平均 DC 值为 3.8，与 9P/Tempel 1 彗星相同，小于 1P/Halley 彗星。

多亏天文学家收集了该彗星的测光数据和无线电数据，我们才能够很好地了解彗发中的化学物质。彗发中存在水、氰化氢、一硫化碳、甲醇、一氧化碳和硫化氢。然而，彗发缺少 C_2 自由基和 C_3 自由基。这并不奇怪，因为大约一半的木族彗星都缺少 C_2 自由基和 C_3 自由基。

表 2.13　19P/Borrelly 彗星彗发的一些物理参量和测光参量

特征参量	数值	方法
绝对星等 H_{10}	7.6 ± 0.2[a]	依据1981年、1987—1988年、1994—1995年、2001年和2008年可见期中的观测
绝对星等 H_0（近日点前）	6.1 ± 0.3[a]	依据1987年和1994年可见期中的观测
指前因子2.5n（近日点前）	22.4 ± 2.2[a]	依据1987年和1994年可见期中的观测
绝对星等 H_0（近日点后）	7.2 ± 0.3[a]	依据1987年和1994年可见期中的观测
指前因子2.5n（近日点后）	11.7 ± 1.2[a]	依据1987年和1994年可见期中的观测
近日点附近的彗发半径	60,000千米	[b]
凝结度（DC值）	3.8	[c]
近日点处的增强因子（星等）	7.7 ± 0.2	[d]

[a] 作者根据发表在国际天文学联合会快报上的亮度测量分析计算而得。

[b] 作者根据《国际彗星季刊》报道的 1981 年、1987—1988 年、1994—1995 年和 2008 年可见期中彗发的平均半径计算而得。

[c] 作者根据《国际彗星季刊》报道的 1981 年、1987—1988 年、1994—1995

年和 2008 年可见期中的数据计算而得。

[d] 作者根据彗核和彗星的测光数据计算了这个值。彗核的测光数据来自 Ferrín（2007）。彗星的测光数据由作者根据国际天文学联合会快报和（或）《国际彗星季刊》上发表的数据计算而得。所有使用的数据都是在 1987 年 12 月 7 日到 1988 年 1 月 1 日期间收集的。

有一组天文学家报告称，19P/Borrelly 彗星的气体产率的峰值约为 3.5×10^{28} 分子 / 秒。如果假设彗发 90% 的气体是水，其余的是其他物质，那么当彗星接近近日点时，彗核每秒将产生约 1000 千克的气体。19P/Borrelly 彗星彗核的气体产率远低于 1P/Halley 彗星（30,000 千克 / 秒），但高于 9P/Tempel 1 彗星（约 200 千克 / 秒）。

另一组天文学家认为，彗发在彗核表面施加了 0.03 帕斯卡，即 3×10^{-7} 个大气压。彗核附近的气体分子密度可能接近 10^{13}/ 立方厘米，大约相当于地球大气层在 120 千米高度的气体密度。

除了气体，彗发中还含有尘埃。“深空 1 号”飞船穿过彗发时，相对于彗星的速度约为 16.5 千米 / 秒。它与十几颗尘埃颗粒发生了碰撞。我们知道，19P/Borrelly 彗星释放的尘埃比 1P/Halley 彗星少得多。可能是 19P/Borrelly 彗星的彗核较小，在近日点离太阳又较远。人们认为，19P/Borrelly 彗星彗发中的尘埃由喷流喷出。

最有趣的喷流要数阿尔法喷流了，它出现在彗核北极附近。我们知道它是因为它的方向在 25 小时内没有发生太大变化，如图 2.23 中的 d–f 所示。通常情况下，当彗核旋转时，人们认为喷流的位置角会发生变化，如图 2.23 上半部分所示。但阿尔法喷流并非如此。相反，这股喷流的方向在彗核自转过程中指向固定的方向，如图 2.23 的下半部分所示。考虑到 19P/Borrelly 彗星自

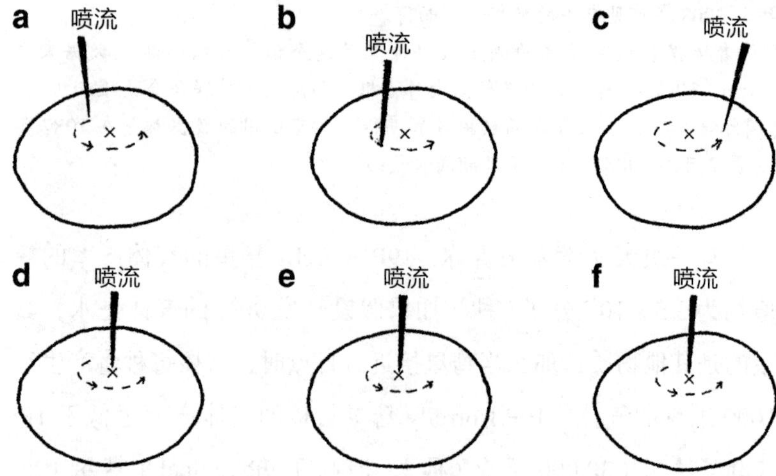

图 2.23　自转极之外的喷流（a–c）。注意，喷流方向随着彗核的自转而改变。a 图中喷流向左倾斜，c 图中喷流向右倾斜。自转极为中心处的喷流（d–f），喷流方向不随彗核的自转改变。

转轴比较恒定，最佳的解释是阿尔法喷流出现在自转极处。阿尔法喷流很窄，在彗核上方延伸超过 100 千米。一组天文学家认为，早在 1911 年就有人观测到了这股喷流。随着彗核的季节性变化，每次彗星到达近日点时，这股喷流都会再次活跃起来。

有一组天文学家认为，阿尔法喷流起源于彗核表面下的一个空腔，如图 2.24 所示。从本质上讲，气压在空腔中积聚，气体通过核表面的裂缝或小孔喷出。没有来自彗核上方的任何压力阻挡，喷流像一股细长的喷泉，同时夹带着灰尘。人们认为喷流的速度超过了音速。如果彗发的温度接近室温，其速度可能在 400 米 / 秒左右。因此，喷流的气体以大于 400 米 / 秒的速度逃逸出去。

除了气体和尘埃外，彗发还携带带电粒子。彗发中离子密度的峰值超过 1600 个 / 立方厘米，比其中的分子密度低得多。离

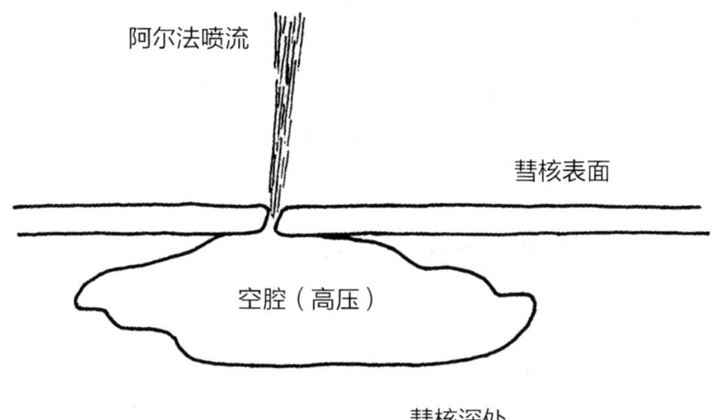

图 2.24 阿尔法喷流在压力作用下从彗核表面上一个小裂缝或小孔喷射出来。阿尔法喷流中的气体的速度非常快。

子来自哪里？最有可能的是，太阳的紫外线电离作用撕裂了彗核上的分子和彗发中的分子。

彗尾和等离子体环境

19P/Borrelly 彗星的彗尾并不壮观。20 世纪早期，天文学家报告称这颗彗星的尾巴不到 1 度长。在 1994 至 1995 年的可见期期间，天文学家向《国际彗星季刊》提交了超过 100 份彗尾长度的估计。1994 年年末，在近日点附近，彗尾的最大长度约为 0.5 度。1995 年年初，彗尾变小了。目前，尚不清楚报道的这些彗尾长度是尘埃彗尾的还是气体彗尾的。http://www.aerith.net/comet/catalog/index-update-pictures.html 网站上有三张 19P/Borrelly 彗星的照片，照片很棒，是埃里克·布里辛克（Erik Bryssinck）和伯恩哈德·豪斯勒（Bernhard Hausler）于 2009 年 1 月到 4 月拍摄的。从照片中可以看到长度在 0.05 至 0.08 度之间的窄尾。如果这些窄尾是气体彗尾，那么它们的长度大约为 0.009 天文单位，比 1P/Halley 彗星尾长的峰值短了 30 倍。不必惊讶，毕竟 1P/Halley 彗星在近日点附近产生的气体是 19P/Borrelly 彗星的 30 倍左右。

19P/Borrelly 彗星的预测（2015—2026 年）①

你准备好迎接挑战了吗？敢的话，不妨在 2015 年研究一下 19P/Borrelly 彗星，那将是一项异常艰难的挑战。19P/Borrelly 彗星将于 2015 年抵达近日点，但是，那时它也会接近太阳。因此，拍摄它的最佳时间要提前到近日点之前。表 2.14 给出了其赤经、赤纬以及其他特征参量的预测值。

表 2.14　19P/Borrelly 彗星 2015 年年初的位置、彗发的角直径和亮度的预测

日期（2015年）	赤经	赤纬	彗发的角直径（角分）	亮度（星等）
1月15日	22时42分28秒	–32度34角分02角秒	0.6	14.9
1月30日	23时15分22秒	–27度57角分41角秒	0.6	14.3
2月14日	23时49分28秒	–22度50角分15角秒	0.6	13.8
3月1日	00时24分43秒	–17度12角分48角秒	0.6	13.2
3月16日	01时01分09秒	–11度08角分50角秒	0.7	12.6

赤经和赤纬值由线上历书系统计算得到。作者根据预测的距离和标准方程计算了彗发的角直径和亮度。

2009 年 5 月，19P/Borrelly 彗星的亮度小于 15 星等，尽管情况不佳，人们还是拍摄到了它的彗尾和彗发。2009 至 2015 年间，相机技术将会有所改善。等到 2015 年，请携带 CCD 相机和

① 本书初版于 2010 年，本节是作者对 2015—2026 年 19P/Borrelly 彗星的预测。——译者注

中等尺寸的天文望远镜对 19P/Borrelly 彗星进行观测。使用这些仪器，可以获得 1% 或 0.01 星等的精度。这样高的精度下，人们可以寻找到小型的爆发，还可以监控阿尔法喷流的亮度。

如前所述，在近日点附近，19P/Borrelly 彗星的彗核只有一侧朝向太阳，另一侧永久地封存于寒冷之中。彗发的气体可以在寒冷的表面凝结，引起彗核反照率和颜色的变化。假设反照率恒定不变，那么彗核在远日点的亮度将是 23 星等。然而，如果彗核在远日点的反照率增大为 0.5，那么它将为 20 星等。因此，可以通过亮度估计来测量彗核南半球的反照率。此外，特定时间的亮度估计，还会反映冲闪的信息。

2012 年 6 月，彗核将抵达远日点附近，这也将是观测彗核冲闪的绝佳时机。根据线上历书系统的预测，2012 年 6 月 6 日，大约在世界时 6：00，日地张角将降至 0.04 度。届时，彗核的赤经为 16 时 58 分，赤纬为 –22 度 55 角分，离满月大概 30 度。6 月 6 日月亮位置不佳，因此，测量冲闪更好的日期是 6 月 8 日。6 月 8 日彗核的位置与 6 月 6 日几乎相同，但离月球的距离将超过 50 度，同时日地张角将在 0.4 度左右。2019 年 6 月和 2026 年 6 月的一些时间也为冲闪的观测提供了机会，届时日地张角将分别降至 0.4 度和 0.7 度的最小值。

2.5 81P/Wild 2 彗星

1978 年 1 月，保罗 · 维尔德（Wild 读作 Vilt）在一张底片上发现了一颗新彗星。当时，这颗彗星的亮度与矮行星冥王星差不多。几天后，布莱恩 · 马斯登计算了这颗彗星的轨道，其轨道周期为 6.15 年。1978 年，有人对这颗彗星进行了研究，并报告了它在几个日期的亮度和位置。这颗彗星于 1983 年回归，并被命名为 81P/Wild 2 彗星。之后的推算表明，1974 年它距离木星仅 0.01 天文单位。这次与木星的近距离接触改变了它的轨道，使其近日点距离从 5 天文单位减小到 1.5 天文单位。结果，81P/Wild 2 彗星长出了彗发，变得明亮，使用传统的摄影技术就能捕捉到。1984 年、1990 年、1997 年和 2002 年，它如期回归。它有一些可见期利于观测，天文学家趁这些较好的可见期对其亮度进行了估计。

2004 年 1 月，美国建造了“星尘号”飞船，它从离彗核约 240 千米的地方飞掠 81P/Wild 2 彗星，并拍摄了几十张图像。它还收集了数以千计的微尘颗粒。捕捉这些尘埃的技术相当了不起，难点在于，尘埃颗粒在撞击快速运动的飞船时会蒸发掉。为了解决这个难题，科学家设计了飞船的轨迹，使它以相对较慢的速度飞掠彗发；他们还开发了一种材料，能够在捕获尘埃的同时避免其蒸发。“星尘号”飞船凭借相对较慢的 6.1 千米 / 秒的速度和气凝胶收集器完成了这部分任务。气凝胶是一种高度多孔的二氧化硅泡沫，其密度与聚苯乙烯泡沫差不多。气凝胶很巧妙，它可以捕获高速运动的尘埃，同时不会使其分解。2006 年，“星尘号”飞船的密封舱携带着收集的尘埃在犹他州沙漠里安全着陆。

在本部分中，我首先讲述 81P/Wild 2 彗星的目视观测结果，讲述它的亮度历史和光变曲线。随后，讲述该彗星的彗核、彗发、尘埃颗粒和彗尾。最后，讲述 21 世纪第二个十年该彗星的重要事件预测。

目视观测结果

图 2.25 显示了 1996 至 1997 年 81P/Wild 2 彗星的亮度随日期的变化。当彗星同时距太阳和地球最近时，其平均亮度约为 8 星等[①]。1997 年初，它达到了大约 9 星等的峰值亮度。目前，它的近日点距离为 1.6 天文单位。

图 2.26 显示了 1978 至 2002 年 81P/Wild 2 的五次可见期期间，绝对星等 H_{10}' 随日期的变化。H_{10}' 由表达式（2.1）计算得到。除 1990 至 1991 年的可见期外，其他可见期的 H_{10}' 值一般在 7 到 8 星等之间。相比，1990 至 1991 年的可见期要暗零点几个星等。

81P/Wild 2 彗星在 1978 年、1984 年、1990 至 1991 年、1996 至 1997 年和 2002 年的 H_{10} 分别为 7.3 星等、8.1 星等、8.4 星等、7.4 星等和 7.9 星等。H_0 的加权平均值（权重 = 数据点的数量）为 7.7 星等。这些值由目视亮度估计计算得到，亮度估计值已修正为 6.8 厘米标准孔径对应的亮度。

图 2.27 显示了彗发半径、DC 值和绝对星等 H_{10}' 随时间的变化。其中，DC 值描述了彗发分散或凝聚的程度，将在第三章中进行详细的介绍。图中的平均值都是通过将 1990 至 1991 年的可见期中每 30 天内的数据进行平均得到的。

---

① 疑似作者笔误，应为 10 星等（图 2.25 中数据的平均值）。——译者注

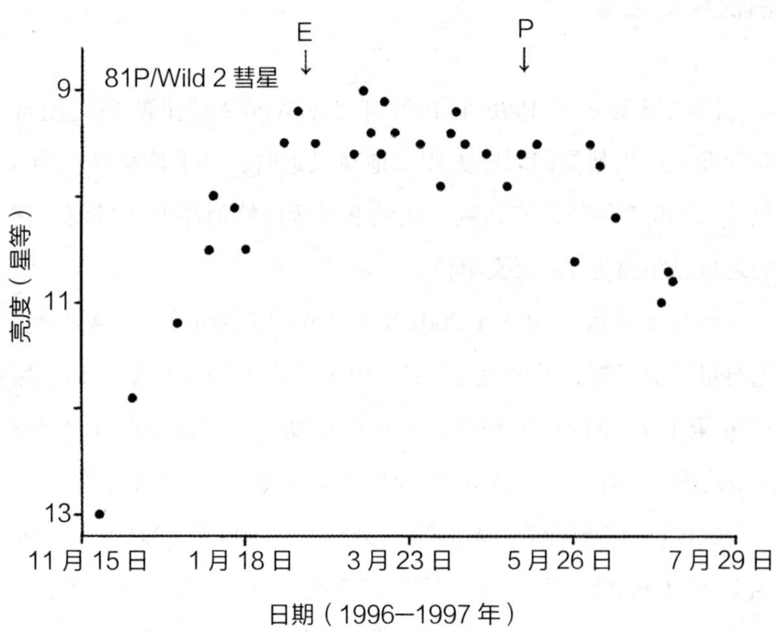

图 2.25　1996—1997 年，81P/Wild 2 彗星的亮度随日期的变化图。亮度数据已修正为 6.8 厘米标准孔径对应的亮度；原始星等测量来自国际天文学联合会快报。图中，E 标识了彗星最接近地球的时间，P 标识了彗星位于近日点的时间。

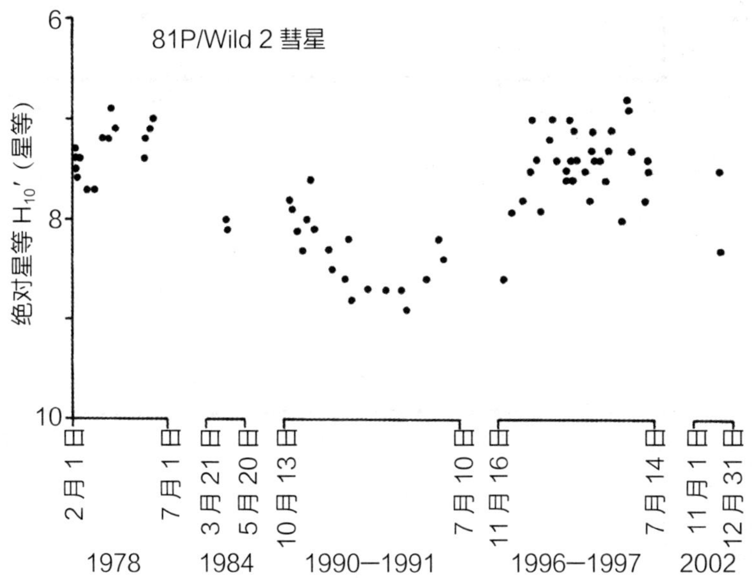

图 2.26　81P/Wild 2 彗星的绝对星等 H_{10}' 不同时间段的对比图。图中选取了 1978 年、1984 年、1990—1991 年、1996—1997 年和 2002 年的五个时间段。数据已修正为 6.8 厘米标准孔径对应的值；原始星等测量来自国际天文学联合会快报。

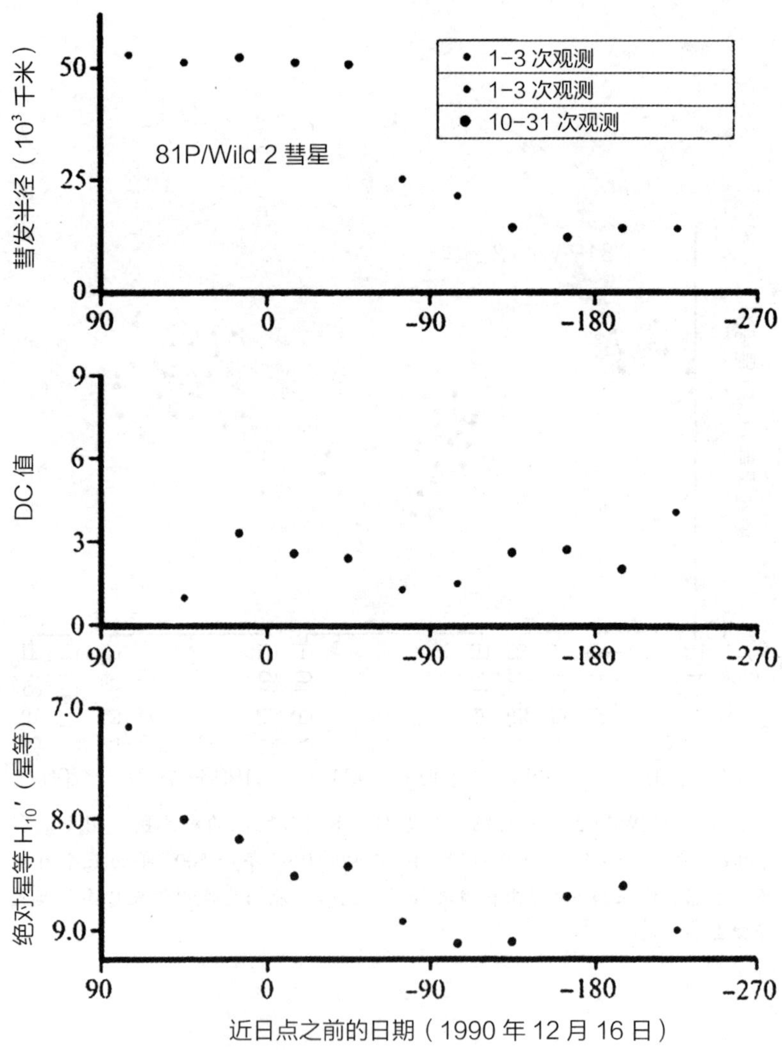

图 2.27　1990—1991 年，81P/Wild 2 彗星的彗发半径、DC 值和绝对星等 H_{10}'。数据来自国际天文学联合会快报和《国际彗星季刊》。绝对星等已修正为 6.8 厘米标准孔径对应的星等值。

图 2.27 中，最明显的趋势是，彗发在近日点后突然变小。从近日点之后绝对星等增加的趋势可以看出，彗星在这个阶段反射的太阳光减少了。

接着，我用表达式（1.6）确定了 81P/Wild 2 彗星的绝对星等 H_0 和指前因子 2.5n。图 2.28 给出了 1996 至 1997 年可见期期间的 M_c−5 log[Δ] 与 log[r] 的关系。从图中可以看出，近日点（1997 年 5 月 6 日）前后的数值比较一致。该图确定的绝对星等 H_0 和指前因子分别为 6.5 和 13.91。M_c、Δ 和 r 与表达式（2.1）中的相同。根据 1978 年、1990—1991 年和 1996—1997 年的实验结果，81P/Wild 2 的绝对星等 H_0 和指前因子的加权平均值分别为 6.9 ± 0.3 星等和 13.5 ± 1.4 星等。每个值的权重对应 log[r] 的变化量。最后，最能描述这颗彗星亮度 M_c 的公式是：

$$M_c = 6.9 + 5\log[\Delta] + 13.5\log[r]$$

1978 年、1990—1991 年和 1996—1997 年的可见期 （2.15）

81P/Wild 2 彗星的绝对星等 H_0 = 6.9 ± 0.3，低于 127 颗已编号短周期彗星的平均值（H_0 = 9.70）。这表明，81P/Wild 2 彗星反射的光是典型短周期彗星的 13 倍。81P/Wild 2 的指前因子 2.5n = 13.5，接近 127 颗已编号短周期彗星的平均值（2.5n = 13.9）。

81P/Wild 2 彗星的增强因子为 7.7 ± 0.4 星等。这表明，彗发比近日点附近的裸核亮 1200 倍。这与 19P/Borrelly 彗星几乎一样，但略低于 1P/Halley 彗星。这一点也不奇怪，因为 1P/Halley 彗星在近日点比 81P/Wild 2 彗星离太阳更近。

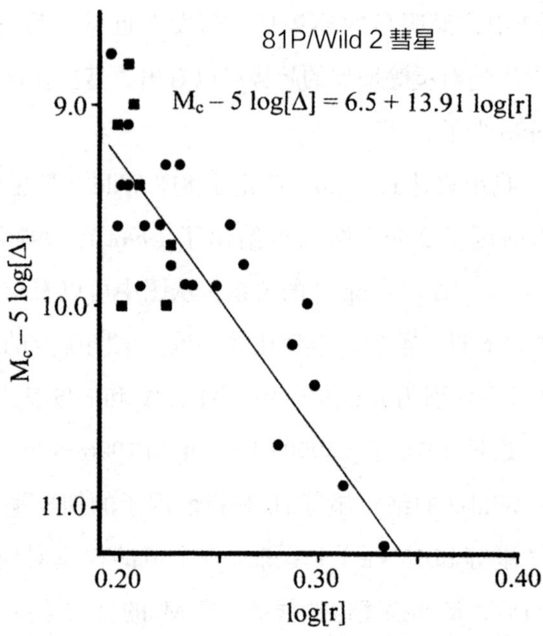

图 2.28　81P/Wild 2 彗星的 $M_c-5\log[\Delta]$ 值与 log[r] 值的关系图。图中圆形数据点根据 1997 年 5 月 6 日彗星到达近日点之前的亮度估计计算而得。亮度估计数据已修正为 6.8 厘米标准孔径对应的亮度；原始星等测量来自国际天文学联合会快报。图中方块数据点由近日点后的亮度估计计算而得。

彗　核

表 2.15 列出了 81P/Wild 2 彗星彗核的物理参量和测光参量。其中，少部分数据是"星尘号"飞船的观测结果，而大部分数据是由世界各地天文台通过漫长且艰苦的测量获取的。81P/Wild 2 彗星的彗核比本章讨论的其他三颗彗星的小一些，它的平均半径为 1.9 千米，形状像一个大汉堡。与上述其他三颗彗星一样，81P/Wild 2 彗星的彗核基本不反射光，显得很暗。

表 2.15　81P/Wild 2 彗星彗核的物理参量和测光参量

特征参量	数值	数据来源
半径	2.6 × 2.0 × 1.35千米	Howington-Kraus et al.（2005）被Davidsson and Gutiérrez（2006）引用
平均半径	1.9千米	作者假定三轴椭球体后计算而得
密度	≤0.8克/立方厘米	Davidsson and Gutiérrez（2006）
表面积	46平方千米	作者假定半径为1.91千米的球体后计算而得
体积	~30立方千米	作者根据三轴几何和半径计算而得
估算质量	1.5 × 10^{13}千克	作者假定密度为0.5克/立方厘米后计算而得
平均重力加速度	~0.0003米/平方秒	作者基于平均半径和估算质量计算而得
自转速率	12 或 24小时	Sekanina et al.（2004）和Davidsson and Gutiérrez（2006）
逃逸速度	~1米/秒	作者基于平均半径和估算质量计算而得
几何反照率（V滤光片）	0.04	作者根据小理查德·W. 施穆德所著的《观测天王星、海王星和冥王星》（2008年）中的 V(1, 0）的值和式(5.12）计算而得
几何反照率（R滤光片）	0.08	作者根据小理查德·W. 施穆德所著的《观测天王星、海王星和冥王星》（2008年）中的R(1, 0）的值和式(5.12）计算而得
V(1, 0)	16.2	Tancredi et al.（2006）
R(1, 0)	14.9	作者计算所得，计算基于1997年2月14日 R = 16.56，计算中假定日地张角系数为0.046 星等/度
转轴倾角	~60度或~120度	Davidsson and Gutiérrez（2006）和这篇论文中引用的其他文章

彗核的旋转方向尚不确定。它似乎围绕着一个轴旋转。普遍的共识是，轴的倾角为 60 度或 120 度，是 60 度还是 120 度由旋转方向决定。彗核的旋转周期在 12 小时到 24 小时之间。需要进一步的亮度测量才能确定旋转的速率，以及旋转轴是否固定。

彗核上有几个并非圆形的凹陷，像人的左右脚印，如图 2.29。其他凹陷的形状是圆形的，但没有明显凸起的边缘。梅奥（Mayo）看起来是一个大凹陷的一部分。挥发性物质的释放可能是形成图 2.29 中类似地形的原因。

彗 发

表 2.16 列出了 81P/Wild 2 彗星彗发的测光参量以及其他的一些参数。81P/Wild 2 彗星彗发的平均半径为 3.4 万千米，比 9P/Tempel 1 彗星和 19P/Borrelly 彗星的小。81P/Wild 2 彗星反射的光线也比这些彗星少。这三颗彗星在近日点前后的平均绝对星等 H_0 分别是：81P/Wild 2 彗星（6.9 ± 0.3 星等）、19P/Borrelly 彗星（近日点前 6.1 ± 0.3 星等，近日点后 7.2 ± 0.3 星等）和 9P/Tempel 1 彗星（5.5 ± 0.3 星等）。彗星的彗发大小和 H_0 值之间可能存在某种关联。81P/Wild 2 彗星的平均 DC 值是 2.4，比 9P/Tempel 1 彗星、19P/Borrelly 彗星和 1P/Halley 彗星的都低，这说明 81P/Wild 2 彗星的光线比另外三颗的分散。

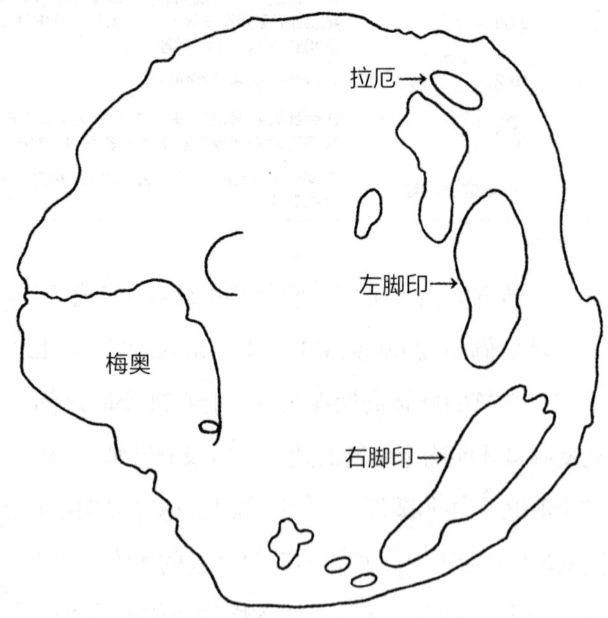

图 2.29　81P/Wild 2 彗星彗核示意图。示意图中的两个凹陷看起来像两个脚印。第三个脚印似乎位于“左脚印”左上方。

表 2.16　81P/Wild 2 彗星彗发的测光参量

特征参量	数值	计算方法
绝对星等H_{10}	7.7 ± 0.2[a]	基于1978至2003年5个可见期的观测
绝对星等H_0（近日点前后）	6.9 ± 0.3[a]	基于1978年、1991年和1997年可见期的观测
指前因子2.5n（近日点前后）	13.5 ± 1.4[a]	基于1978年、1991年和1997年可见期的观测
日地张角系数	≤0.01星等/度[a]	基于1997年1月18日至5月5日的观测数据
彗发半径	34,000千米	[b]
凝结度（DC值）	2.4	[c]
近日点增强因子（星等）	7.7 ± 0.4	[d]

[a] 作者根据发表在国际天文学联合会快报上的涉及最右边一栏中可见期中的亮度测量数据，经过分析、计算得出。

[b] 作者根据《国际彗星季刊》在 1990 至 1991 年和 1997 年可见期中报道的平均彗发半径计算了这一数值。

[c] 作者根据《国际彗星季刊》在 1990 至 1991 年可见期发表的数据计算了这一数值。

[d] 作者根据彗核和彗星的测光数据计算了这个值。彗核的测光数据来自 Ferrín（2007）。彗星的测光数据由作者根据国际天文学联合会快报和（或）《国际彗星季刊》上发表的数据进行计算而得。使用的所有数据均在 1978 年、1990 年和 1997 年可见期的近日点的 15 天内观测而得。

1997 年 1 月 18 日至 5 月 5 日，81P/Wild 2 彗星的日地张角从 2 度增加到 40 度，但 H_{10} 几乎没有变化。在这段时间内，最大亮度下降了 0.4 星等。因此，日地张角系数最多不超过 0.4 星等 /（40 度 –2 度）= 0.01 星等 / 度。

彗发中含有的物质有水、羟基、NH 自由基、氨基、氰基、C_2 自由基和 C_3 自由基。在近日点附近，水的峰值产率约为 2×10^{28} 分子 / 秒或 600 千克 / 秒。一组天文学家报告说，氨基和氰基的产率约为水的 0.3% 左右。该小组还报告称，C_2 自由基的产率比水的 0.1% 还少。

81P/Wild 2 彗星在近日点附近涌现出几股活跃的喷流。一股喷流出现在自转极附近，它不随彗核的转动而发生明显的移动。喷流是彗发中尘埃的主要来源。有一组天文学家曾报道，喷流尘埃和彗发中尘埃的颜色比较相似。这也证明了两者尘埃的平均粒径相似。

“星尘号”飞船成功带回了 81P/Wild 2 彗星彗发的尘埃样本。截至 2009 年年中，科学家们仍在继续对这些尘埃进行分析。他们得出了一些结果，总结如下。

2004 年，“星尘号”飞船从 81P/Wild 2 彗星的彗发中一共收集了数千个尘埃颗粒。一组天文学家估计，收集到的灰尘的总质量约为 3×10^{-4} 克，约相当于 7 粒砂糖的质量。大多数尘埃颗粒嵌入到了气凝胶中，但也有一些附着在围绕着气凝胶的铝外壳上。科学家们在研究这些尘埃过程中使用了多种仪器，包括电子显微镜、质谱仪、激光、红外光谱仪、拉曼光谱仪和与色谱法结合的仪器。

这些尘埃有哪些物理特性？尘埃颗粒的直径在 0.1 ~ 300 微米之间，而人类红细胞的直径约为 7.5 微米，砂糖颗粒的直径约 350 微米。尘埃颗粒的质量范围在小于 10^{-15} 克到 10^{-5} 克之间，人类红细胞的质量约为 10^{-10} 克。大部分尘埃颗粒是松软的，少数是稠密的，并且带有黏性。一项研究表明，质量在 10^{-15} 克和 10^{-6} 克之间的颗粒，其尺寸分布与 $D_p^{-1.72}$ 成正比，其中 D_p 是尘埃颗粒的直径。这意味着每出现 1 个 16 微米的颗粒，就会有约 11 个 4 微米的颗粒和约 120 个 1 微米的颗粒；小尘埃颗粒比大的多出许多。

尘埃颗粒含有一种有趣的化学成分。那是在高温环境中才能形成的。这令人非常惊讶，因为人们认为 81P/Wild 2 彗星起源于太阳系以外的极寒之地。一组天文学家认为，10% 的彗星物质可能是在太阳星云中[①]形成的。尘埃颗粒是混合物，由不同种类的固体化合物混合而成。它们缺少挥发性物质，如水，但含有大量的硅和碳。晶粒中有橄榄石（$MgSiO_4$ 和 $FeSiO_4$ 的混合物）、辉石（铁和镁硅酸盐的混合物）、铁硫石（FeS）、镁橄榄石（Mg_2SiO_4）和顽火辉石（$MgSiO_3$）。尘埃中的碳化合物包括萘（$C_{10}H_8$）、菲（$C_{14}H_{10}$）和芘（$C_{16}H_{10}$）。尘埃中的其他碳化合物还有芳香烃、脂肪烃和含有羰基和酰胺官能团的化合物。图 2.30

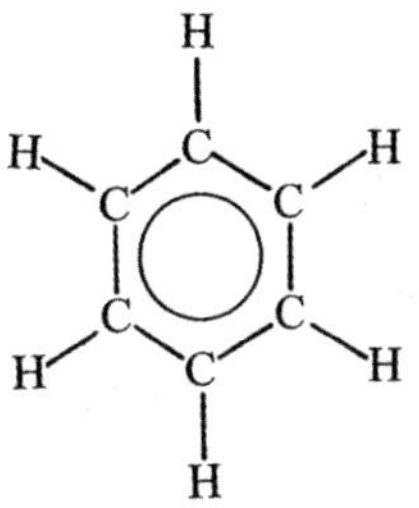

苯（C_6H_6） 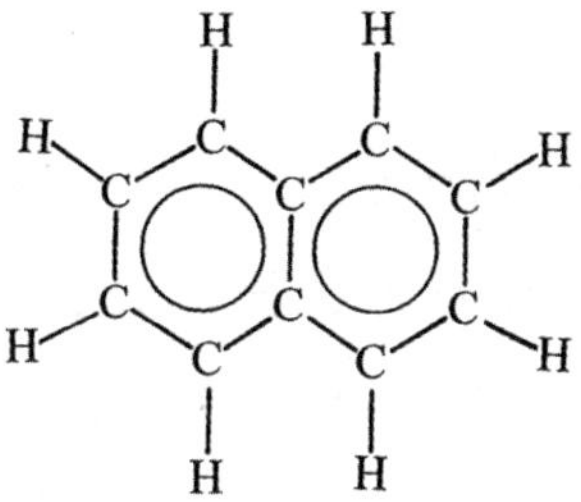　　萘（$C_{10}H_8$）

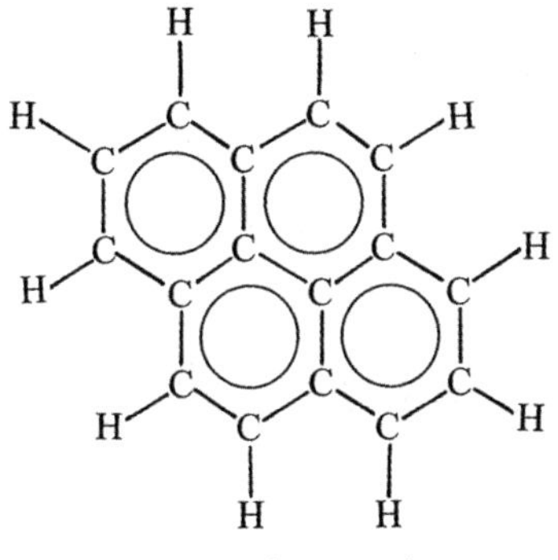

芘（$C_{16}H_{10}$）

图 2.30　苯、萘和芘的化学结构图。81P/Wild 2 的尘埃中含有萘和芘。苯有六个碳原子和六个氢原子。六边形碳环中间的圆圈代表三对电子，它们充当碳原子之间的特殊化学键。芳香族化合物结构中含有苯环，而脂族化合物结构不含苯环。

① 太阳星云是太阳和太阳系形成前在宇宙空间由气体和弥散的固体颗粒组成的星云。——译者注

给出了萘和芘的分子结构示意图。醇官能团和醚官能团也在里面。芳香族化合物是含有苯环的化合物。图 2.30 也展示了苯（C_6H_6）的分子结构示意图。脂族化合物含有碳和氢，但不含苯环。

尘埃含有的元素有：氢、碳、氮、氧、镁、硅、钙、铬、锰、铁、镍、铜、锌、镓、锗和硒。元素组成与 CI 碳质球粒陨石[①]相似。科学家有望通过进一步的分析发现更多的元素。

彗 尾

81P/Wild 2 彗星和 19P/Borrelly 彗星一样，彗尾比较暗。1997 年 1 月 15 日，捷克天文学家 M. 迪奇（M. Tichy）和 Z. 莫拉维克（Z. Moravec）拍摄了彗发和彗尾的图像。这张图片出现在加里 · 克罗优秀的网站上（http://cometography.com/pcomets/081P.html）。这条彗尾狭窄，从彗发延伸约 0.9 角分，我猜它是一条气体彗尾。我用第四章中描述的步骤，确定了这条彗尾的长度为 0.005 天文单位。它与 19P/Borrelly 彗星彗尾的长度差不多，但比 1P/Halley 彗星的短许多。

81P/Wild 2 彗星重要事件的预测（2012—2017 年）[②]

81P/Wild 2 彗星将于 2016 年 7 月抵达近日点。2016 年 5 月和 6 月将是研究这颗彗星的最佳时间，届时它离太阳至少有 40

① CI 碳质球粒陨石由非常细小的含水层状硅酸盐（>95%）基质组成，没有球粒和难熔包体。——译者注

② 本书初版于 2010 年，本节是作者对 2012—2017 年 81P/Wild 2 彗星的预测。——译者注

度。表 2.17 列出了赤经和赤纬，以及彗发大小和亮度的预测。在 3 月 1 日之后，彗发会逐渐变小，因为 81P/Wild 2 彗星将离地球越来越远。

日地张角减小到接近 0 度的时候是测量裸核冲闪的最佳时间。这将发生在 2012 年 9 月 7 日和 2017 年 7 月 21 日。在这两天，彗核的日地张角将分别减小到 0.4 度和 0.5 度。彗核在这两个时期的亮度将达到约 22 到 23 星等。2012 年 9 月 7 日，月亮会处于残月状态，而 2017 年 7 月 21 日，月亮处在渐盈蛾眉月状态。

81P/Wild 2 彗星的轨道倾角只有 3.2 度，地球总是处在它的轨道面附近，因此，我们应该去寻找它微弱的反尾。地球将于 2016 年 8 月 8 日穿过 81P/Wild 2 彗星的轨道平面。

表 2.17　81P/Wild 2 彗星的位置、彗发的角直径和亮度的预测

日期（2016）	赤经	赤纬	彗发角直径（角分）	亮度（星等）
3月1日	5时12分07秒	21度02角分04角秒	1.1	12.3
3月16日	5时28分31秒	21度47角分02角秒	1.0	12.2
3月31日	5时51分18秒	22度24角分55角秒	1.0	12.1
4月15日	6时19分28秒	22度46角分08角秒	0.9	11.9
4月30日	6时52分08秒	22度41角分29角秒	0.9	11.8
5月15日	7时28分24秒	22度02角分51角秒	0.9	11.7
5月30日	8时07分23秒	20度44角分17角秒	0.9	11.5
6月14日	8时48分10秒	18度42角分47角秒	0.9	11.4
6月29日	9时29分56秒	15度59角分09角秒	0.8	11.4
7月14日	10时12分02秒	12度37角分58角秒	0.8	11.4
7月29日	10时53分58秒	08度47角分26角秒	0.8	11.5
8月13日	11时35分27秒	04度38角分02角秒	0.8	11.6

赤经和赤纬来自线上历书系统。彗发的角直径和亮度由作者根据预测的距离和相关方程计算得出。

第三章

彗星的裸眼观测和双目望远镜观测

3.1 导　言

最壮观的彗星是肉眼可见的。本章将讲述可用肉眼或双目望远镜观测的彗星。首先，介绍了人眼及其功能；其次，是对双目望远镜的概述；最后，讨论了观测彗星和记录信息的技术，如彗发亮度、DC 值和大气透明度的评估等。

3.2 人 眼

人眼是非凡的光探测器。它能在分辨满月的细节同时，看到周围一颗比月亮暗 100 多万倍的恒星。照相机却无法实现这项壮举。照相机拍摄的图片，要么月亮过度曝光，要么星星曝光不足。图 3.1 为人眼的结构示意图。下面讲述晶状体、瞳孔、视网膜和中央凹。

光必须穿过角膜和晶状体，它们能将光线聚焦到视网膜的中央凹上，中央凹是视网膜上最敏感的区域。如果没有中央凹，人将无法阅读，也无法注视物体。眼睛通过改变晶状体的形状自动聚焦。这与望远镜不同，望远镜想要精准聚焦，必须手动调节透镜的间距。

虹膜是眼睛中带颜色的部分，它能控制瞳孔的大小。在光线较暗或适中的情况下，瞳孔呈黑色。瞳孔的大小决定了入射到视网膜上的光量。当光线充足时，瞳孔会自动缩小（直径可小到 2 毫米）。当光线亮度下降时，瞳孔会扩大。当人眼在黑暗中停留 10 分钟以上时，瞳孔会张开到最大。我将这个最大尺寸称为“暗适应瞳孔大小”，暗适应瞳孔大小一般会随着年龄的增长而变小。I. E. 勒文费尔德（I. E. Loewenfeld）对 1200 多人进行了研究，他发现不同年龄段（括号内的数字）的平均暗适应瞳孔大小分别为 7.0 毫米（13）、6.0 毫米（35）、5.0 毫米（57）和 4.0 毫米（80）。对特定年龄阶段的人，暗适应瞳孔大小有特定的分布范围。例如，40 多岁的人的暗适应瞳孔大小可能小到 3.0 毫米或大到 7.0 毫米。

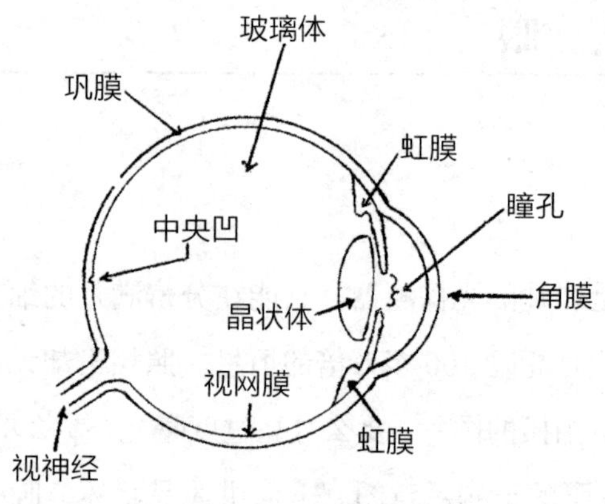

图 3.1　人眼的结构示意图

视网膜是眼睛的感光部分。它有两种不同的光传感器，分别叫作视杆和视锥。视网膜上有一个中央凹，它是视网膜上的一个小点，上面有大量的视锥分布。视杆对弱光较敏感，但对颜色不敏感。视锥在更多的光线下才能正常工作。与视杆不同，视锥对颜色敏感。视锥有三种类型，即 S 型、M 型和 L 型，峰值灵敏度分别在 430 纳米、530 纳米和 560 纳米。S 型视锥对紫光、蓝光和绿光敏感。M 型视锥对蓝光、绿光、黄光和橙光敏感，而 L 型视锥对绿光、黄光、橙光和红光敏感。因此，它们感知色彩的能力有一些重叠。大脑利用 S 型、M 型和 L 型视锥产生的信号来区分色彩。例如，如果 S 型、M 型和 L 型视锥对光的响应，分别到达到了各自最大响应的 0%、25% 和 75%，那么大脑会识别到黄色。如果 S 型、M 型和 L 型视锥分别达到了各自最大响应的 0%、20% 和 80%，那么大脑识别到的是黄橙色。以上是我们识别许多不同的颜色和色调的机制。

当聚焦在中央凹的光线充足时，将产生高分辨率的彩色视觉。多数情况下，物体太暗，如彗星的气体彗尾，就没有足够的光线激发彩色视觉。当光线较弱时，视网膜上大量的视杆将发挥作用。当使用倒置视觉时，眼睛聚焦在一个点上，却收集着来自其他区域的光线。光线在这种情况下会落在视杆上。眼睛凭借倒置视觉可以看到较暗的物体。

3.3 颜 色

颜色的描绘有三个维度，即色调、饱和度和强度。在人们感知物体色彩的过程中，它们共同发挥作用。下面将对这三个维度展开谈论。

色调是光的主导波长或感知波长。表 3.1 列出了不同颜色对应的波长范围，它们由校准的分光镜测得。例如，若物体反射光的波长在 520 到 530 纳米之间，那么物体将呈现为绿色。多数情况下，像彗星这样的物体通常会发出多个波长的可见光。因此，人们感知的色调并不是表 3.1 中的纯色。

在许多情况下，物体反射某种颜色的光多于其他颜色。在这些情况下，人们只能看到主导色。绿草就是一个典型的例子，尽管这些植物反射所有颜色的光，但绿色占比最高。因此，草在我们眼中呈现绿色。彗星发出的光也有类似的表现。例如，尘埃彗尾会反射所有颜色的可见光，然而它通常看起来是黄色的，因为这是太阳的固有颜色。

但在某些情况下，物体呈现一种颜色，发出的光却带有几种其他的颜色。从本质上讲，人眼在这种情况下感知的颜色是物体发出的多个波长的光共同引起的。这跟彩电画面色彩背后的机制是一样的。我们看到的黄色实际上是蓝色、绿色和红色的组合。彗星的气体彗尾也会呈现这样的色彩。

描绘颜色的第二个维度是饱和度。这是颜色偏离白色，接近纯色的程度。饱和度低的颜色接近白色，而饱和度高的颜色则根本不是白色。例如，红色激光就具有高饱和度。它与白光完全不同，只包含红光。相反，荧光灯发出的光的饱和度就比较低。我们看到荧光灯的颜色是黄白色。它更接近白色，与真实的颜色（红色、绿色和紫色）相去甚远。

表 3.1　不同颜色的光对应的波长范围，作者采用校准的分光镜测得

颜色	波长范围（纳米）
红	640~710
橙	595~640
黄	580~595
绿	505~580
蓝	450~505
紫	410~450

描述颜色的第三个维度是强度，它表示达到眼睛的光量。无论色调和饱和度如何，人眼都无法从低强度的光中感知到色彩。光必须达到一个阈值，人眼中对颜色敏感的视锥才能检测到它。另一方面，如果照射到视网膜上的光过多，无论色调或饱和度如何，光线都会呈现出白色。例如，接近天顶的满月和土星都有着相同的色调和饱和度，但当我们观察它们时，土星是淡黄色的，而满月则呈现白色。因为满月比土星亮很多，观看满月时大量的光线投射到视网膜上，所以满月看起来就是白色的了。大多数彗星都比较暗，人眼无法识别出它们的颜色。若想看到彗星的颜色，它的亮度至少要达到 1 等星的亮度。

3.4 双目望远镜

什么仪器适合研究明亮的彗星？双目望远镜！多年来，我一直在使用双目望远镜研究变星、天王星、海王星和彗星。双目望远镜有三个优点：便于携带；允许观测者同时使用双眼；方便观测者快速找到天体。因此，在使用天文望远镜寻找彗星或其他微弱的目标之前，我总是先用双目望远镜观测一番。在某些情况下，双目望远镜呈现的视野要好于天文望远镜。2007 年 11 月 15 日，在观测 17P/Holmes 彗星时，我的 15 × 70 双目望远镜比 50 × 的 8 英寸望远镜的效果更好。

常见的双目望远镜有四种：观剧镜、普罗棱镜式双目望远镜、屋脊棱镜式双目望远镜和稳像双目望远镜。观剧镜的放大率较小（通常为 2 × 至 5 × ），物镜尺寸较小，常见的尺寸是 3 × 25。观剧镜不带棱镜，主要用于日间观测。

普罗棱镜式双目望远镜和屋脊棱镜式双目望远镜都带有棱镜。棱镜将图像颠倒，使双目望远镜更紧凑。在性能相似的情况下，普罗棱镜式双目望远镜一般比屋脊棱镜式双目望远镜便宜。然而，它的重量比一对类似的屋脊棱镜式双目望远镜还要重。图 3.2 为屋脊棱镜式双目望远镜。图 3.3 为普罗棱镜式双目望远镜。屋脊棱镜式双目望远镜的目镜位于物镜的前面，普罗棱镜式双目望远镜却不一样。

稳像双目望远镜不但包含棱镜，还有一个补偿微小运动的机制。2008 年年中，稳像双目望远镜的重量在 1 ~ 3 磅[①]之间，这个重量与我的 10 × 50 双目望远镜相当。几乎所有的稳像双目望远镜都需要安装电池。我在晚上用过这种类型的双目望远镜，它的视野与透镜口径几乎为其两倍的普罗棱镜式双目望远镜的相当。

在购买双目望远镜之前，需要关注的特性有：放大率、物镜尺寸、视场、适瞳距、出射光瞳、可见度系数、手持双目望远镜的最大尺寸、镀膜和渐晕。下面将逐一进行介绍。

图 3.2　屋脊棱镜式双目望远镜，放大率为 12 倍，物镜直径为 25 毫米。

① 约为 0.45 ~ 1.36 千克。——编者注

图 3.3　普罗棱镜式双目望远镜。请注意，它的目镜不在物镜的正后方。

放大率和物镜尺寸

放大率和物镜尺寸分别由一个数字表示，中间用 × 号隔开。图 3.2 中的双目望远镜上写着 12 × 25（读作 12 乘 25），表示它的放大率是 12 倍，物镜的直径为 25 毫米。本质上，这个双目望远镜使物体看起来变近了 12 倍。较大的物镜允许更多的光线通过，能使微弱的物体显得更亮些。缺点是，镜片更大说明重量更重。因此，需要在亮度和重量之间做出权衡。

视　场

视场（FOV）是观测者在双目望远镜中看到的区域大小。裸眼的视场约为 170 度，双目望远镜的视场一般在 3 到 8 度之间。视场由放大率和目镜决定，放大率越大，视场越小。新手最好选择视场大于 5 度的双目望远镜。视场小、放大率大的双目望远镜对经验丰富的观测者更有用。

视场通常以度、英尺 / 千码或米 / 千米表示。可以使用以下公式将英尺 / 千码和米 / 千米转换为度：

$$\text{英尺 / 千码：英尺数} / 52.3 = \text{FOV（单位：度）} \tag{3.1}$$

$$\text{米 / 千米：米数} / 17.4 = \text{FOV（单位：度）} \tag{3.2}$$

例如，图 3.2 中的双目望远镜的视场为每千码 240 英尺。用表达式（3.1）将其转换为度：240 ÷ 52.3 = 4.6 度。

制造商标定的视场准确度有多高？我测试了我的四个双目望远镜，得出了以下结果：11 × 80（标定的 FOV = 4.5 度，测试的 FOV = 5.0 ± 0.4 度）；15 × 70（标定的 FOV = 4.4度，测试的 FOV = 3.8 ± 0.3度）；10 × 70（标定的 FOV = 5度，测试的 FOV = 4.5度 ± 0.4度）；8 × 21（标定的 FOV = 7.1度，测试的 FOV = 7.3度 ± 0.5度）。可以看出，制造商标定的视场值相当准确。然而，在使用双目望远镜进行彗星研究之前，首先应对双目望远镜的视场进行检查。

如何检查双目望远镜的视场？最好的方法是将望远镜聚焦在距离大约 15 米外的物体上，让一位朋友站在关注的区域旁边，并指导他对视场中的区域进行测量。之后，测量双目望远镜和聚焦的区域之间的距离，然后将距离除以视场的长度。最后从图 3.4 中读取视场大小。例如，我将一副 10 × 70 的双目望远镜聚焦在 16.5 米外的栏杆上。双目望远镜中的视场显示栏杆的高度为 1.307 米。16.5 米除以 1.307 米等于 12.6，对应着 4.5 度的视场。

基于三角学，还可以使用表达式（3.3）计算视场的度数：

$$FOV = \text{inversesin}[L / D] \tag{3.3}$$

表达式中，L 是视场的长度，D 是距离，inversesin 是反正弦函数。反正弦函数在计算器上表示为 $\sin^{-1}$。在前面的示例中，L = 1.307 米，D = 16.5 米，视场为 4.54 度。

恒星间的间隔提供了第三种检查双目望远镜视场的方法。图 3.5 显示了三个不同星座里的恒星。表 3.2 列出了图 3.5 中显示的

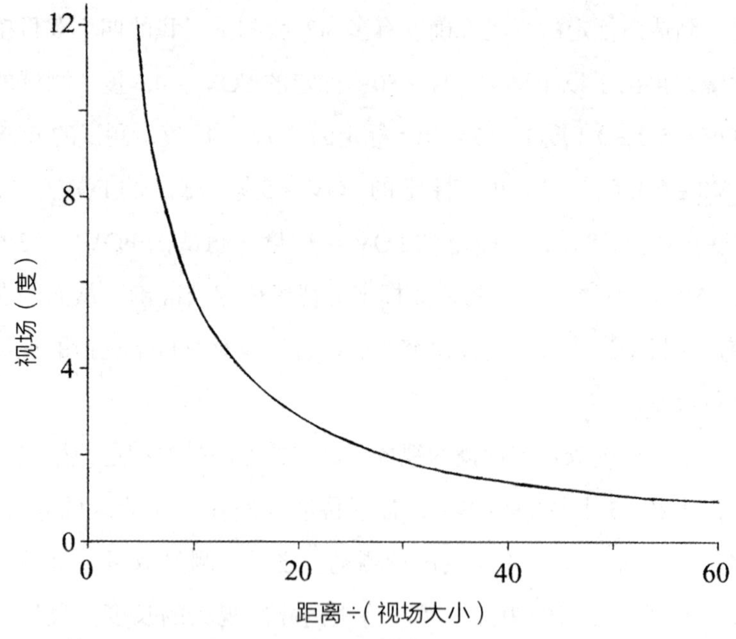

图 3.4 视场（单位:度）与“距离除以视场中的长度”之间的关系图。例如，我将一副 10×70 的双目望远镜聚焦在 16.5 米外的栏杆上。在双目望远镜的视场中，这根栏杆的高度为 1.307 米。16.5 米除以 1.307 米等于 12.6，对应着 4.5 度的视场。

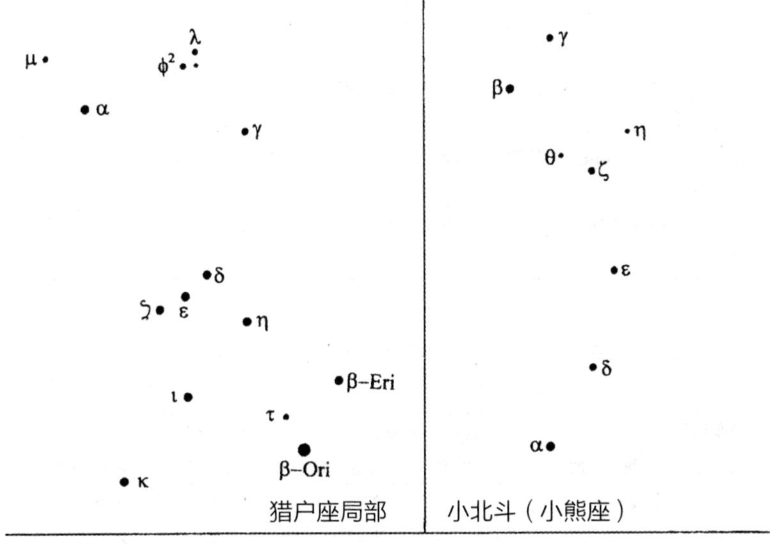

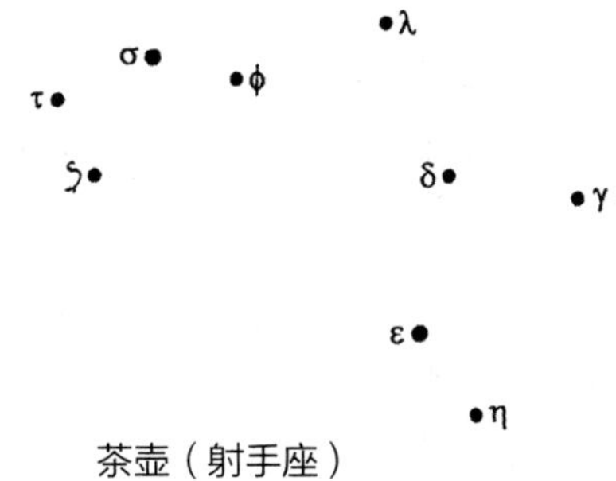

图 3.5　这些星图结合表 3.2 用来确定双目望远镜的视场大小。值得一提的是，小北斗是小熊座的主体，茶壶[①]位于射手座中。

① 射手座里形状像茶壶一样的星群。——译者注

星对之间的间隔。确定双目望远镜视场的程序如下面的流程图所示。

第一步：在表3.2中找到与双目望远镜视场匹配的间距最大的星对。

↓

第二步：在表3.2中找到与双目望远镜视场不匹配的间距最小的星对。

↓

第三步：对第一步和第二步中星对的间距求平均，计算出初步的双目望远镜视场大小。

↓

第四步：计算不确定性，结果是“±第一步和第二步星对间隔之差的一半”。最终结果就是双目望远镜的视场。

表 3.2　三个星座中每两颗星之间的间距，作者计算而得

猎户座局部		小北斗（小熊座）		茶壶（射手座）	
星对组合	**间距（度）**	**星对组合**	**间距（度）**	**星对组合**	**间距（度）**
δ 和 ς	2.74	β 和 γ	3.20	σ 和 ϕ	2.26
μ 和 α	2.86	α 和 δ	3.97	τ 和 ς	2.41
η 和 ε	3.16	δ 和 ε	4.67	σ 和 τ	2.94
η 和 ς	4.09	ε 和 ς	4.77	δ 和 γ	3.34
ι 和 τ	4.53	ς 和 β	5.30	σ 和 ς	3.93
ι 和 ε	4.71	η 和 γ	5.55	ϕ 和 λ	4.26
ϕ^2 和 α	4.89	ε 和 θ	5.70	δ 和 ε	4.60
ι 和 κ	5.29	β 和 η	5.82	τ 和 ϕ	4.78
ι 和 β-Ori	5.67	γ 和 ς	6.36	γ 和 ε	5.54
η 和 β-Ori	6.31	ε 和 α	8.59	ϕ 和 δ	6.12
ι 和 β-Eri	6.92	ε 和 β	9.64	δ 和 η	6.97
τ 和 ε	7.30			σ 和 δ	8.34
δ 和 β-Eri	7.70				
ε 和 β-Eri	8.07				
ς 和 β-Eri	8.80				

在用双目望远镜的视场估计彗星特征的长度之前，应先确认双目望远镜标识的视场是否准确，以便不同的观测者取得较为一致的结果。

适瞳距

适瞳距是在看到整个双目望远镜的视场的情况下，眼睛和双目望远镜目镜之间的距离。适瞳距越长，眼睛在能够看到整个视场的情况下，就能离双目望远镜的目镜越远。适瞳距大于 20 毫米有两个优点。第一个优点是人在戴眼镜的情况下也能看到整个视场。当我使用 15 × 70 的双目望远镜时，我不必摘下眼镜，因为它的适瞳距足够长。然而，当我使用我那款屋脊棱镜式双目望远镜进行观测时，我必须摘下眼镜，因为这台双目望远镜的适瞳距比较短。第二个优点是避免睫毛与目镜接触。睫毛会在目镜的镀膜上留下污渍，引起瑕疵或损坏。

出射光瞳

出射光瞳是目镜上所有光线通过的区域。如果想要让双目望远镜发出的所有光线都落在视网膜上，那么瞳孔必须大于出射光瞳。反之，双目望远镜收集的光将不会全部进入瞳孔。若是进行日间观测或是在夜间观测明亮天体，这不会带来什么问题，相反，若是在夜间观测暗天体，要想尽可能利用更多的光，那么暗适应瞳孔大小至少应与出射光瞳一样大。如前所述，暗适应瞳孔大小会随着年龄的增长而变小。双目望远镜的出射光瞳等于物镜直径除以放大率。例如，一副 7 × 35 双目望远镜的出射光瞳为 35 毫米 ÷ 7 = 5 毫米。人们可以将双目望远镜举到 0.6 米处，并对着白天的天空（但不能朝向太阳）来观测双目望远镜的出射光瞳。此时，出射光瞳就是目镜中明亮的圆盘。

可见度系数

不止我一人，很多人都认为可见度系数是评定望远镜等级的好方法。可见度系数是放大率和物镜直径（单位：毫米）的乘积。例如，10 × 50 双目望远镜的可见度系数为 500。一般来说，可见度系数越高，双目望远镜的性能就越好。请注意，这里的等级评定不涉及光学镀膜、双目望远镜的重量和整体性能。

手持双目望远镜的最大尺寸

手持双目望远镜的最大尺寸是多少？这取决于几个因素：双目望远镜的重量、个人的力量和观测期间可短暂休息的次数。双目望远镜越重，越难拿。1995 年，我购买了一副 11 × 80 的双目望远镜，重约 5 磅①。后来，我又购买了一副 15 × 70 的双目望远镜，重量仅为 3 磅②。制造商们意识到了双目望远镜的重量问题，并在降低大型双目望远镜的重量方面取得了进步。

采用图 3.6 所示的方式手持双目望远镜是减少手臂疲劳的一种方法。手握住望远镜的重心处，同时臂肘抵在汽车上，我曾采用这种姿势进行了数百次彗星观测，并对数万颗变星的亮度进行了估计。

第二个需要考虑的因素是个人的力量。无须多言，拿起一副双目望远镜看看，就知道了。你的手臂能坚持多久？

最后一个要考虑的因素是观测期间短暂休息的频次。一个人用双目望远镜观测，若在 20 分钟内没有短暂地休息一下，那么

① 约为 2.268 千克。——编者注

② 约为 1.361 千克。——编者注

图 3.6　手持较大双目望远镜的方法。观测者手握住望远镜的重心处，同时臂肘抵在汽车上。图片源自蒂莫西·E. 阿博特 / 小理查德·威利斯·施穆德。

即使他拿的是中等大小的双目望远镜,也会导致肌肉拉伤。相反，若观测时能经常休息，那么使用 3 磅重的 15 × 70 的双目望远镜进行观测对大部分人来说都不成问题。

镀　膜

大多数现代双目望远镜的光学表面都有薄薄的防反射镀膜。镀膜的目的是增加透过双目望远镜的光量，增加物体的亮度。一个无镀膜的透镜可以反射掉照在它上面的 4% 的光线，而一个有镀膜的透镜只反射 1% 的光线。换言之，有镀膜的透镜透过的光线多。如图 3.7 和图 3.8 所示，无镀膜透镜反射的光线（图 3.7）比镀膜透镜（图 3.8）多。因此，有了光学镀膜，观测者就能在夜空中看到更暗的天体。

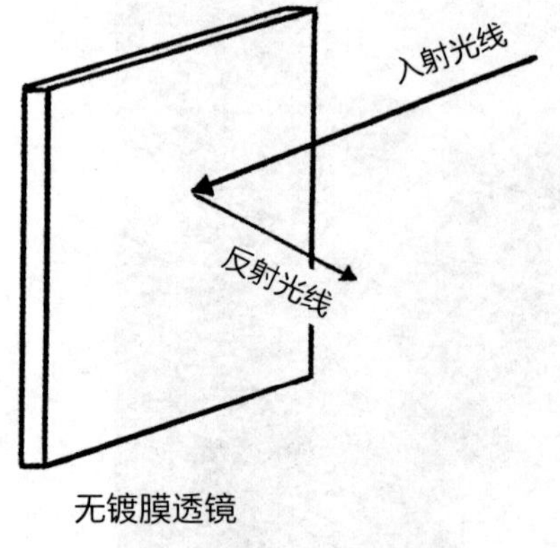

图 3.7　无镀膜透镜反射了照射在上面的部分光线，结果导致透过的光线减少。相比镀膜透镜，天体在无镀膜透镜中显得暗些。

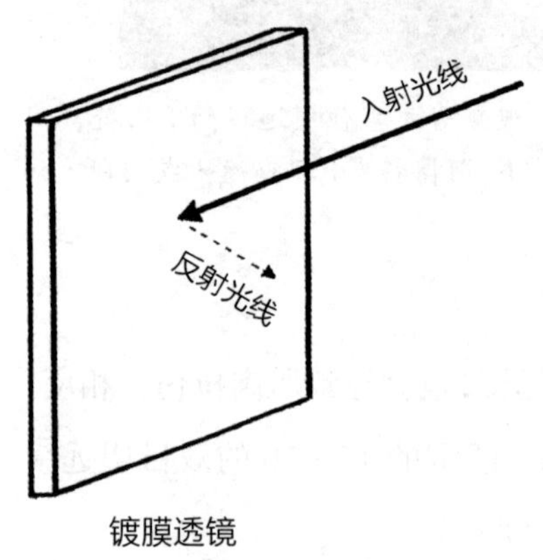

图 3.8　镀膜透镜比无镀膜透镜反射的光线少，通过的光线增多了。相比无镀膜透镜，暗天体在镀膜透镜中显得亮些。

观测者至少要熟悉四个术语，即镀膜、全光学面镀膜、多层镀膜和多层全光学面镀膜。在镀膜双目望远镜中，至少有一个光学器件的光学表面有镀膜。在全光学面镀膜双目望远镜中，所有透镜表面都有一层增透镀膜。在多层镀膜双目望远镜中，至少有一个透镜表面上镀有两种以上的镀层。多层全光学表面镀膜双目望远镜性能最好，其所有镜片表面都镀有两层以上的增透膜。

渐 晕

渐晕是限制双目望远镜性能的一个因素。当双目望远镜存在渐晕时，天体在视场边缘附近会显得较暗。一颗恒星就能测试仪器的渐晕。首先聚焦一颗恒星，然后移动双目望远镜，将恒星移动到视场的中心，然后再将其移动到视场的边缘。多数情况下，恒星在视场中心会较亮。在我的一副望远镜中，恒星的亮度就有非常明显的差异。还可以使用表 3.3 中的星对来测试渐晕。将亮度几乎一样的恒星配对，然后将双目望远镜聚焦到一颗恒星上，把它调整到视野的中心，另一颗恒星位于边缘附近，如图 3.9。视场边缘附近的恒星可能会比中心的恒星暗。如果双目望远镜的渐晕很明显，在对彗星进行亮度和尾长估计时，应将其置于视场的中心。我认为，只要将天体调整到视场的中心，渐晕的问题就不严重。

表 3.3　测试双目望远镜渐晕的星对

星对和星座	南/北半球	间距（度）	大致的赤经	大致的赤纬
猎户座 ε 和 ς	N 或 S	1.4	5时38分	2°S
双鱼座φ 和 υ	N	3.0	1时17分	26°N
天鹅座κ 和 ι	N	2.5	19时24分	53°N
HD216446和HD217382	N	1.2	22时51分	84°N
南极座 ι 和 κ	S	1.1	13时18分	85°S
HD74772和HD73634	S	1.3	8时41分	43°S
天秤座 υ 和 τ	S	1.7	15时38分	29°S

每一星对中的恒星亮度几乎相同。表中的星对的间距值均由作者计算得出。赤经和赤纬值引自艾伦·赫什菲尔德、罗杰·W. 辛诺特和弗朗索瓦·奥克森宾（Francois Ochsenbein）的《天空图集 2000.0》。

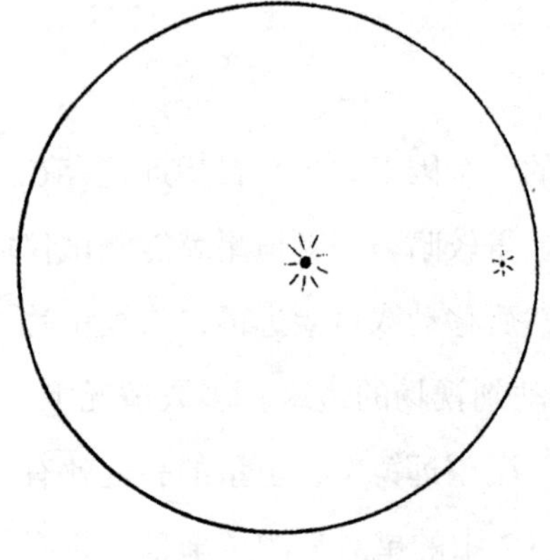

图 3.9 一种检测渐晕的方法。将双目望远镜聚焦在星对（表 3.3）中的一颗恒星上，将这颗恒星调整到视场的中心附近，另一颗位于视场的边缘。如果中心的恒星比边缘处的亮很多，那么双目望远镜的渐晕就比较严重。

3.5 观测彗星

在这一部分中，我将讲述观测者应该寻找什么，能做哪些测量，才能更好地认识彗星。人们使用双目望远镜进行的最重要的观测是估计彗星的亮度。接着，本部分将继续讨论彗星亮度的估计和彗星亮度模型（或方程）的构建。本章还讨论了亮度估计中误差的来源，以及彗星各部分的绘图。本章末尾给出了评估大气透明度的方法，以及大气的消光改正。

彗发的亮度

在我所观测到的彗星中，有一半以上没有可见的彗尾。即使有些彗星的彗尾能被看到，我还是认为彗星发出的光大部分来自彗发。请注意，在彗星的照片中，彗发通常处于过度曝光状态。因此，给人一种错误的印象，即彗星反射的大部分光线都来自它的尾部。我认为，大多数情况下，彗发贡献了超过 80% 的反射光。因此，我们只需要估计彗发的亮度，并将其作为彗星的亮度来报告。如果彗尾反射的光线多于彗发，请务必小心。在这种情况下，必须说明亮度估计值是针对彗发的，还是针对整个彗星的。

为什么要估计彗发的亮度？这些估计值能够确定彗发在接近太阳时变亮的快慢。彗发的亮度数据是判断彗星爆发的基线。亮度估计可以透露彗星的年龄。在某些情况下，彗发亮度估计还提供了有关彗核大小和旋转速率的信息。

在进行亮度估计之前，必须有一个可靠的数据来源，提供对照天体及星等信息。《国际彗星季刊》（ICQ）的工作人员列举了查询星等信息的资源，表 3.4 摘录了一些，更多的资源请登录网页查询（http://www.cfa.harvard.edu/icq/ICQRec.html）。若数据资源中，所有比较对象的星等都比彗星亮，一定不要使用。请使用一个比彗发暗一点，另一个比彗发亮一点的比较对象。

有几种估计彗发亮度的方法。表 3.5 总结了这些方法，需要对其中的几个做进一步解释。多年来，人们一直使用反向双目望远镜观测法来估计月全食期间月球的亮度。本质上，人们通过双目望远镜的一个物镜而不是目镜来观测一个非常明亮的天体。然后将望远镜中天体的亮度与用肉眼看到的天体进行比较。（人们还可以通过观剧镜或屋脊棱镜式双目望远镜中的两个物镜来观测。）当在双目望远镜的镜筒中反向观测天体时，它看起来更小更暗。因此，没有必要对恒星或彗星进行散焦。将望远镜中天体的亮度与肉眼看到的天体进行比较，找到匹配的星等后，用裸眼看到的天体的星等减去表 3.5 中定义的 MF，就得到了明亮天体的真实亮度。例如，用 7 × 35 双目望远镜进行反向观测，若发现彗发亮度等于一个亮度为 1.5 星等的恒星，结合计算的 MF 值：

$$
\begin{aligned}
MF &= 5 \log [7] + 0.31 \\
&= 5 \times 0.845 + 0.31 \\
&= 4.23 \times 0.31 \\
&= 4.54
\end{aligned}
$$

则彗发的亮度 = 1.5–4.54 = –3.04 或 –3.0 星等。反向双目望远镜观测技术只适用于非常明亮的彗星。

表 3.4 《国际彗星季刊》推荐的资源，用于查找对照天体及其星等范围

来源	星等范围
《天文年鉴》中的行星星等	–4~+8
亚利桑那托南钦特拉目录（见Sky & Telesc. Vol. 30, No. 1, p. 21）	–1~+5
《天文年鉴》中2002年或更早的星等（UBVRI标准星）	0~+7
《天文年鉴》中的星等（u、v、b、y和Hβ标准星）	+1~+7
《天文年鉴》中2003年或之后的星等（UBVRI标准星）	+9~+16
耶鲁天文台亮星星表	–1~+6
洛厄尔天文台布莱恩·斯基夫的约翰逊V测光；见http://www.kusastro.kyoto-u.ac.jp/vsnet/catalogs/skiffchart.html (Bright BVRI)	+6~+8
洛厄尔天文台布莱恩·斯基夫的约翰逊V测光；见http://www.kusastro.kyoto-u.ac.jp/vsnet/catalogs/skiffchart.html（接近变星的恒星；列出了50多个不同的地点）	+4~+17，多数是+8~+13

更多的资源请查找：http://www.cfa.harvard.edu/icq/ICQRec.html。

表 3.5 彗星彗发亮度评估的方法

方法	符号	描述
希吉维克法	S	对比聚焦的彗发与离焦的参照恒星，离焦恒星与彗发的大小应一致
波布罗夫尼科夫法	B	对比离焦的彗星与离焦的参照恒星，所有离焦天体的大小应一致
莫里斯法	M	对比略离焦的彗星和离焦的参照恒星
拜尔法	–	使彗星和参照恒星散焦，记录它们消失的顺序
聚焦法	–	对比聚焦的彗星与聚焦的参照恒星
直接对比法	–	对比彗星和梅西耶天体（星系、星云、疏散星团和球状星团）或其他类似天体的亮度
反向双目望远镜观测法	–	对于明亮的彗星，用双目望远镜反向观测，并与对焦的参照恒星对比。然后用测得的彗发星等值减去MF，其中MF的计算公式为：$MF = 5\log[P] + 0.31$，式中 P = 星等[a]

[a] 我按照反向双目望远镜观测法，使用双目望远镜和天文望远镜对月球进行了 24 次不同相位的测量。月球亮度测量值和预测值之间的平均差异为 0.10 星等，标准偏差为 0.68 星等。尽管这一结果与该方程一致，但使用反向双

目望远镜观测法的观测者应进行多次测量并取平均值。此次研究中，月亮的 V 星等预测值来自 Schmude（2001），并根据（3.12）式修正为 m_v 值。

最准确的彗发亮度估计方法也许是采用模糊的天体作为参照对象，如球状星团。该方法见表 3.5 的倒数第二栏（直接对比法）。使用这种方法时，人们对彗星或延展天体进行散焦，直到它（它们）与待测彗星的大小相同。关键的一点是使用 B 星等、V 星等明确的参照天体。表 3.6 列出了一些亮度值已知的延展天体。使用表达式（3.12）将 V 星等转换为目视星等。在艾伦・赫什菲尔德（Alan Hirshfeld）等人的《天空图集 2000.0》（*Sky Atlas 2000.0*，第 2 卷，1985 年）中，可以找到一个完整的列表。这种方法的问题是，比 7 等星更亮的延展天体太少。

表 3.6　所选星系、疏散星团和球状星团的 V 星等

天体	赤经（2000.0）	赤纬（2000.0）	类型	亮度 m_v（星等）
M31	0时42.7分	41度16分	星系	3.7
M33	1时33.9分	30度39分	星系	5.8
M34	2时42.0分	42度47分	疏散星团	5.3[a]
M79	5时24.5分	−24度33分	球状星团	8.1
M36	5时36.1分	34度08分	疏散星团	5.3[a]
M81	9时55.6分	69度04分	星系	7.1
M68	12时39.5分	−26度45分	球状星团	8.3
M53	13时12.9分	18度10分	球状星团	7.9
M5	15时18.6分	2度05分	球状星团	5.9
M13	16时41.7分	36度28分	球状星团	6.0
M22	18时36.4分	−23度54分	球状星团	5.3
M2	21时33.5分	−0度49分	球状星团	6.6

坐标值来自艾伦・赫什菲尔德和罗杰・W. 辛诺特（Roger W. Sinnott）的《天空图集 2000.0》（第 2 卷，1985 年）。亮度 m_v 表示目视亮度。它们基于艾伦・赫什菲尔德、罗杰・W. 辛诺特和弗朗索瓦・奥克森宾（Francois

Ochsenbein）的《天空图集 2000.0》书中的 B、V 星等由表达式（3.12）计算而得。

[a] 假定 B-V 值为 0.7 的情况下，计算而得。

在表 3.5 中，前五种彗发亮度的评估方法都采用了恒星作为参照。优点为，亮度大于 7 星等的恒星数以千计。我来说明一下。假设观测到一颗彗星，发现其彗发比 A 星（6.01 星等）暗，但比 B 星（6.91 星等）亮。并且，彗发和 A 星之间的亮度差异是它和 B 星亮度差异的两倍。则，彗发的亮度计算如下：

A 星（星等 = 6.01）

↓ 1 个亮度间隔

↓ 1 个亮度间隔

彗发

↓ 1 个亮度间隔

B 星（星等 = 6.91）

彗发亮度 =（6.91–6.01）/ 3 个亮度间隔 = 0.30 星等 / 亮度间隔

= 6.01+ 2 个亮度间隔 × 0.30 星等 / 亮度间隔

= 6.61，即 6.6 星等

目视星等精确到小数点后一位。请注意，星等越小，天体越亮。

有些双目望远镜的放大率是可调的。在使用这类望远镜估算彗星亮度时，请将放大率调到最小。在较小的放大率下，我们看到的彗星较小，便于估计亮度。

彗星的目视亮度估计有多准？针对这一问题，我做了两个实验。在第一个实验中，我分别采用希吉维克法或波布罗夫尼科夫法，估计了几个梅西耶天体的亮度。（梅西耶天体包括星系、疏散星团、星云和球状星团。）接着，我将估计的亮度星等与光电测光测得的 V 星等进行了比较。希吉维克法，30 个不同的梅西耶天体的平均亮度估计与 V 星等差了 0.26 星等。波布罗夫尼科夫法，33 个梅西耶天体的亮度与 V 星等差了 0.10 星等。换句话说，希吉维克法测出的平均值比光电测光值暗 0.26 星等。波布罗夫尼科夫法测出的平均值比光电测光值暗 0.10 星等。

在第二个实验中，依据 6.8 厘米标准孔径，我对 17P/Holmes 彗星和海尔－波普彗星的目视亮度进行了修正，并与光电测光的 V 星等进行了对比。结果表明，V 星等的测量值比裸眼估计值亮了 0.2 星等。这个差别小于目视亮度的估计不确定度，即 0.5 星等。

目视亮度估计存在一个问题。在评估过程中，仪器的大小和类型不一样，结果也不一样。天文学家认识到，相比小型仪器，使用大型仪器往往会低估彗星的亮度。折射式望远镜评估的结果与反射式望远镜的结果也不一致。莫里斯（1973 年）对不同设备的亮度估计进行了研究。他选择了 6.78 厘米的孔径作为标准孔径（以下四舍五入为 6.8 厘米）。接着，他通过推导给出了不同孔径、不同类型的修正系数公式：

$$M_c = m_v - 0.066\,/\,\text{厘米} \times (A - 6.8\,\text{厘米})\ \text{反射式望远镜} \quad (3.4)$$

$$M_c = m_v - 0.019\,/\,\text{厘米} \times (A - 6.8\,\text{厘米})\ \text{折射式望远镜} \quad (3.5)$$

在表达式中，M_c 是修正到 6.8 厘米孔径对应的亮度，m_v 是采用 A 厘米孔径的仪器估计的目视亮度。我对 1P/Halley 彗星、9P/Tempel 1 彗星、19P/Borrelly 彗星和 81P/Wild 2 彗星的分析验证了（3.4）

式和（3.5）式，分析中天文望远镜的孔径最大达到了 0.6 米。

我还对裸眼亮度评估进行了一项类似的研究。研究的目的是得出一个公式，将裸眼亮度估计值修正为 6.8 厘米标准孔径对应的亮度。然后，将得到的结果与双目望远镜和天文望远镜的估计值进行比较，望远镜的测量值也转化为了 6.8 厘米标准孔径对应的亮度值。该研究涉及 10 颗不同的彗星，得到的公式为：

$$M_c = m_v + 0.24 \text{ 星等} \tag{3.6}$$

在表达式中，M_c 是修正为 6.8 厘米孔径对应的亮度值，m_v 是裸眼的亮度估计值。

描述彗星的亮度时，两个常用表达式为：

$$M_c = H_{10} + 5\log[\Delta] + 10\log[r] \tag{3.7}$$

$$M_c = H_0 + 5\log[\Delta] + 2.5n\log[r] \tag{3.8}$$

这两个表达式与第一章中的表达式（1.5）和（1.6）相同。

表达式（3.8）是一个更灵活的亮度模型，因此，若数据量足够，应首选该模型。相反，若只有少数几个亮度测量值，或 log[r] 覆盖的范围低于 0.1，那么应首选表达式（3.7）。

还有其他描述彗星亮度的公式。它们需要大量数据，并且只适用于少数彗星，这里不做进一步的介绍。

表达式（3.7）和（3.8）是理解和预测彗星亮度的基础。下面给出了一个分析案例，演示如何使用表达式（3.8）对彗星进行测光。

3.6 分析案例

表 3.7 是我对百武彗星（C/1996 B2）的亮度估计。表格的第一列是十进制日期的世界时，第二列是亮度估计值。十进制日期的计算方法是，首先将超过世界时 0：00 的分钟数除以一天的总分钟数 1440，然后将得到的商加到日期上。例如，如果测量是在 4 月 3 日世界时 1：15 进行的，那么十进制日期为 4 月 3.0+（世界时 0：00 后 75 分钟 ÷1440 分钟 / 天）= 4 月 3.05。评估过程中，我采用是与折射式望远镜相似的 2.1 厘米双目望远镜，所以，我用表达式（3.4）将亮度修正为 6.8 厘米标准孔径对应的亮度。例如，将表 3.7 中第一个亮度估计值修正为标准孔径对应的亮度值，修正方法如下：

M_c = 2.8 – 0.066 / 厘米 ×（2.1 厘米 – 6.8 厘米）

= 2.8 – 0.066 / 厘米 ×（–4.7 厘米）（注意厘米单位的消除）

= 2.8 – –0.3102

= 3.1102 或 3.1

表 3.7 第三列列出了所有的亮度估算值 M_c。

表 3.7　作者对百武彗星（C/1996 B2）的亮度估计

日期（1996年）	m_v	M_c	Δ（天文单位）	r（天文单位）	$M_c - 5\log[\Delta]$	log[r]
4月3.05	2.8	3.1	0.331	0.848	5.5	–0.072
4月4.05	2.7	3.0	0.366	0.830	5.2	–0.081

续表

日期(1996年)	m_v	M_c	Δ(天文单位)	r(天文单位)	M_c − 5 log[Δ]	log[r]
4月6.05	2.9	3.2	0.419	0.784	5.1	−0.106
4月7.13	2.7	3.0	0.443	0.750	4.8	−0.125
4月8.04	3.1	3.4	0.500	0.720	4.9	−0.143
4月10.05	3.2	3.5	0.561	0.682	4.8	−0.166
4月11.05	3.3	3.6	0.588	0.644	4.8	−0.191
4月13.04	3.4	3.7	0.647	0.621	4.6	−0.207
4月17.04	2.8	3.1	0.739	0.523	3.8	−0.281

表达式(3.8)变为:

$$M_c - 5\log[\Delta] = 2.5n\log[r] + H_0 \qquad (3.9)$$

表达式(3.9)的形式是 y = mx+b，是一条直线方程。此时，y 为 $M_c-5\log[\Delta]$；斜率 m 为 2.5n，x 为 log[r]；y 轴的截距为 H_0。然后，按照表达式(3.9)对亮度数据进行拟合。表 3.7 的第四列和第五列列出了 Δ 和 r 的值。下面，通过绘制 $M_c-5\log[\Delta]$ 与 log[r] 的关系图，来计算斜率(2.5n)和 y 轴的截距(H_0)。为此，我计算了 $M_c-5\log[\Delta]$ 和 log[r] 的值，结果在表 3.7 的第六列和第七列中。$M_c-5\log[\Delta]$ 与 log[r] 值的关系图由图 3.10 给出。因为数据接近一条直线，所以我使用了线性最小二乘法来确定最佳的线性方程。结果是:

$$M_c - 5\log[\Delta] = 6.68\log[r] + 5.8 \qquad (3.10)$$

斜率为 2.5n = 6.68，y 轴截距为 H_0 = 5.8。若数据是基于目视亮度估计值，我习惯于将给出的 H_0 精确到小数点后一位，如表 3.7

所示。相反，若亮度数据精确到了 0.01 星等，我将给出精确到 0.01 星等的 H_0 值。

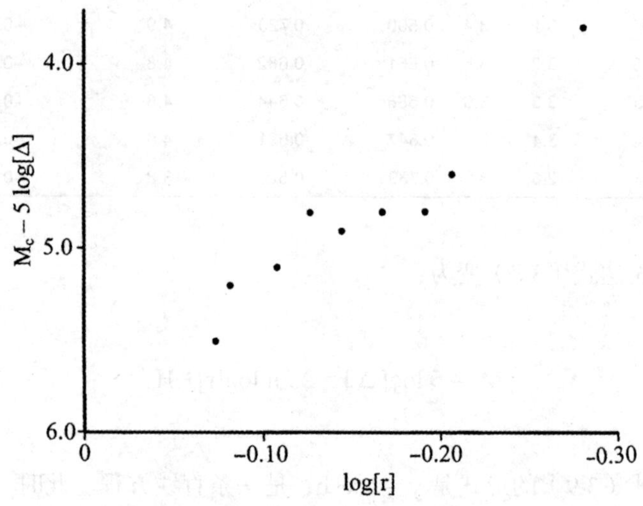

图 3.10　由百武彗星（C/1996 B2）的九个亮度值估计绘制的 $M_c - 5\log[\Delta]$ 与 log[r] 的关系图。

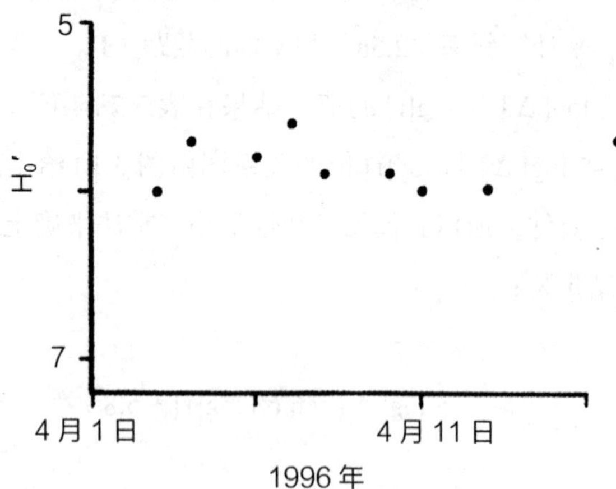

图 3.11　1996 年 4 月，百武彗星（C/1996 B2）的 H_0' 随日期的变化。H_0' 由表达式（3.11）根据表 3.7 中的数据和 2.5n = 6.68 计算而得。

表达式（3.8）可改写为：

$$H_0' = M_c - 5\log[\Delta] - 2.5n\log[r] \qquad (3.11)$$

表达式中，$H_0' = H_0$。可以把 $2.5n = 6.68$ 带入表达式（3.11），并根据表 3.7 中的 M_c 值计算出 H_0'。这样做的目的是观察 H_0' 是否随着时间增加或减小。图 3.11 给出了 H_0' 随日期的变化。可以看出，H_0' 几乎是随日期沿直线下降的，这表明表达式（3.10）能够很好地描述 1996 年 4 月 3 日到 4 月 17 日百武彗星亮度的变化。

必须承认，彗星不一定要遵循与间距成比例的亮度变化关系。所以，并非所有彗星的亮度都会根据表达式（3.8）的方式变化。在这些情况下，彗星的 H_0' 随着时间上下波动。少数彗星有复杂的光变曲线，根本不会遵循表达式（3.8）。

3.7 彗星目视亮度估计的误差来源

彗发目视亮度估计的误差有几个来源。它们是：消光、放大率、色差、背景光水平的变化和日地张角的变化。

第一种误差来自消光。当参照恒星和彗星的彗发处于不同的高度时，就会在亮度估计中引入消光误差。若参照恒星和彗星离地平线的高度都在 45 度以上，消光误差将非常小。如果彗星离地平线的高度小于 45 度，则应选择与彗星高度几乎相同的参照恒星。当参照恒星的高度与彗星不同时，就应该进行消光改正了。在本章末尾的“消光改正”部分，我将讲解消光误差的改正方法。

第二种误差来自放大率会影响测得的彗星亮度。高放大率会分散光线，降低彗星的表面亮度。在许多情况下，彗星上暗淡的部分在高放大率下会被遗漏。这里有一个很好的案例来说明。据报道，19P/Borrelly 彗星的亮度值从 9 星等到 11 星等不等。在加里·克罗的《彗星：描述性目录》(*Comets: A Descriptive Catalog*, 1984 年）中，作者（克罗）指出，较亮的估计一般是在较低放大率的情况下进行的，而较暗的估计来自较高的放大率。因此，我认为针对所有的彗星的亮度估计，应该说明仪器的放大率。此外，我没发现任何关于放大率如何影响彗星亮度估计的研究。

第三种误差来自参照恒星和待测彗星之间的色差。相比红光，人眼对绿光更敏感。因此，描述亮度时，应使用 m_v（目视星等的符号）而不是 V 星等。根据斯坦顿（1999 年）进行的一项大型研究，超过 20 人的 m_v 和 V 星等有以下关系：

$$m_v = V + 0.21(B-V) \qquad (3.12)$$

其中，m_v 是目视星等；V 是 V 滤光片下的亮度，以星等为单位；B 是 B 滤光片下的亮度，以星等为单位；B-V 是色指数。B 和 V 是通过滤光片测量得到的，并转换到了约翰逊系统（UBV 测光系统）中的亮度值。

第四种误差来自背景光水平的变化。背景光水平的变化也会影响亮度估计，特别影响微弱的彗星的亮度估计。月亮、明亮的行星或恒星、银河系、黄道带光、微光和人造光都会对天空背景造成影响。如果彗星所处的天空背景比参照恒星处的亮，那么估计的彗星星等将比实际的暗。因此，减少误差的最好方法是选择彗星附近的参照恒星。

第五个误差来自变化的日地张角。日地张角系数表示天体随日地张角的增大而变暗的速度。例如，天王星的卫星天卫三以 0.02 星等 / 度的速度变暗。因此，当日地张角从 20 度增加到 60 度时，“旅行者 2 号”拍摄到的这颗卫星的图像将变暗 0.8 星等。费林（2005 年）列出了 10 颗彗星的日地张角系数，平均值为 0.046 星等 / 度。一旦彗星形成彗发和彗尾，日地张角系数可能会降到 0.01 星等 / 度以下。我估计了 1P/Halley 彗星彗发的日地张角系数，其上限为 0.005 星等 / 度。见第二章。同样，我还对海尔 – 波普彗星进行了估计，其彗发的日地张角系数的上限为 0.008 星等 / 度。若彗星的日地张角系数为 0.005 星等 / 度，当日地张角变化 50 度时，彗星亮度变化为 0.25 星等。

3.8 彗星绘图

既然很多人拍摄了非常精美的彗星数字图像，为什么还有人对彗星进行绘图呢？最主要的原因是，绘图不需要昂贵的设备。第二个优点是绘制的图像不需要进一步处理。另外，人眼感知的亮度范围要比数字图像大。比如，带有微弱尾部细节的图像显现不出微弱的喷流，同样彗发的特写也不会显示尾部的微弱细节。在绘制彗星时就不一样，你可以同时处理彗尾和彗发。绘制彗星图像的最终目的是为了历史的一致性。19 世纪末之前，绘图是唯一的彗星图像形式。

绘图时，应选择没有人造光的观测点，并把星图描绘下来，保留绘图时彗星的位置。黑暗的观测点能够减少不必要的人造光，保留与背景一致的散射光，这在绘图中必不可少。某些情况下，自然光也是一件好事。例如，斯蒂芬·奥梅拉（Stephen O'Meara）报告说，有时他能在暮色中看到彗星的细节，而在漆黑的环境中却无法看到。当月亮非常明亮时，应避免测量尾长。影印星图，可用于估计可见彗尾的位置角，这是一个很不错的方法。

我推荐的绘图工具有：一个夹板、一支软铅笔（HB 铅笔也可以）、一块橡皮擦、一个红色闪光灯、一个时钟、纸巾和双目望远镜。我曾多次使用双目望远镜来定位模糊的彗星。许多彗星都有微弱的阴影，而使用纸巾是绘制它们的最佳方式。用纸巾涂抹铅笔笔迹，产生淡淡的污迹，轻轻地擦除一点污迹，就在绘图中留下了一个特征。夹板固定图纸的位置，为绘图提供硬背板。红光有助于保持夜间视野。时钟用来记录绘图的时间。

最简单的彗星画法是负空间绘画。如图 3.12，黑暗的天空被涂抹成白色背景，而彗星最亮的部分描绘为暗色。然后，用纸巾擦出阴影表示彗星的尾部。当然，人们还可以在完成负空间图像后，绘制正空间图像。图 3.13 显示了 17P/Holmes 彗星的正空间绘图。

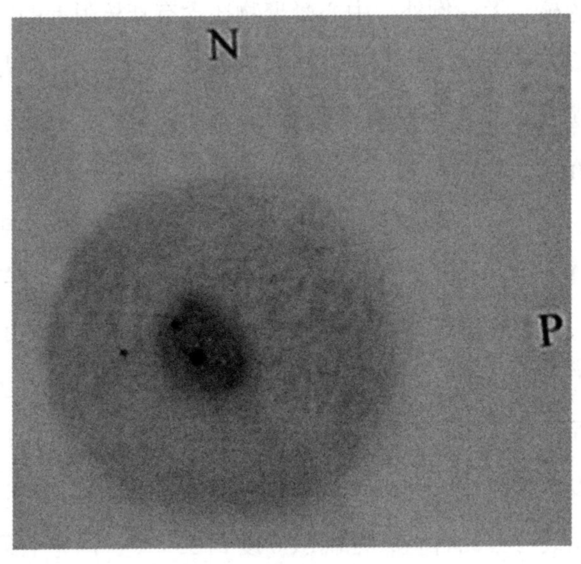

图 3.12　2007 年 10 月 29 日，作者绘制的 17P/Holmes 彗星的负空间绘图。之所以被称为负空间是因为深邃的天空背景被画成白色，而彗星最亮的部分被画成暗色。N 和 P 分别是北方和彗星行进的方向。绘图的尺度大概在 12 至 13 角分。

也可以绘制强度图。画强度图时，首先画出彗星的轮廓和轮廓中的反照率特征，然后给每个特征分配强度值。欧洲的强度等级范围为 0（白色）至 10（黑色），而国际月球和行星观测者协会的强度等级为 0（黑色）至 10（白色）。请务必说明你使用的是哪种等级。我还建议用符号“lc”（低对比度）、“mc”（中等对比度）

和“hc”（高对比度）来表示对比度。强度图的示例如图 3.14 所示。

在绘制彗星时，应关注彗星的四个部分，即中心凝聚物、彗发、尘埃彗尾和气体彗尾。对于每个部分，应分别观察什么，绘制什么？下面进行讨论。

中心凝聚物通常是彗发中最明亮的部分。这个区域常被称为“核”或“核凝聚物”。这些术语具有误导性。没有人敢说见过彗星的核。无一例外，中心凝聚物还含有彗核附近的物质。如果中心凝聚物足够明亮，请辨别其颜色。蓝色表示有大量的气体，而黄色或橙色便是有大量尘埃。还应该关注核凝聚物的形状和它在彗发中的位置。当彗核分裂时，中心凝聚物会呈棒状。几天后，将出现两个或多个明亮区域。这是 1976 年威斯特彗星（C1975 V1）解体时人们观测到的。注意背景恒星，以免把它误认为中心凝聚物。还应去辨别喷流，喷流可以确定彗核的自转周期。19P/Borrelly 彗星上的一个喷流甚至还被用来确定彗核旋转轴的方向，这在第二章讨论过。在某些情况下，喷流在几个小时内就会发生改变。因此，应每小时测量一次喷流的大小和位置角。位置角从北方开始计量，范围从 0 度到 359 度。回想下第二章的相关内容，位置角与方向的关系为：北 = 0 度，东 = 90 度，南 = 180 度，西 = 270 度。例如，若一个喷流的点位于西南方向，那么它的位置角为 225 度。

还应该寻找中心凝聚物周围的微弱弧线。海尔 – 波普彗星就显示了几条这样的弧线。我根据海尔 – 波普彗星弧线之间的间隔确定了弧线远离彗核的移动速度。第四章将对此进行详细的讨论。还应尝试估计中心凝聚物的直径，带十字丝的目镜或是已知间隔的恒星都可以帮助完成直径的估计。在第二种方法中，人们依据附近恒星之间的间距，估计出中心凝聚物的大小。最后，从

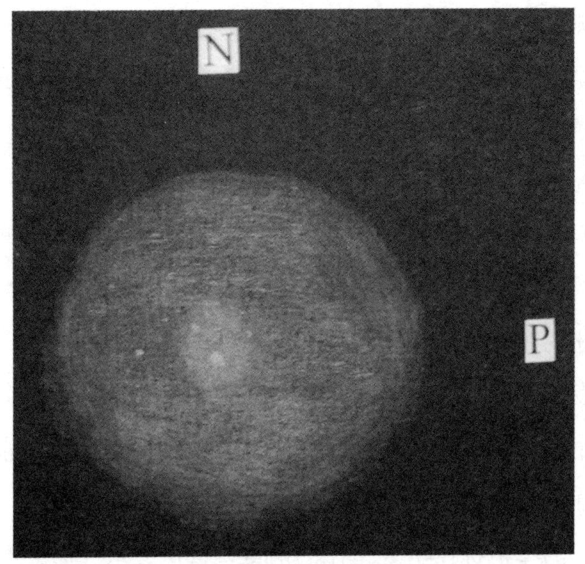

图 3.13　作者绘制的 17P/Holmes 彗星的正空间绘图。正空间绘图绘制物体本来的样子，也就是说深邃的天空背景被画成黑色，而彗星最亮的部分被画成白色。绘图的尺度大概在 11 至 12 角分。

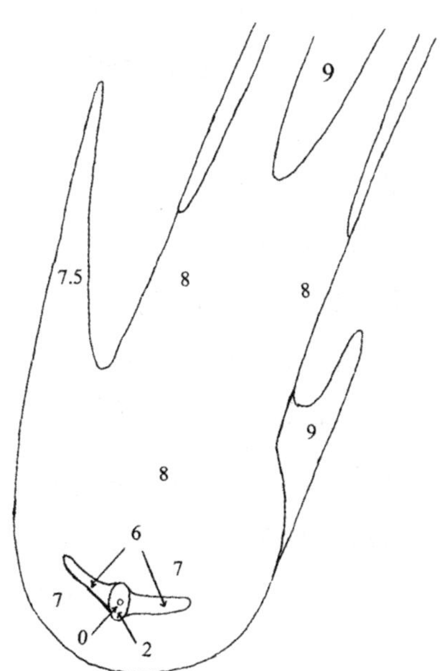

图 3.14　1996 年 3 月 25 日，作者使用 11×80 双目望远镜绘制的百武彗星（C/1996 B2）的强度图。绘图的等级范围为 0 = 白色，10 = 黑色。绘图的尺度大概在 3 至 4 度。

星图中测量恒星间距的大小，然后计算中心凝聚物的角大小。罗杰·W. 辛诺特和迈克尔·A. C. 佩里曼（Michael A. C. Perryman）的《千禧年星图》(*Millennium Star Atlas*，1997 年）为查询恒星的间距提供了方便。

人们还可以估计中心凝聚物的亮度。这是通过将其亮度与附近恒星的亮度进行比较来实现的。此处应遵循“彗发的亮度”那部分描述的亮度估计步骤和规则。

彗发或彗头通常是彗星最亮的部分。在观察彗发时，至少应关注五个特征：颜色、形状、大小、凝结度和亮度。下面将对前四个特征进行讲述。亮度特征已在本章前面做了讨论。

彗发的颜色提供了气尘比的信息。蓝色表示气体浓度高，而黄色或橙色表示尘埃浓度高。柯密特·瑞亚（Kermit Rhea）报告布莱德菲尔德彗星（C/1987 P1）彗发呈蓝色，约翰·博特尔（John Bortle）报告奥斯汀彗星（C/1984 N1）有相似的颜色。当进行颜色估计时，彗星应足够亮，以便能在人眼中显示出颜色。对此，有一个有效的经验法则是，彗星至少要比仪器的极限星等亮 7 个星等，才能显示出颜色。

除了颜色，还应该注意彗发的形状。某些彗星的彗发是圆形的，而另一些彗星的彗发则是抛物线形、椭圆形或梨形的。图 3.15 显示了三种不同的形状，以及至少两颗具有对应形状的彗星。彗发的形状是由太阳风、彗星的轨道速度和彗发的成分共同决定的。

彗发的大小可能包含彗核的信息。想要计算彗发的大小，只需估计其角大小。最简单的方法是将彗发间距与两颗恒星之间的间距进行比较，然后测量星图中两颗恒星的角间距，并进一步确定彗发的角大小。基于彗发的角大小（角分）和距离，通过以下公式计算彗发的尺寸：

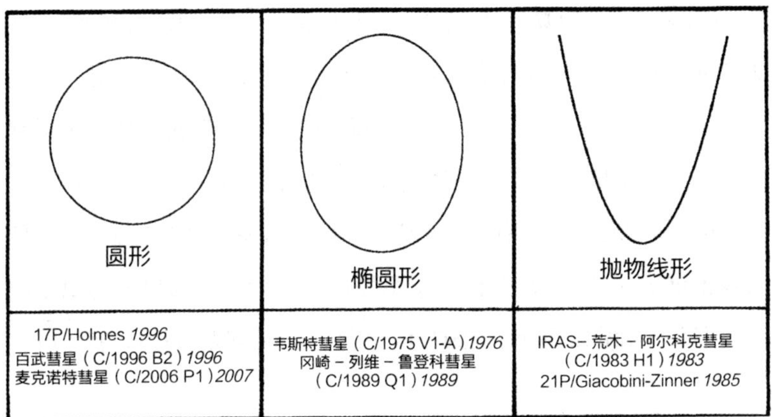

图 3.15　不同彗星对应的不同形状的彗发。图像下面括号中给出的彗星案例至少一年的部分时间具有该形状的彗发。观测结果来自 Bortle（1983, 1985），Machholz（1996），Set Vol. 113, No. 4, P.89，Wallentinsen（1981）和作者的个人记录。彗发的观测年份用斜体表示。

尺寸 = 0.000291 / 角分 ×（角大小，单位：角分）× 距离　（3.13）

0.000291 表示 1 角分对应的弧度数。该公式适用于角度小于 600 角分或 10 度的角尺寸。例如，如果彗发的角直径为 9.0 角分，离地球的距离为 1.2 亿千米，那么彗发的尺寸为：

尺寸 = 0.000291 / 角分 ×（9.0 角分）× 120,000,000 千米
= 314,280 千米（四舍五入后，310,000 千米；计算中约去了角分）

在描述彗发第四个特征（凝结度）之前，我想先举一个 17P/Holmes 彗星彗发膨胀的例子：

2007 年年底，我测试了福尔摩斯彗星彗发的膨胀率。在测量过程中，我仅用了一副双目望远镜、一把透视尺和辛诺特和佩里曼的

《千禧年星图》(1997年)。下面我将解释一下我是怎么做到的。在2007年10月29日到11月15日的15天中，我通过对比附近恒星之间的距离估算出了彗发的直径。每一次估计后，我都使用了透视尺和《千禧年星图》对恒星间的间距进行了测量，并计算出这两颗恒星的角间距，然后再确定彗发的直径。结果汇总在表3.8中。然后我根据表达式(3.13)计算了彗发的实际大小。彗星的距离由线上历书系统确定。例如，2007年10月29.1的彗发直径计算如下：

$$
\begin{aligned}
\text{尺寸} &= 0.000291 / \text{角分} \times (8.0\ \text{角分}) \times 244 \times 10^6\ \text{千米} \\
&= 0.568032 \times 10^6\ \text{千米或} \\
&= 0.57 \times 10^6\ \text{千米}
\end{aligned}
$$

表3.8　2007年年底，作者对17P/Holmes彗星彗发大小的估计

日期(2007)	彗发角直径(角分)	彗发直径(10^6千米)	彗星与地球之间的距离(10^6千米)	彗发半径(10^6千米)
10月29.1	8.0	0.57	244	0.28
10月30.18	9.0	0.64	243	0.32
11月1.12	13.2	0.933	243	0.467
11月2.15	13.5	0.955	243	0.477
11月3.16	14.6	1.03	243	0.516
11月4.09	15.9	1.12	243	0.562
11月6.14	18.5	1.31	243	0.654
11月7.23	20.8	1.47	243	0.735
11月8.11	20.8	1.47	243	0.735
11月9.04	22.8	1.61	243	0.806
11月10.08	24.8	1.75	243	0.877
11月11.01	25.6	1.81	243	0.905
11月12.11	26.7	1.89	243	0.944
11月13.09	27.4	1.94	243	0.969
11月15.01	32.4	2.30	244	1.15

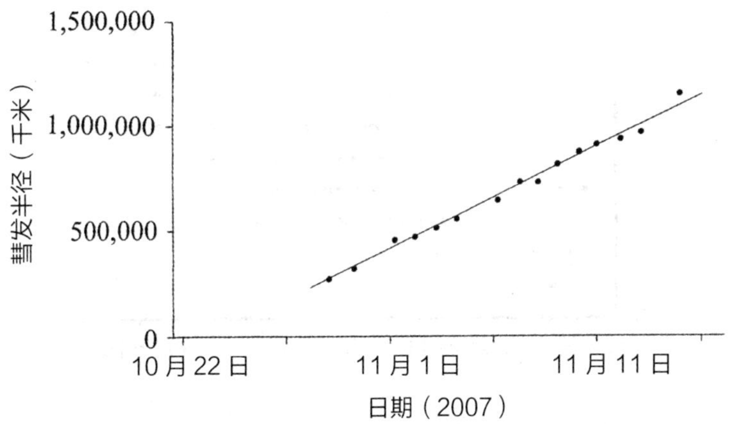

图 3.16　17P/Holmes 彗星不同日期的彗发半径。作者通过 15×70 双目望远镜对彗发的大小进行了估计并将其转化成以千米为单位的彗发半径。

一旦计算出所有的彗发直径，我首先把它们转换成了半径。接着，我绘制了彗发半径与日期的关系图，并计算出了最佳直线。见图 3.16。得出的表达式为：

彗发半径 = –16,800 千米 +48,500 千米（t —— 2007 年 10 月 23.0，单位：天）　　（3.14）

表达式中，t 是日期，（t —— 2007 年 10 月 23.0）是 2007 年 10 月 23.0 之后的天数。该方程表明，半径每天增加了 48,500 千米。这相当于 0.56 千米 / 秒（或差不多 1300 英里 / 小时）。

观察彗发时应注意的第四个特征是凝结度（DC 值），它分为 0 到 9，共 10 个等级。如果彗发从中心到边缘的亮度相等，则 DC = 0；而如果中心密集呈点状，而周围几乎没有彗发，则 DC = 8 或 9。当彗星接近太阳时，DC 值通常会升高。图 3.17 显示了国际月球和行星观测者协会成员对 23P/Brorsen-Metcalf 彗星

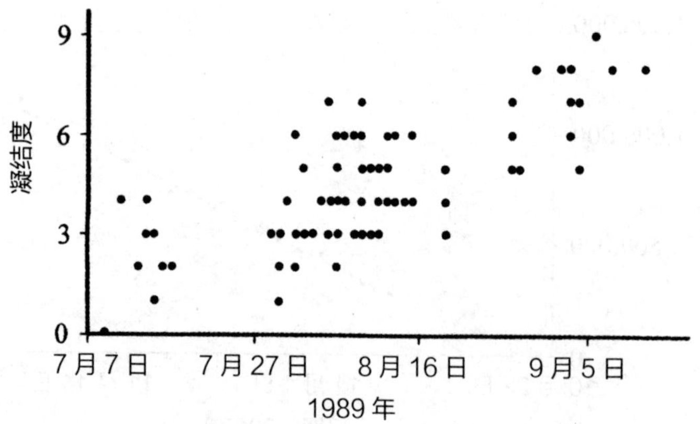

图 3.17　23P/Brorsen-Metcalf 彗星的凝结度估计值，月球和行星观测者协会成员估计。

的凝结度估计。这颗彗星在 1989 年 9 月 11 日到达了近日点。图 3.17 表明，当 23P/Brorsen-Metcalf 彗星接近太阳时，DC 值增加。

分析完彗发后，应该再研究一下彗尾。多数彗星没有可见的彗尾。有些彗星带有气体彗尾、尘埃彗尾或两者都有。气体彗尾一般又直又窄。尘埃彗尾通常是宽阔而弯曲的，除非地球位于彗星轨道平面附近。此时，它显得又窄又直，气体彗尾和尘埃彗尾都是独立的特征。在寻找彗尾的过程中，尽可能尝试区分气体彗尾和尘埃彗尾。应把彗尾画在星图的复印页上，背景星图作为绘图时的参考。随后，不要忘记测量彗尾的位置角。测量时，选取的最佳位置是彗尾与彗发结合的地方。观测者可以通过恒星间距测量尾长，或采用双目望远镜的视场大小估计尾长。如果计划进行多次测量，在测量过程中请不要更换设备或改变放大率，因为表面亮度会随着放大率的增加而下降，改变放大率，结果就会不一致。在研究海尔 – 波普彗星（C/1995 O1）时，我只用了一副双目望远镜估计了所有的彗尾长度。如果条件允许，请试着关注彗尾的颜色。在许多情况下，彗尾没有任何颜色，它的表面亮度低于人眼分辨颜色的阈值。

彗尾的长度由它的实际长度和方向决定。如果视线垂直于彗尾，我们将看到它的真实长度。但在大多数情况下，彗尾与我们的视线不垂直。在这些情况下，它看起来比实际要短。考虑角度的因素后，彗尾实际长度的计算取决于彗尾的距离、形状和方向。这将在第四章中进行进一步的讨论。

若气体彗尾可见，应对其形状进行检查，看是否有不规则之处。气体彗尾可能在几分钟内改变形状和长度。1980 年 2 月 6 日，61P/Shajn-Schaldach 彗星的气体彗尾在短短 30 分钟内，形状从笔直变为弯曲。1985 至 1986 年，1P/Halley 彗星经历了十几次类似的事件。在太阳峰年，气体彗尾的变化更容易发生。预计太阳峰年将在 2012 年和 2023 年左右出现。

当地球在彗星轨道平面几度范围内经过时，应去寻找逆向彗尾。逆向彗尾是一个指向太阳的特征。彗星轨道上的物质造就了这一特征。表 3.9 列出了一些具有逆向彗尾的彗星的特征。人们还应该关注这一特征的相对强度。有些彗星的逆向彗尾明亮，有些比较暗，还有些完全不亮。

绘图完成后，应注明日期（世界时）、双目望远镜的大小和放大率、位置和天空透明度。下面将简要讨论天空透明度及估计方法。

表 3.9　有逆向彗尾的彗星

彗星	观看/拍摄日期	逆向彗尾长度（度）	数据来源
阿连德-罗兰彗星（C/1956 R1）	1957年4月	15	《天空与望远镜》73卷，第4期，456—457页
奥斯汀彗星（C/1984 N1）	1984年9月	~0.4	《天空与望远镜》68卷，第5期，482页
布莱德菲尔德（C/1987 P1）	1987年12月	~0.5	《天空与望远镜》75卷，第3期，334—335页
19P/Borrelly	1994年12月	~0.01	《天空与望远镜》90卷，第2期，108页
海尔-波普彗星（C/1995 O1）	1997年1月	2	《天空与望远镜》93卷，第4期，28页
斯基夫（Skiff）彗星（C/1999 J2）	2000年4月和5月	0.1	IAU 7415号快报
LINEAR彗星（C/2000 WM_1）	2001年11月	~0.01	《伊卡洛斯》197卷，183—202页
LINEAR彗星（C/2003 K4）	2004年11月	~0.2	http://www.yp-connect.net/~mmatti/
鹿林彗星（C/2007 N3）	2009年1月	~0.2	http://www.spaceweather.com/comets/lulin/o8jan09/Paul-Mortfield1.jpg

3.9 天空透明度

天空透明度是衡量光线穿过大气层的数量的指标。一层薄薄的雾霾有时能帮助更好地观测火星这样的明亮行星，但对彗星来说可能是个问题，因为彗星表面的亮度较低。更重要的是，大气的透明度影响着彗星的感知亮度，因此，观测者必须确定天空的透明度。有两种估算透明度的方法。

第一种方法是确定与目标高度相同的最暗恒星的星等。这颗恒星在直视下应该处于肉眼可见的极限处。然而，问题在于，人们可能找不到符合上述条件的恒星。

第二种方法是确定一个星座或星群中最暗的可见恒星和“最亮的”不可见恒星。虽然这看起来很令人困惑，但我们可以通过研究图 3.18 和图 3.19 中的星图，并按照本例子中描述的计算方法来估计极限星等。如图 3.18，假设一个人能够看到三角座 β、α、γ、δ和 7 这几颗恒星，但无法看到其他恒星，那么在这个例子中，最暗的可见恒星是三角座 7，亮度为 5.3 星等。“最亮的”不可见的恒星是三角座 ε，亮度为 5.5 星等。极限星等是根据这两颗恒星的平均星等（最暗的恒星和“最亮的”不可见恒星）计算得出的，即 5.4 星等。请注意，图 3.18 和图 3.19 中的每颗恒星都有对应的希腊字母名称和已知的亮度（以星等表示），为了避免混淆，限制了小数点后的位数，所有亮度值都报告为小数点后一位。在所有情况下，我都使用了表达式（3.12）和 V 星等来计算星等。

人们还可以根据局部天空中恒星的数量来确定极限星等。图

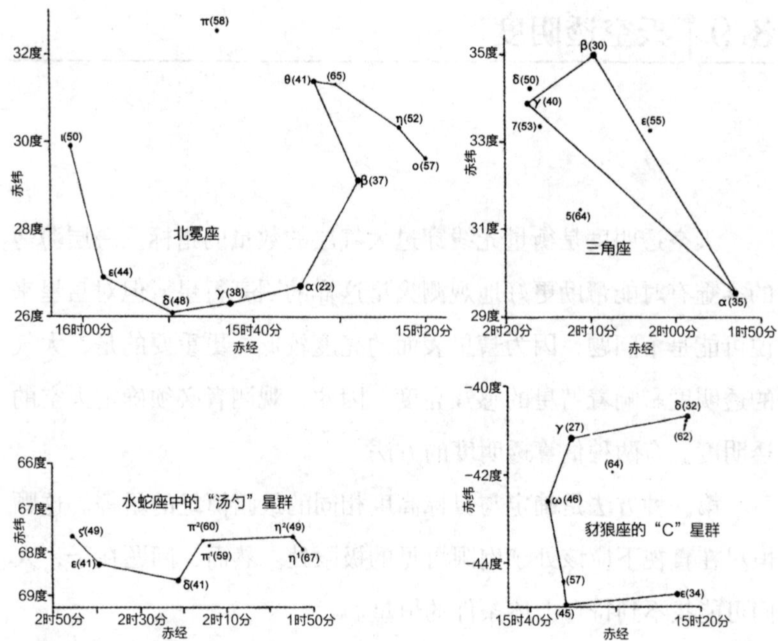

图 3.18　北冕座、三角座、水蛇座和豺狼座中的四个星图。确定极限星等的方法是，确定最暗的可见恒星和"最亮的"不可见恒星，然后对这两颗恒星的亮度求平均。

3.20 显示了天空的四个部分，分别由四个不同星座中的明亮恒星包围着。人们通过搜寻其中一块区域中可见恒星的数量来确定极限星等。注意，划定天空区域的恒星也包括在计数中。然后，使用表 3.10 确定可见的最暗恒星和不可见的"最亮"恒星，并按照和上一段中一样的方法计算极限星等。例如，若观测者对鲸鱼座的多边形区域进行了搜寻，看到了 10 颗恒星。然后，检查表 3.10 的第五列和第六列，找到最暗的可见恒星为 5.7 星等，而"最亮的"不可见恒星为 6.4 星等。极限星等为这两个值的平均值，结果是 6.05，则报告为 6.1 星等。

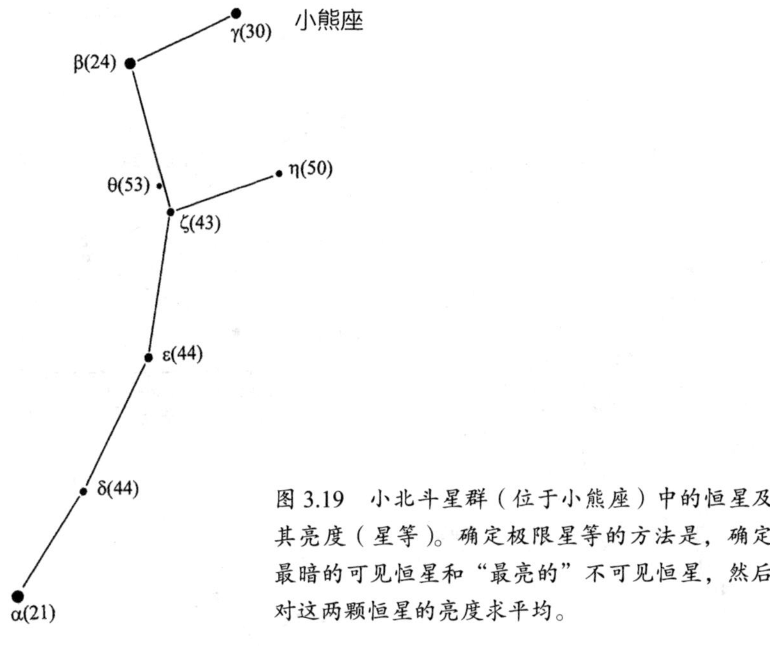

图 3.19　小北斗星群（位于小熊座）中的恒星及其亮度（星等）。确定极限星等的方法是，确定最暗的可见恒星和“最亮的”不可见恒星，然后对这两颗恒星的亮度求平均。

在估计极限星等时，应牢记两点：极限星等适用的区域应与目标彗星具有相同的高度，在确定其极限星等时应使用直接视野。然而，图 3.18 到图 3.20 中的星图通常与目标彗星处于不同纬度。在这种情况下，在乘以消光改正系数之前，必须将极限星等视为“未改正”的。图 3.21 显示了可用于确定改正系数的图表。若一个人在 20 度的高度观测到一颗彗星，并从 30 度的高度确定了未经改正的极限星等为 5.3 星等，图 3.21 显示其改正系数为 –0.2 星等，因此，极限星等为 5.1 星等。基本上，将图 3.21 中的值与未改正的值相加，就得到了改正的极限星等。

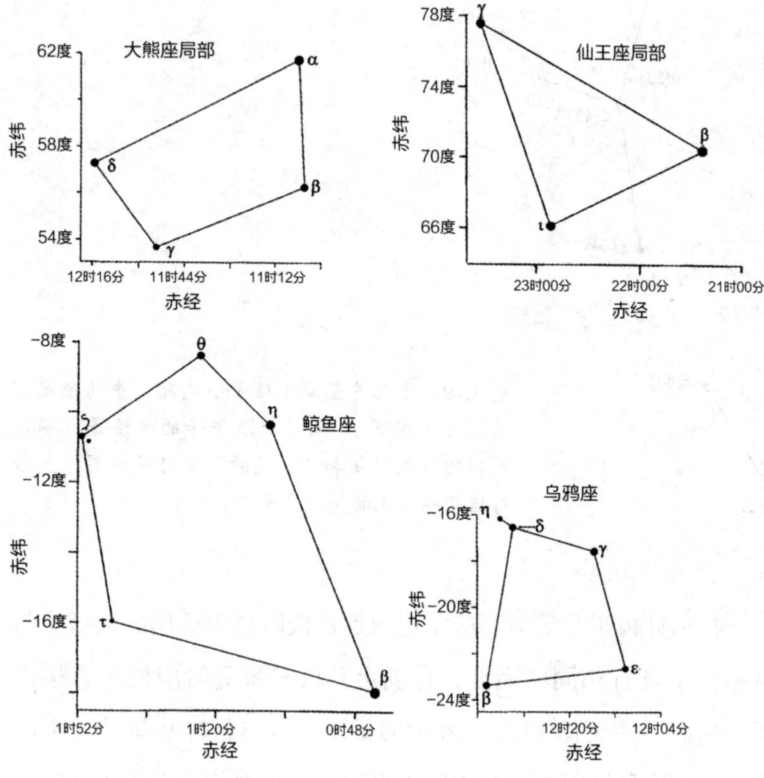

图 3.20　表 3.10 对应的星图，用于估算极限星等。

表 3.10　四个星座中的极限星等

大熊座局部		仙王座局部		鲸鱼座		乌鸦座	
可见恒星的数量	星等	可见恒星的数量	星等	可见恒星的数量	星等	可见恒星的数量	星等
1	2.0	1	3.1	1	2.3	1	2.6
2	2.4	2	3.4	2, 3	3.7	2	2.8
3	2.4	3	3.7	4	3.8	3	2.9
4	3.3	4	4.6	5	4.0	4	3.3
5	5.5	5	4.8	6	4.6	5	4.4
6	5.8	6	5.0	7	5.1	6	5.2
7	5.9	7	5.1	8	5.6	7, 8	6.1
8	6.1	8	5.2	9, 10	5.7	9	6.5
9或10	6.3	9	5.6	11~13	6.4	10	6.7
11	6.5	10, 11	5.7	14	6.7	11	7.1
12	6.8	12	5.8	15	7.0	12	7.5
13	7.1	13, 14	6.1				
		15~17	6.3				
		18, 19	6.4				
		20	6.8				

针对图 3.20 的星图，我根据（3.12）式（发表在 Stanton，1999）和艾伦·赫什菲尔德、罗杰 · W. 辛诺特和弗朗索瓦 · 奥克森宾发表在的《天空图集 2000.0》(第 1 卷，第 2 版，1991 年）中的 B、V 星等计算了表中的星等。

3.10 消光改正

我们也可以用图 3.21 来估计彗发的亮度。若彗发的估计亮度相当于一颗 1.5 星等的恒星，此时，彗发（或彗星）位于地平线上方 6 度处，而参照恒星位于地平线上方 20 度处。图 3.21 将 6 度和 20 度对应起来，并得到 –1.7 星等的差值。因此，彗发的改正亮度为 1.5 + –1.7 = –0.2 星等。

参照恒星的高度（度）

彗星的高度（度）	4	6	8	10	13	16	20	25	30	35	40	45	50	55	60	70	80	90
4	0	-0.9	-1.5	-1.8	-2.2	-2.4	-2.6	-2.7	-2.8	-2.9	-2.9	-2.9	-3.0	-3.0	-3.0	-3.0	-3.0	-3.0
6	0.9	0	-0.6	-1.0	-1.3	-1.5	-1.7	-1.8	-1.9	-2.0	-2.0	-2.0	-2.1	-2.1	-2.1	-2.1	-2.1	-2.1
8	1.5	0.6	0	-0.4	-0.7	-0.9	-1.1	-1.2	-1.3	-1.4	-1.4	-1.4	-1.5	-1.5	-1.5	-1.5	-1.5	-1.5
10	1.8	1.0	0.4	0	-0.3	-0.5	-0.7	-0.8	-0.9	-1.0	-1.1	-1.1	-1.1	-1.1	-1.2	-1.2	-1.2	-1.2
13	2.2	1.3	0.7	0.3	0	-0.2	-0.4	-0.5	-0.6	-0.7	-0.7	-0.8	-0.8	-0.8	-0.8	-0.8	-0.9	-0.9
16	2.4	1.5	0.9	0.5	0.2	0	-0.2	-0.3	-0.4	-0.5	-0.5	-0.6	-0.6	-0.6	-0.6	-0.6	-0.7	-0.7
20	2.6	1.7	1.1	0.7	0.4	0.2	0	-0.1	-0.2	-0.3	-0.3	-0.4	-0.4	-0.4	-0.4	-0.5	-0.5	-0.5
25	2.7	1.8	1.2	0.8	0.5	0.3	0.1	0	-0.1	-0.2	-0.2	-0.2	-0.3	-0.3	-0.3	-0.3	-0.3	-0.3
30	2.8	1.9	1.3	0.9	0.6	0.4	0.2	0.1	0	-0.1	-0.1	-0.1	-0.2	-0.2	-0.2	-0.2	-0.2	-0.3
35	2.9	2.0	1.4	1.0	0.7	0.5	0.3	0.2	0.1	0	0	-0.1	-0.1	-0.1	-0.1	-0.2	-0.2	-0.2
40	2.9	2.0	1.4	1.1	0.7	0.5	0.3	0.2	0.1	0	0	0	-0.1	-0.1	-0.1	-0.1	-0.1	-0.1
45	2.9	2.0	1.4	1.1	0.8	0.6	0.4	0.2	0.1	0.1	0	0	0	0	-0.1	-0.1	-0.1	-0.1
50	3.0	2.1	1.5	1.1	0.8	0.6	0.4	0.3	0.2	0.1	0.1	0	0	0	0	-0.1	-0.1	-0.1
55	3.0	2.1	1.5	1.1	0.8	0.6	0.4	0.3	0.2	0.1	0.1	0	0	0	0	0	0	-0.1
60	3.0	2.1	1.5	1.2	0.8	0.6	0.4	0.3	0.2	0.1	0.1	0.1	0	0	0	0	0	0
70	3.0	2.1	1.5	1.2	0.8	0.6	0.5	0.3	0.2	0.2	0.1	0.1	0.1	0	0	0	0	0
80	3.0	2.1	1.5	1.2	0.9	0.7	0.5	0.3	0.2	0.2	0.1	0.1	0.1	0	0	0	0	0
90	3.0	2.1	1.5	1.2	0.9	0.7	0.5	0.3	0.3	0.2	0.1	0.1	0.1	0.1	0	0	0	0

图 3.21　图表供观测者查阅改正因子，用于亮度估计时对未改正的极限星等进行消光改正。改正因子应与未改正的极限星等相加。改正因子的单位都是星等。当彗星和参照恒星不在同一高度时，在估计极限星等时，必须加上改正因子。对图中 8 度及以上的改正因子，计算过程中采用的是 0.25 星等 / 大气光学质量（air mass）的消光系数。计算 6 度、4 度和 2 度的改正因子时，消光系数不变，但分别额外加上了 –0.3 星等、–0.2 星等和 –0.1 星等，以消除地球和大气曲率造成的影响。图表中的数据均由作者计算。–0.3 星等、–0.2 星等和 –0.1 星等的修正值来自 2009 年 1 月 15 日对下落的金星的测量。

第四章

彗星的小型天文望远镜观测

4.1 导　言

小型天文望远镜（透镜直径达 0.30 米）可增强观测者的观测能力，以便开展更多有意义的彗星观测项目。彗星的特征尺度大都不明确，且无法被测定。即便如此，也不应该停止研究彗星特征的步伐。在接下来的章节中，我将介绍可以测量的彗星的特征，以及我认为可以采取的测量手段，来挖掘绘图和图像的科学价值。例如，针对这类研究，观测者可以对彗核旋转周期和喷流增长速度展开研究；借助合适的滤光片，测量彗发中气体与尘埃的占比；借助 CCD 相机和电子计算器，监测彗星绕太阳运动时，气体彗尾和尘埃彗尾的方向、形状和长度。我还展示了一些其他的研究方向。

首先，让我们从设备和图像大小的计算方法开始吧。

4.2 设 备

下面，我将讲述天文望远镜、装置、目镜、滤光片、寻星镜、双目观测镜、大型双目望远镜和大气色散校正器。我的目标是帮助读者优化自己的彗星研究系统。本节还包含几个列表，列出了产品评论，供读者参考。这些评论旨在告知市场上的各种设备的优缺点。

天文望远镜

下面讲述折射式望远镜、牛顿望远镜和施密特－卡塞格伦望远镜。我还将介绍天文望远镜三大功能的参量——聚光本领、分辨率和放大率。

折射式望远镜、牛顿望远镜和施密特－卡塞格伦望远镜

现代折射式望远镜都配有消色差物镜或复消色差物镜。消色差折射式望远镜的物镜包含两个透镜，材质分别是冕牌玻璃和火石玻璃。冕牌玻璃和火石玻璃弯折光线的方式不同，当一起使用时，可以减少伪彩色。复消色差折射式望远镜的物镜由两个或两个以上的透镜制成，其中一个镜片的材质是超低色散玻璃或氟化物玻璃。复消色差折射式望远镜与消色差折射式望远镜相比，出现伪彩色更少，但价格也更昂贵。如图 4.1 所示，光线进入两种折射式望远镜的前端后，汇聚到目镜中，实现成像。

第二种类型的望远镜是牛顿反射望远镜。在它镜筒的后端安

装一个大（主）反射镜，同时在镜筒的前端放置另一个小（副）反射镜。如图 4.1 所示，光线穿过镜筒的前端抵达主反射镜，并折回到副反射镜上，副镜最终将光线反射到目镜中。

第三种天文望远镜是施密特－卡塞格伦望远镜，它有两片主反射镜。如图 4.1 所示，这种天文望远镜采用折叠光路设计，所以它的尺寸比较小。施密特－卡塞格伦望远镜的光路图如图 4.1 所示。露水会经常凝结在施密特－卡塞格伦的改正片上。因此，应在望远镜的前面盖上一个露水罩。露水罩可以由海报板或卡片纸板自制。

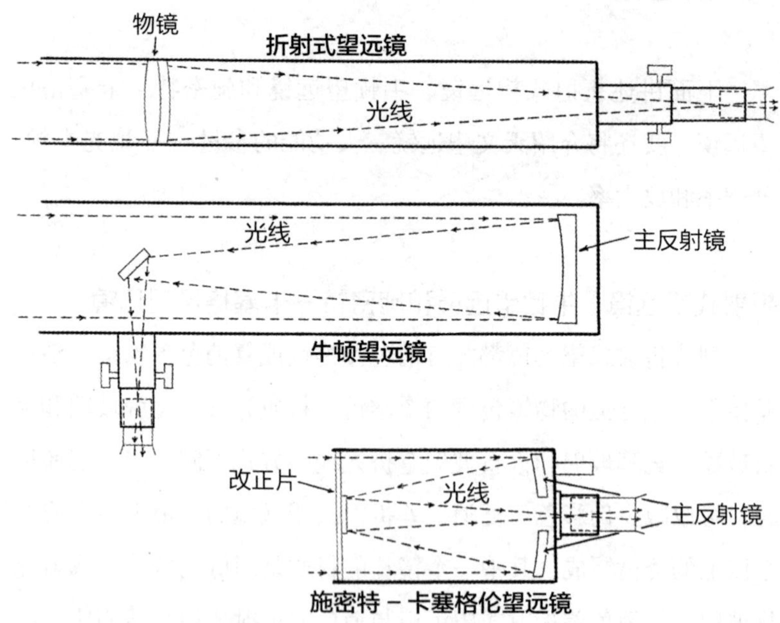

图 4.1　折射式望远镜、牛顿望远镜和施密特－卡塞格伦望远镜的光路图

以上三种类型的天文望远镜我都用过。它们都能用来研究彗星。表 4.1 列出了它们的优缺点。前几期的《天空与望远镜》和《天文学》(*Astronomy*)杂志发表了几种天文望远镜的产品评论列表，表 4.2 摘列了一些。加拿大天文杂志《天空新闻》(*Sky News*)的产品评论可在线访问 http://www.SkyNews.ca(单击 news，然后单击 reviews)。

表 4.1 折射式望远镜、牛顿望远镜、施密特－卡塞格伦望远镜和马克苏托夫望远镜的优缺点

类型	优点	缺点
折射式望远镜	镜筒封闭 维护费用低 目镜位置方便观测	镜片吸收紫外线 直径大于7英寸，不能携带 每英寸孔径的成本较高
牛顿望远镜	每英寸孔径成本低 可用于紫外光测光	需要定期维护 对于低f数（焦比）的目镜，校准困难 目镜的位置不便于观测
施密特-卡塞格伦望远镜或马克苏托夫望远镜	每英寸孔径成本低 镜筒封闭 长焦距 便携 目镜位置方便观测	相比牛顿望远镜，需要更长的时间才能与环境的温度一致

集光本领、分辨率和放大率

收集光线、分辨细节和放大图像是天文望远镜三大功能。当然，其最重要的功能是收集光线。望远镜是如何做到这一点的？如图 4.2a，光线必须经由瞳孔进入眼睛。照射不到瞳孔的光线就到达不了视网膜。望远镜有些不同，几乎所有入射到物镜或主反射镜上的光都会被聚焦到一个小区域内，然后进入瞳孔。一个 0.2 米的望远镜收集到的光是眼睛的 1600 倍。参见图 4.2b。这就是为什么一个人通过望远镜能够看到眼睛看不到的暗物体的原因。

表 4.2 （A）《天空与望远镜》杂志发表的不同天文望远镜的产品评论，孔径为近似孔径；（B）《天文学》杂志发表的不同天文望远镜的产品评论

折射式望远镜（复消色差，除特殊说明）			牛顿望远镜			施密特–卡塞格伦望远镜、马克苏托夫望远镜和其他		
供货商	孔径	参考资料	供货商	孔径	参考资料	供货商–类型[a]	孔径	参考资料
Several	10厘米(4英寸)	May 02, p. 44	Meade	15~25厘米(6~10英寸)	Dec. 02, p. 48	Celestron-SC	28厘米(11英寸)	Feb. 02, p. 49
Takahashi TMB Optical	10厘米(4英寸)	Jun. 02, p. 48	Orion	11厘米(4.5英寸)	Jun. 03, p. 46	Meade, Orion-M	11~14厘米(4~5英寸)	Mar. 02, p. 44
TALscopes	10厘米(4英寸)	Apr. 03, p. 56	Discovery	32厘米(12.5英寸)	Nov. 03, p. 54	Questar-M	9厘米(3.5英寸)	Nov. 02, p. 49
Stellarvue	8厘米(3英寸)	Sept. 03, p. 50	Hardin Optical	25厘米(10英寸)	May 04, p. 96	Meade-SC	20厘米(8英寸)	Mar. 03, p. 50
Telescope Eng. Company	14厘米(5.5英寸)	Dec. 03, p. 54	Several	25厘米(10英寸)	May 04, p. 104	Celestron-SC	36厘米(14英寸)	Mar. 04, p. 54
Orion	8厘米(3英寸)	Feb. 04, p. 60	Several	10厘米(4英寸)	Oct. 04, p. 96	Several-M	9厘米(3.5英寸)	Apr. 05, p. 98
William Optics	11厘米(4.4英寸)	Jun 04, p. 94	Orion	20厘米(8英寸)	Nov. 04, p. 86	Meade (RCX400)	30厘米(12英寸)	Feb. 06, p. 78
Several	10厘米(4英寸)	Jun. 04, p. 104	Orion	9厘米(3.5英寸)	Apr. 05, p. 88	Celestron-SC	20厘米(8英寸)	Mar. 06, p. 74
Tele Vue	6厘米(2.4英寸)	Dec. 04, p. 102	Several	7~11厘米(3~4.5英寸)	Dec. 05, p. 86	Celestron-SC	15厘米(6英寸)	Aug. 06, p. 86
Several	6~7cm (2~3英寸)	Dec. 04, p. 112	Meade	25厘米(10英寸)	Oct. 06, p. 80	STF-M	18厘米(7英寸)	Feb. 07, p. 76

续表

折射式望远镜（复消色差，除特殊说明）			牛顿望远镜			施密特-卡塞格伦望远镜、马克苏托夫望远镜和其他		
供货商	孔径	参考资料	供货商	孔径	参考资料	供货商-类型[a]	孔径	参考资料
William Optics	7厘米(2.6英寸)	May 06, p. 76	Parks	20厘米(8英寸)	Aug. 07, p. 64	Celestron-SC	15厘米(6英寸)	Dec. 07, p. 34
William Optics	13厘米(5英寸)	May 07, p. 77	Orion	15厘米(6英寸)	Sept. 08, p. 36	Astro Systeme-Astrograph	20~40厘米(8~16英寸)	Jun. 08, p. 37
Tele Vue	13厘米(5英寸)	Jul. 07, p. 66	Obsession	32厘米(12.5英寸)	Feb. 09, p. 38	Meade	15厘米(6英寸)	Mar. 09, p. 38
Borg	8~10厘米 (3~4英寸)	Mar. 08, p. 40	Sky-Watcher	30厘米(12英寸)	May 09, p. 34			
TMB	9.2厘米(3.6英寸)	Mar. 09, p. 36	Orion	30厘米(12英寸)	July 09, p. 34			
William Optics	9厘米(3.6英寸)	May 07, p. 74						
Konus	10~15厘米(4~6英寸)	July 02, p. 66	Konus	11厘米(4.5英寸)	July 02, p. 66	RC Optical Systems-RC	32厘米(12.5英寸)	Dec. 02, p. 80
Tele Vue	8厘米(3英寸)	Sept. 02, p. 66	Celestron & Swift	11厘米(4.5英寸)	Nov. 02, p. 72	LOMO America-MC	7~20厘米(2.8~8英寸)	May 02, p. 62
Several[b]	8~9厘米(3~4英寸)	Oct. 02, p. 68	Orion	11~20厘米(4.5~8英寸)	May 03, p. 90	Celestron-SC	20厘米(8英寸)	Jan. 03, p. 84
Tele Vue	6厘米(2.4英寸)	Nov. 04, p. 90	DGM Optics	9厘米(3.6英寸)	Oct. 03, p. 82	Meade-SC	20厘米(8英寸)	Feb. 03, p. 82

续表

折射式望远镜（复消色差，除特殊说明）			牛顿望远镜			施密特–卡塞格伦望远镜、马克苏托夫望远镜和其他		
供货商	孔径	参考资料	供货商	孔径	参考资料	供货商–类型[a]	孔径	参考资料
Several[c]	8厘米(3英寸)	Mar. 06, p. 86	Orion	11厘米(4.5英寸)	Jan. 04, p. 84	Celestron-SC	13和20厘米(5和8英寸)	Mar. 03, p. 90
Vixen	8厘米(3英寸)	June 06, p. 90	Orion	20厘米(8英寸)	May 04, p. 86	Meade-SN	20厘米(8英寸)	Aug. 03, p. 96
Tele Vue	6厘米(2.4英寸)	Sept. 06, p. 78	Celestron	20厘米(8英寸)	Aug. 04, p. 88	TAL instruments-KC	15和20厘米(6和8英寸)	Mar. 04, p. 90
Stellarvue	10厘米(4英寸)	Oct. 06, p. 80	Orion	25厘米(10英寸)	Jan. 05, p. 82	Konus USA-MC	13厘米(5英寸)	Apr. 04, p. 84
Orion	10厘米(4英寸)	Apr. 07, p. 70	Celestron	8厘米(3英寸)	Feb. 05, p. 92	Meade-SC	25厘米(10英寸)	July 04, p. 88
Meade	15厘米(6英寸)	Sept. 07, p. 86	Star Structure Telescopes	32厘米(12.5英寸)	May 05, p. 78	Celestron-SC	20厘米(8英寸)	Aug. 04, p. 88
William Optics	7~9厘米(3英寸)	Oct. 07, p. 70	Starmaster Portable Telescopes	20和28厘米(8和11英寸)	Apr. 06, p. 90	Meade-SC	36厘米(14英寸)	Mar. 05, p. 78
Tele Vue	10厘米(4英寸)[d]	Jan. 08, p. 74	Meade	25厘米(10英寸)	May 07, p. 72	Meade-RC	30厘米(12英寸)	Feb. 06, p.84
Orion	10厘米(4英寸)	Oct. 08, p. 78	Telescopes of Vermont	15厘米(6英寸)	June 07, p. 74	Celestron-SC	15厘米(6英寸)	Mar. 07, p. 76

续表

折射式望远镜（复消色差，除特殊说明）			牛顿望远镜			施密特-卡塞格伦望远镜、马克苏托夫望远镜和其他		
供货商	孔径	参考资料	供货商	孔径	参考资料	供货商-类型[a]	孔径	参考资料
			Parks Optical	15和20厘米(6和8英寸)	Nov. 07, p. 70	Celestron-SC	28厘米(11英寸)	Aug. 07, p. 72
			Obsession Telescopes	46厘米(18英寸)	Apr. 08, p. 68	Meade-SC	20厘米(8英寸)	Dec. 08, p. 70

[a] 类型＝望远镜类型。

[b] Celestron、Orion、Stellarvue 和 Swift。

[c] Stellarvue、Vixen 和 William Optics。

[d] Nagler-Petzval 望远镜。

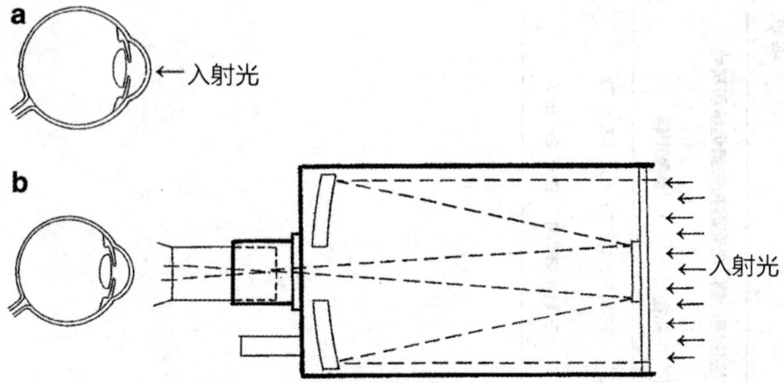

图 4.2 （a）光线必须经由瞳孔进入眼睛。（b）透过望远镜的光都会被聚焦到一个小于瞳孔的区域，然后进入眼睛。

分辨率是望远镜能分辨的最小角度间隔。分辨率影响聚焦。点光源在所有的望远镜中都显示为“散斑”。此外，通过望远镜的光线也将多少散开些。制作粗糙的（或组装较差的）望远镜“散斑更严重”。一般来说，大型望远镜的散斑比小型望远镜小。因此，散斑最小的望远镜，分辨率最好，聚焦也最清晰。

有几种确定分辨率的方法。一种常见的方法是，在可见光线下看望远镜分辨双星的能力。道斯极限（Dawes Limit）就是基于此。根据道斯极限，望远镜分辨率 R 表示为：

$$R = \frac{(4.57\ \text{角秒} \times \text{英寸})}{D} \qquad (4.1)$$

在表达式中，D 是望远镜直径。D 的单位必须是英寸才能和分子中的单位相消。例如，0.20 米（8 英寸）望远镜的道斯极限为

0.57 角秒。相比之下，肉眼（20/20 视力）[①]的分辨率为 60 角秒。因此，0.20 米的望远镜能分辨的细节比肉眼能分辨的小 100 倍还多。公式（4.1）仅适用于校准良好的望远镜。大气通常使分辨率限制在 1 到 2 角秒内。

望远镜的分辨率也可以用线分辨率（line resolution）来描述。线分辨率表示可以看到的最细的光线。土星环上的卡西尼环缝（Cassini's Division）就是一个例子。我曾多次用我的 0.1 米折射式望远镜看到这条在土星环边缘的黑色条纹（视宁度很好的情况下）。卡西尼缝在土星环附近的宽度通常小于 0.3 角秒，远低于我的望远镜的道斯极限。也就是说，望远镜的线分辨率比道斯极限小得多。因此，望远镜能够分辨的最小特征取决于特征的性质。为了研究彗星的弥漫特征，我认为道斯极限比较合适。然而，在许多情况下，由于校准不好、望远镜光学系统不完善、低对比度或大气湍流（视宁度），望远镜甚至无法达到道斯极限。

自 20 世纪 90 年代末以来，天文学家将图像的分辨率提高了三倍以上。他们采取的方法是多次瞬间曝光，择其最优者；然后再将多张图像叠加在一起，合成一张高分辨率图像。相比长时曝光，在瞬间曝光时大气视宁度不会模糊图像，视宁度基本被锁定在一刻。天文学家已经将这一技术用到了彗星的观测上，并取得了巨大的成功。例如，2007 年，菲利普·古德（Philip Good）采用四种不同的滤光片（“亮度”滤光片[②]，红色、绿色和蓝色滤光片）对 17P/Holmes 彗星进行了 40 次瞬间曝光，图片中呈现了一个明亮的中心凝聚物，被彗发包围着。迈克·萨尔韦（Mike Salway）

① （20/20 视力），英语术语，表示正常视力。——译者注

② “亮度”滤光片，能够指定量均匀增强或减弱图像的亮度，用来纠正图像中的不当曝光。——译者注

对国际空间站（ISS）进行了多次 0.0006 秒的曝光。大气视宁度对瞬间曝光影响甚微，因此，迈克能够“冻结”视宁度。尽管国际空间站在天空中快速移动，但不会产生影响。

相比，望远镜最不重要的功能就是放大图像了。放大率 M 由下式计算：

$$M = \frac{\text{望远镜焦距}}{\text{目镜焦距}} \quad (4.2)$$

例如，一个焦距为 2.0 米（或 2000 毫米）和目镜焦距为 20 毫米的望远镜的放大倍数为 2000 毫米 ÷ 20 毫米 = 100×。计算过程中，望远镜焦距和目镜焦距的单位必须相同。望远镜有效的放大率是其孔径（单位：毫米）数值的 1/5 到 2 倍。牛顿望远镜的放大率下限由副镜对光线的阻挡在图像中产生的黑点决定。只要观测目标是一颗较明亮的彗星，就可以使用放大率较低的折射式望远镜。放大率的上限受多种因素的影响，包括望远镜的极限分辨率。

表 4.3 列出了与肉眼相比，不同孔径望远镜的集光本领（LGP），以及该集光本领和放大率范围能够观测的最暗的彗星（以星等计）。彗星的极限星等基于我自己的经验获取。LGP 值是相对直径为 0.5 厘米的瞳孔的集光本领而言。初学者在观测时可能无法达到这些极限，而资深的彗星观测者却能够超越这些极限。拥有高性能仪器的人也会超越这些极限的限制。

表 4.3　与人眼瞳孔相比，不同孔径的望远镜的聚光本领（LGP）、彗星观测时的近似极限星等，以及近似有效放大率

望远镜孔径米（英寸）	相比0.5厘米瞳孔的集光本领	最暗的彗星亮度（星等）[a]	近似有效放大率
0.1 (4)	410	9～10	20×至200×
0.15 (6)	930	10～11	30×至300×
0.20 (8)	1700	10.5～11.5	40×至400×
0.25 (10)	2600	11～12	50×至500×
0.36 (14)	5100	12～13	70×至700×
0.51 (20)	10,000	12.5～13.5	100×至1000×
0.61 (24)	15,000	13～14	120×至1200×
0.76 (30)	23,000	13.5～14.5	150×至1500×

[a] 这是我研究彗星的极限。探测极限要更暗。

望远镜的焦比通常会在望远镜上标出来。焦比是物镜或主镜的焦距除以孔径。例如，我的 0.10 米或 100 毫米折射式望远镜（孔径 = 100 毫米）的焦距为 1000 毫米，因此，其焦比为 1000 毫米 ÷ 100 毫米 = 10，标识为 f/10。

装　置

所有的望远镜都需要配备装置。装置必须坚固，能够承受住望远镜的重量、配重和各种附件。在很多情况下，它还必须能够转动望远镜以补偿地球自转的影响。装置一般是望远镜系统中最贵的部分。下面会讲述三种装置，紧接着会讲述定位度盘。

装置的种类

常见装置分三种：球窝式装置、地平式装置和赤道式装置。球窝式装置可朝着任意方向移动望远镜，便于携带，易于安装。

红色的 Astroscan® 望远镜[①]就是其中之一。据我所知，市场上还没有一种球窝式装置能够随着地球的自转锁定天体。这是球窝式装置的一个缺点。

地平式装置可以沿着两个方向——高度和方位——移动望远镜。方位方向移动是指沿着地平线移动望远镜，而高度方向是指上下移动望远镜。多布森装置就是一种地平式装置。

赤道式装置能够在赤经和赤纬方向上移动望远镜。德国式装置和叉式装置就属于赤道式装置。望远镜在赤道式装置上沿赤经和赤纬方向移动。因此，它的一个轴必须指向天极。在北半球，北天极在北极星附近，因此，其中一条轴需要指向这颗恒星的附近。

市场上有许多赤道式装置和地平式装置，它们能锁定（或“跟踪”）天体。在某些情况下，这些装置还可以执行更复杂的运动，比如锁定或跟踪月球。

自动装置使望远镜自动指向选定的目标。它还可以随时移动望远镜，使目标不会因地球自转而漂移。自动装置可以是赤道式装置和地平式装置。需要注意的是，许多彗星都是最近才发现的，它们不会出现在自动装置的计算机数据库中。在这种情况下，就不得不使用定位度盘或牵星法[②]来定位彗星了。

在购买装置时，应该花点时间查看产品评价，还应考虑便携性、储存和准备时间。表 4.4 列出了天文望远镜装置的产品评价。在大多数情况下，评论中也会公布供应商的信息。

---

① 一款经济实惠的小型望远镜。——译者注

② 牵星法是业余天文学家常用于在黑暗的天空中定位天体的一种技术。它可以取代定位度盘或与定位度盘结合在一起使用。——译者注

表 4.4 《天空望远镜》（S&T）和《天文学》（Ast.）中望远镜装置的产品评价

销售公司	产品名称	类型	参考
Pacific Telescope Corp.	Sky Watcher EQ6	EQ	(S&T) Oct. 02, p. 45
Paramount	GT-1100 ME	EQ	(Ast.) Apr. 03, p. 88
Orion	Sky View Pro	EQ	(S&T) Aug. 03, p. 56
Losmandy	Gemini System	EQ	(S&T) Oct. 03, p 50
Vixon	Sphinx Go To	A	(S&T) Jul. 05, p. 84
Several[a]	See note a	A	(S&T) Jul. 05, p. 98
Celestron	CG-5	A	(S&T) Aug. 05, p 82
Vixen	Sphinx automated mount	A	(Ast.) Nov. 05, p. 94
Vixen	Skypod mount	A	(Ast.) Dec. 07, p. 98
Astro-Physics	Mach1 GTO	A	(S&T) Dec. 07, p. 36
iOptron Corp.	Cube "Go To"	A	(S&T) Feb. 08, p. 34
Astro-Tech	Voyager mount X	AA	(S&T) Jul. 08, p. 36
AstroTrac Ltd.	AstroTrac TT320 mount	–	(S&T) Oct. 08, p. 38
iOptron Corp.	MiniTower	A	(S&T) Dec. 08, p. 48

EQ：赤道装置；A：自动装置；AA：地平装置。

[a] Celestron (CG-5; CGE), Losmandy (GM-8, G-11), Sky-Watcher (EQ6 SkyScan), Takahashi (EM-11 Temma II), Vixen (Sphinx)。

定位度盘及天体搜寻

安装有赤道式装置的望远镜一般都配有定位度盘。如图 4.3 所示，一个定位度盘显示赤经，另一个定位度盘显示赤纬。调整好之后，装置的一个轴指向天极，赤纬度盘将显示正确的赤纬。赤经则不同，每次观测，都必须重新设定赤经度盘。步骤如下：第一，将望远镜指向天空，对准一颗明亮的天体——比如天狼星。第二，将天狼星移动到目镜的中心，聚焦望远镜并查找其坐标：赤经（2000）= 6 时 45 分，赤纬（2000）= –16 度 43 角分。第三，根据这些坐标，检查赤纬，确保赤纬正确，然后调节赤经

图 4.3　德国式赤道装置的定位度盘

的定位度盘到 6 时 45 分。这一步必须快速完成，因为地球每分钟旋转约 0.25 度。最后，在正确设定赤经和赤纬后，使用广角目镜并调节望远镜的指向，使定位度盘刻度与目标的赤经和赤纬一致。目标最终就会呈现在视场中。

偶尔会有明亮的日间彗星，如 2007 年年初的麦克诺特彗星（C/2006 P1）。在这种情况下，太阳（必须使用太阳滤光片！）可以作为基准星，用于近似设定赤经。如有必要，可拿金星或月亮进行更精确的设定。图 4.4 显示了太阳的赤纬，图 4.5 到图 4.7 显示一年中太阳在不同日期的赤经。太阳每年的坐标几乎都是重复的，可以在白天拿太阳对定位度盘进行近似校准。人们应该预先对望远镜进行聚焦，否则很难在白天找到目标。

预先聚焦的步骤如下：首先，将望远镜聚焦在像月球这样的

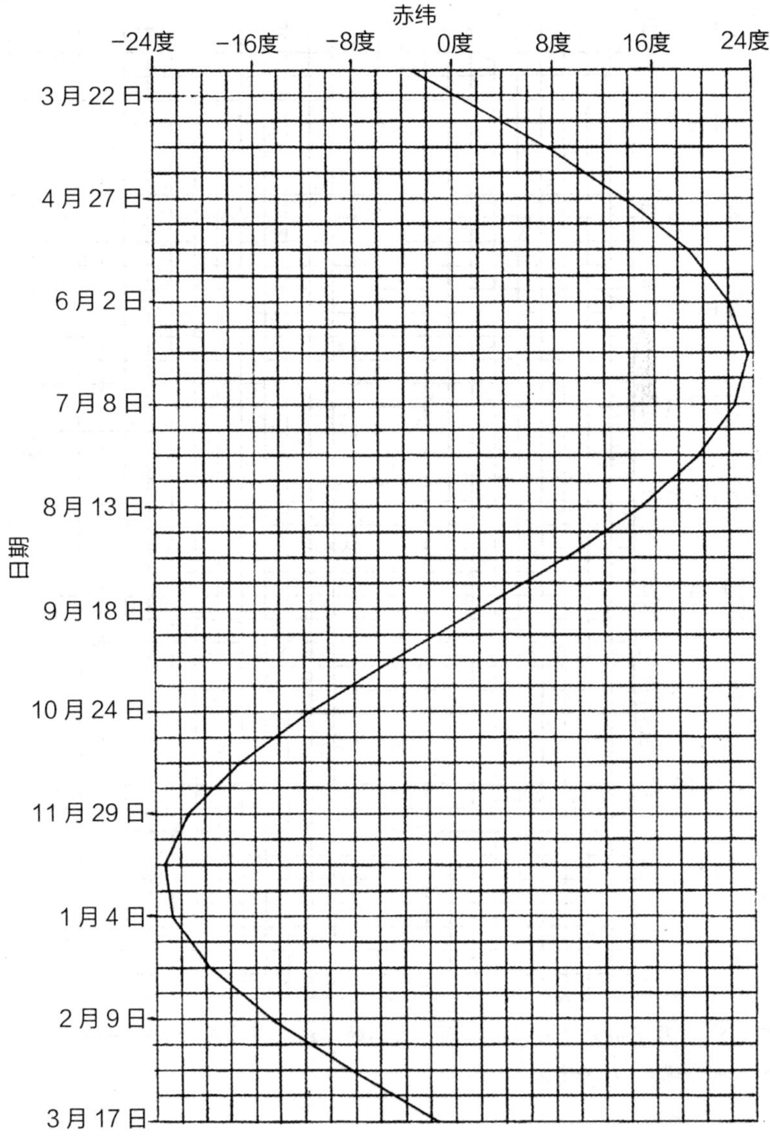

图 4.4　一年当中，太阳在不同日期的赤纬，这张图表适用于任何一年。图片源自小理查德·威利斯·施穆德 /《天文年鉴》。

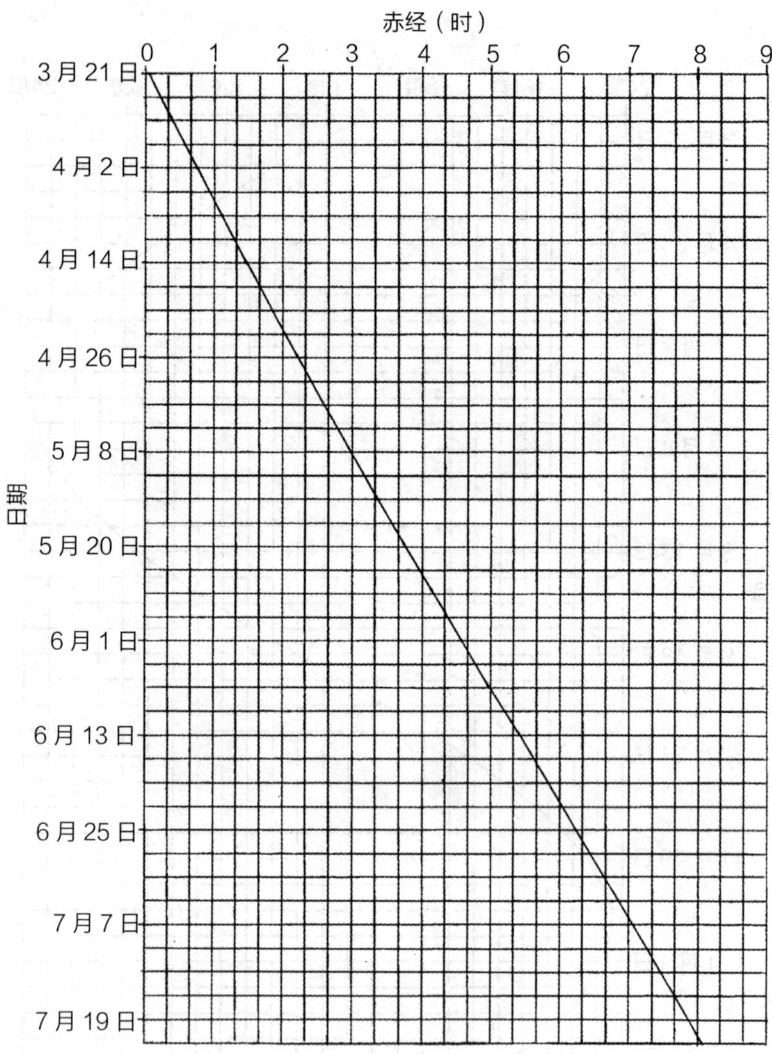

图 4.5　3 月下旬到 7 月下旬之间，太阳的赤经。图片源自小理查德·威利斯·施穆德 /《天文年鉴》。

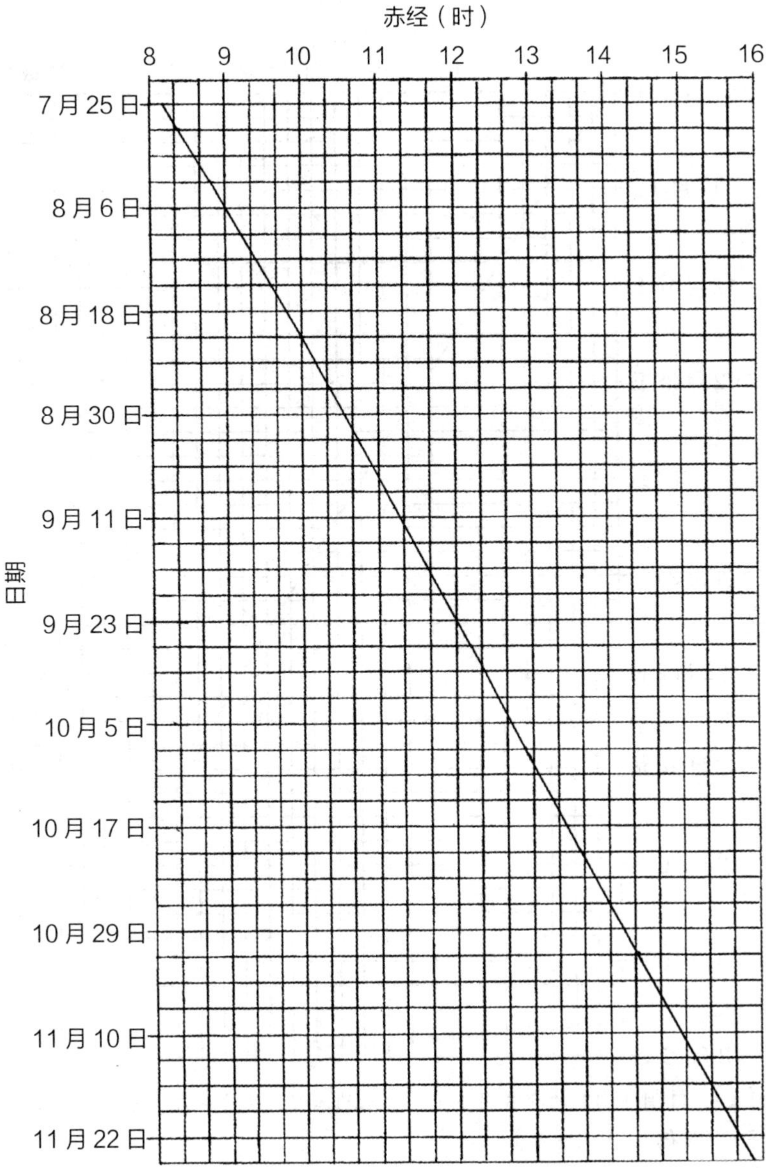

图 4.6　7 月下旬到 11 月下旬之间，太阳的赤经。图片源自小理查德·威利斯·施穆德 /《天文年鉴》。

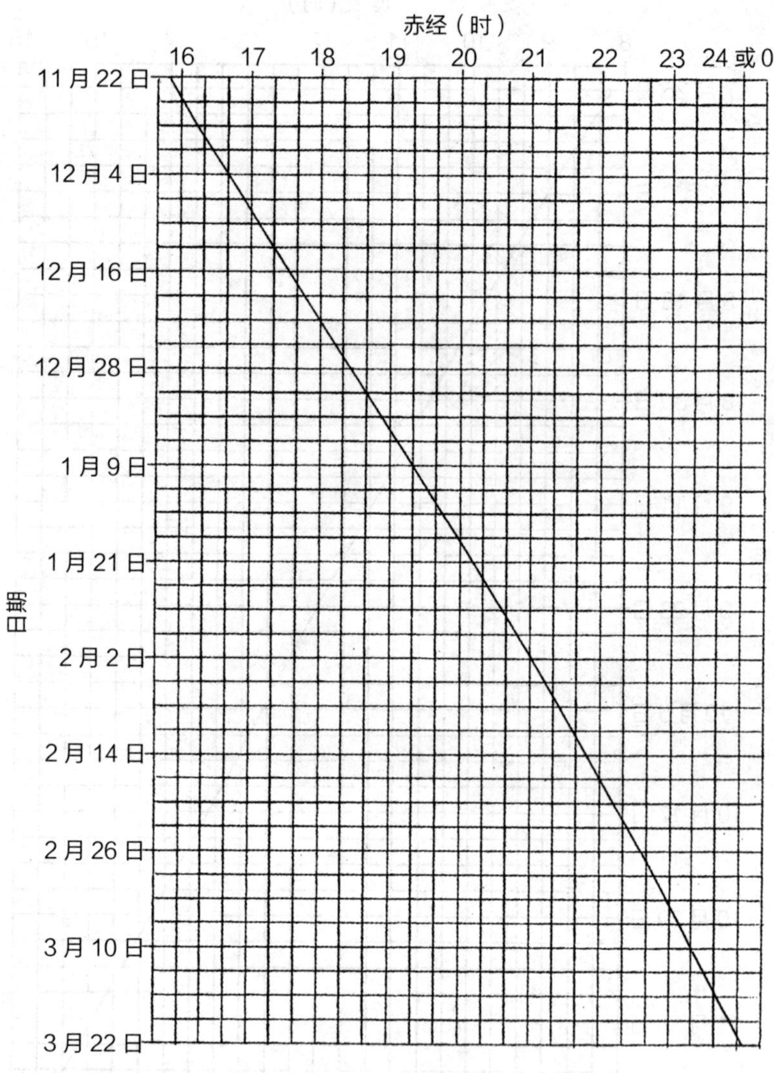

图 4.7　11 月下旬到次年 3 月下旬，太阳的赤经。图片源自小理查德·威利斯·施穆德 /《天文年鉴》。

遥远物体上。这一步可以在白天或晚上进行。其次，在目镜接筒上用铅笔标上记号，如 25 毫米或 9.7 毫米处。等到白天，移动聚焦器与目镜接筒上的线对齐，如图 4.8。最后，将目镜插入望远镜。

观察太阳附近的彗星时，请倍加小心。在这种情况下，我采取的预聚焦步骤是，摆放望远镜，使太阳正好位于像屋顶那样的障碍物上方，然后利用太阳确定赤经，最后设定定位度盘，让望远镜指向目标的坐标。为了安全起见，不要看太阳附近的天体，除非太阳被障碍物完全遮挡。当金星与太阳成 30 度角时，我曾多次使用这种方法寻找金星。当彗星位于太阳的北面、南面或东面时，可以使用该方法进行观测。但当彗星在太阳的西边时，这种方法就不奏效了，因为太阳在向西“移动”。

图 4.8 25 毫米或 9.7 毫米目镜聚焦后，目镜接筒上用铅笔标记的记号。在使用过程中，通过移动目镜接筒到记号的位置来对望远镜对焦。

目 镜

目镜的标准尺寸有两种，分别是 1.25 英寸（32 毫米）和 2 英寸（51 毫米）。此外，一些老式的小型望远镜配有 24.5 毫米（0.965 英寸）的目镜。购买目镜时应注意几个因素。首先，考虑的是它的重要特性——目镜镀膜和重量。目镜镀膜的概念与双目望远镜的相同，详见第三章。目镜可能会很重，较重的目镜需要配重来平衡。除了镀膜和重量外，在购买目镜时，还应考虑三个其他特性，即焦距、适瞳距和可见视场。下面将讲述这些特性。

焦距的单位是毫米。焦距决定着望远镜的放大率和出射光瞳。如前所述，出射光瞳是光线穿过目镜时在目镜上形成的圆形区域的直径。望远镜出射光瞳的计算公式如下：

$$\text{望远镜出射光瞳} = \frac{\text{望远镜的物镜直径（毫米）}}{\text{放大率}} \tag{4.3}$$

双目望远镜出射光瞳的规则同样适用于天文望远镜。

出射光瞳太小会影响望远镜的视场。下面给出解释。最大放大率一般由大气视宁度和眼中是否有浮球决定。浮球[①]是眼睛中的微小斑块，出射光瞳小的时候它会干扰视线。（当我的望远镜的出射光瞳减少到 0.6 毫米以下时，我碰到了浮球问题。）如果目标非常明亮，如金星，最大放大率可选为 50× 每英寸孔径（或 2× 每毫米孔径）。彗星通常比金星暗得多，因此，较低的放大率更适合。

资深彗星观测者约翰 · 博特尔建议观测彗星的望远镜的放

① 由于年龄或近视引起玻璃体液化，并出现玻璃体浑浊的现象，通常称为浮球。——译者注

大率为 5× 至 10× 每英寸孔径（200× 至 400× 每米孔径）。因此，在使用孔径为 0.2 米（8 英寸）的望远镜观测彗星时，40× 至 80× 的放大率是最好的。

适瞳距是目镜的另一个特性。适瞳距是在整个视场可见的情况下，观测者的眼睛和目镜顶部之间的最大距离。如图 4.9 所示,大多数目镜的适瞳距在 10 到 30 毫米（0.4 到 1.2 英寸）之间。一般来说，焦距越长，适瞳距越大。当目镜的适瞳距达到 20 毫米或更大时，就可以戴着眼镜进行观测了。如果适瞳距较小，即使视力有问题，也可以使用望远镜。

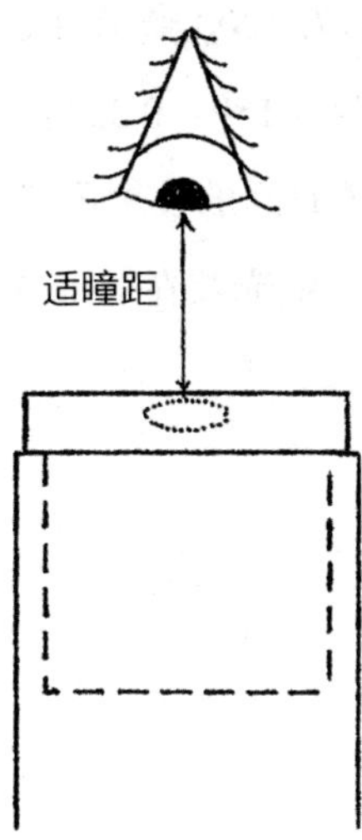

图 4.9　适瞳距是眼睛和目镜顶部之间的距离。

近视或远视的人一般戴矫正镜片。还有许多人有散光的问题。矫正镜片对症下药，根据要解决的问题制作而成。望远镜本身可以通过调焦来矫正人眼的近视或远视，但直到最近，还是无法矫正人眼的散光。一家公司（Tele Vue）针对散光问题开发了改正片。改正片可以安装在目镜上,用来矫正人眼的散光。因此，眼睛散光的天文学家可以摘掉眼镜，用改正片来矫正散光问题。改正片特别适用于适瞳距较小的目镜。

可见视场也是目镜的另一个重要特性。它是通过目镜（没有望远镜）观看到的视野。可见视场用度表示。供应商一般都会提供可见视场的信息。它通常在 40 度或 50 度左右，有时高达 100 度。望远镜视场的计算公式为：

$$望远镜可见视场=\frac{目镜的可见视场}{放大率} \tag{4.4}$$

例如，如果使用一个可见视场为 50 度、焦距为 8 毫米的普洛目镜和一个焦距为 1200 毫米的望远镜，则放大率为 1200 毫米 ÷8 毫米= 150× 。配此目镜的望远镜的视场等于 50 度 ÷ 150 = 0.33 度。恒星“穿越”望远镜的视场需要一定的时间，该时间的长短可以检验望远镜的视场。如图 4.10，将望远镜对准一颗赤纬在北纬 5

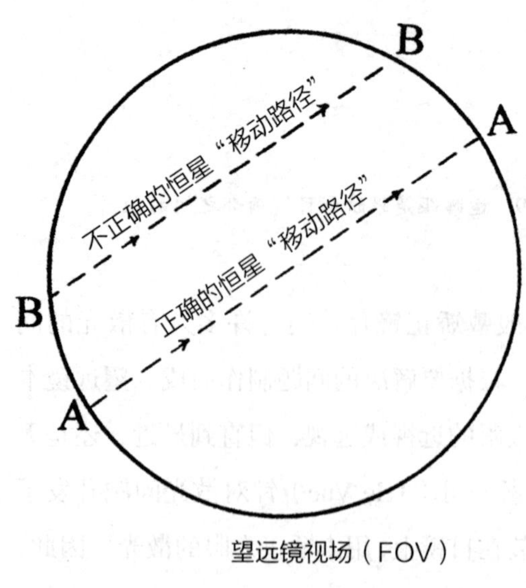

图 4.10　可以通过恒星穿越视场的时间来确定望远镜的视场（A–A 线）。如果恒星没有穿过视场的中心（如 B–B 线），那么测量的时间无效。

度和南纬 5 度之间的恒星，并记录该恒星“穿越”视场所需的时间。该时间（以秒为单位）乘以 0.25 角分 / 秒，最后就能算出以角分为单位的望远镜的视场。

滤光片

滤光片阻挡了一部分波长的光，同时能透过其他波长的光。透过峰半峰宽（FWHT）定义为透过峰一半高度内的波长范围。半峰宽为 100 纳米的滤光片可允许较宽范围波长的光透过。半峰宽小于 15 纳米的滤光片可允许透过的光的波长范围较小。滤光片的透光量由半峰宽和透过峰决定。市场上的一些滤光片，可以透过两个或多个波长范围的光。图 4.11a 展示了一个半峰宽约为 15 纳米的黄色的滤光片。

负紫色滤光片阻挡波长 450 纳米以下的光。它配合消色差折射式望远镜，可以减少图像中的假紫色。换句话说，它减少了色差。有产品评论曾报道，该滤光片可以增强图像的对比度。有多家供应商出售这款滤光片。《天空与望远镜》杂志（2002 年 1 月，57 页）刊登了一篇关于负紫色滤光片的产品评论。负紫色滤光片有一个缺点，因它过滤掉了紫光，使天体变暗。

大部分光线透过目镜后，都会掩盖一些彗星的重要细节。在很多情况下，使用滤光片能消除掉大部分干扰。光害滤光片（light pollution filter）就是为减少不必要的散射光而设计的。理想情况下，该滤光片将阻挡所有不必要的散射光，而让来自目标的光通过。下面将讨论散射光和两种光害滤光片。

散射光的来源有三种：大气辉光、自然光和人造光。高能光或太阳风撞击大气中的原子和分子产生大气辉光。这种情况

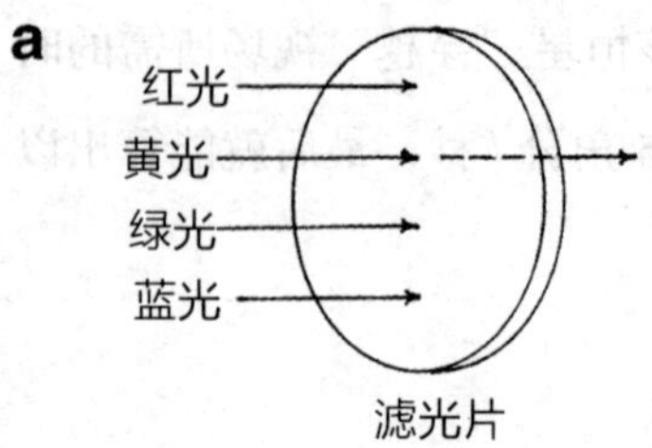

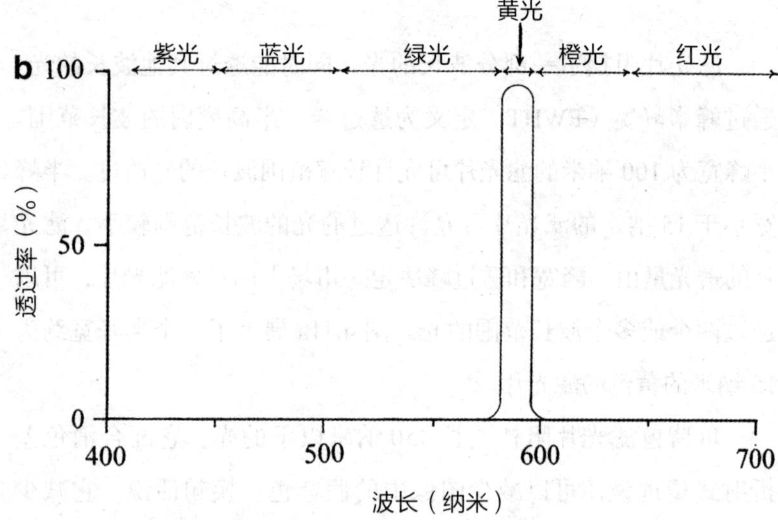

图 4.11 （a）黄色滤光片允许黄色光通过，但阻挡其他颜色（或波长）的光。（b）黄色滤光片透射光强度随波长（或颜色）的变化。

下，原子和分子能发出可见光。凯文·克里斯丘纳斯（Kevin Krisciunas）对莫纳克亚山（高度 2800 米）的天空亮度进行了研究。那里没有人造光和月光，他测量的基本上都是大气辉光。他发现，接近太阳活动极大期的 1991 年，大气辉光比 1986 年和 1995 年亮了两倍，那两年是太阳活动极小期。因此，在太阳活动极小期期间，大气辉光较弱。

自然光也会照亮天空。它们既有月球、明亮的行星、恒星反射的光线，也有来自外太空尘埃反射或散射的光线。这些来自尘

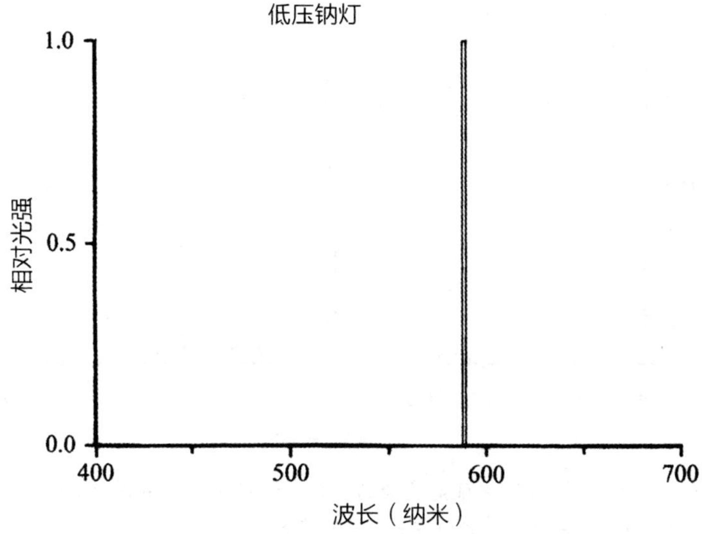

图 4.12　低压钠灯的相对光强随波长的变化。几乎所有的发射光的波长都是 589 纳米。有小部分发射光分布在其他波长区域，没有在光谱中画出来。

埃的光引起了黄道光和对日照现象[①]。

人造光是散射光的第三种来源。有些人造光的光波长范围很窄，如低压钠灯，见图 4.12。相反，荧光灯的光就不止一种波长，而白炽灯发出的光涵盖所有的波长，请分别参见图 4.13 和图 4.14。如果散射光中大部分是低压钠光，那么在晴朗无霾的天空下，它很容易被过滤掉。而过滤掉荧光灯和白炽灯的光线就困难得多。大气中的气溶胶和雾霾往往会扩展散射光的波长。所以，相对于朦胧不清的天空，在无雾霾的晴朗天气里，多余的光线更容易被过滤掉。

Lumicon 深空（Deep Sky）滤光片允许多个波长范围的可见

① 黄道光和对日照是两种相关的天体辉光，它们都是由于太阳光被黄道带内或黄道带附近的尘埃反射和散射产生的。对日照出现在黄道带反太阳的弥散光亮，即天球上与太阳所在位置相对 180 度的点。——译者注

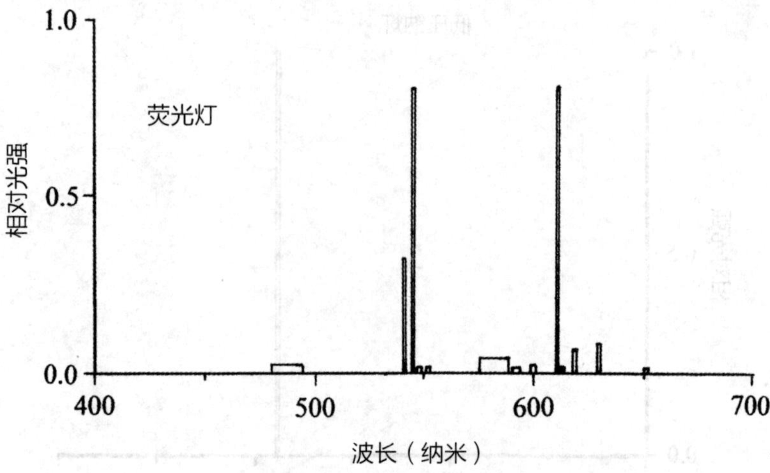

图 4.13　荧光灯的相对光强随波长的变化。相对光强度由作者测评。请注意，与低压钠灯相比，荧光灯发出更多颜色的光。

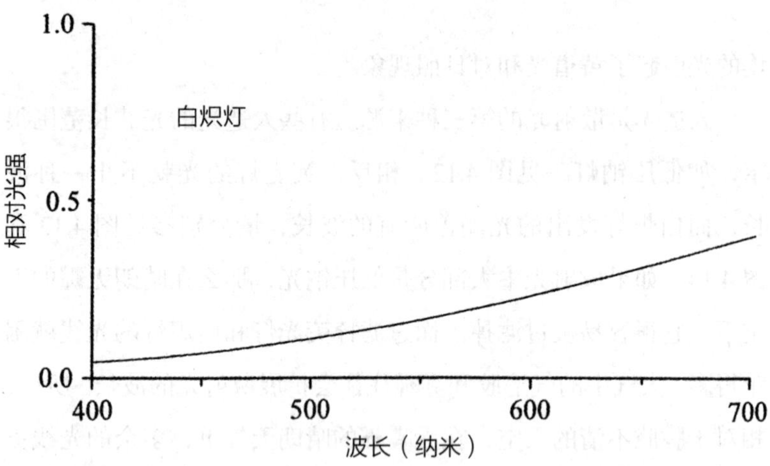

图 4.14　白炽灯的相对光强随波长的变化。注意，白炽灯发出的光涵盖了整个可见光谱。

光通过。Orion 公司推出的天空辉光（SkyGlow）滤光片性能与之类似。这两款滤光片能够阻挡低压和高压钠灯及汞蒸气灯发出的大部分光线。当天空出现明月的身影时，这些滤光片的效果就大打折扣了，因为月亮会反射所有颜色的光。

Lumicon 的 UHC 滤光片和 Orion 公司的 UltraBlock 滤光片可以阻挡人造光源发出的大部分光，仅允许特定波长的光透过。Lumicon 的 UHC 滤光片透过的光包括氧Ⅲ光（496 纳米和 501 纳米）和氢 β 光（486 纳米）。行星状星云发出的大部分光线不会被 UHC 或 UltraBlock 滤光片阻挡，因此，它们是观测到这些天体的不错选择。它们还可以用来研究或拍摄含有大量气体的彗星。在使用 UHC 滤光片或 UltraBlock 滤光片拍摄彗星时，应同时使用红外滤光片，以避免红外光对图像的干扰。

彗星的某些结构会发射特定波长的光。使用仅能透过这些波长的滤光片将减少干扰，增强图像的对比度。例如，气体彗尾在 511 纳米和 514 纳米处表现出强烈的 C_2 自由基发射。采用滤光片，使这些波长的光透过，并阻挡其他波长的光，将增强图像中气体彗尾的特征。应当知道，产生这种增强效果的背后原因是彗星周围的散射光减少了。滤光片不能增加天体的亮度，却能提高对比度和可见度。

市场上有一款 Lumicon 天鹅带（Swan band）滤光片，也被称为彗星滤光片。它能让约 495 到 516 纳米之间的光透过，同时会过滤掉大多数其他波长的光。它允许来自氧气和 C_2 自由基的光透过。如果彗星上有大量的气体，该滤光片会让彗星图像变得更加清晰。因为，它不会阻挡气态彗星发出的大部分光，却能过滤掉彗星周围大部分的散射光。然而，天鹅带滤光片不会改善尘埃彗星的视野。它过滤掉了被尘埃反射的大部分黄色、橙色和绿色光。

我曾用天鹅带滤光片研究了鹿林彗星（C/2007 N3）。2009 年 2 月 6 日，在观测彗星的过程中，这款滤光片还提升了外彗发和中心凝聚物的观测效果。

还有几款透过特定波长的光的滤光片。Sulfur-II 滤光片[①]就是其中一款，它允许硫发出的光透过，因此它可以用来监测含硫特征的演化。

寻星镜

寻星镜是为了帮助观测者找到目标。寻星镜的视场开阔，并与主望远镜相连。无论是哪一种望远镜，寻星镜都应安装在便于操作的位置，并与主望远镜指向相同的方向。寻星镜有三种常见的类型，“1 ×”寻星镜、光学寻星镜和激光寻星镜。下面将分别对它们进行介绍。

“1 ×”寻星镜有 Telrad 寻星镜和窥视孔装置两种。Telrad 寻星镜在透明屏幕上显示一个红色的靶点，靶点和天空中的天体都是可见的。这种类型的寻星镜我用过多次，十分方便。不过，Telrad 寻星镜有三种限制：（1）极限星等比肉眼看到的小。（2）易受露水的影响。（3）需要电池供电。

光学寻星镜是一种带叉丝的小型望远镜。优点是，它比裸眼看到的极限星等大。建议寻星镜的孔径至少为望远镜孔径的四分之一。50 毫米孔径的望远镜与 0.20 米孔径的望远镜配合使用效

① Sulfur-II 滤光片是天文滤镜系列中的一款窄带滤光片，半带宽在 12 纳米左右，只允许电离的硫原子所发出的两条谱线通过（671.9 纳米和 673.0 纳米）。——译者注

果就不错。直筒寻星镜最适合牛顿望远镜。如果你一直使用对角镜，那么直角寻星镜（带有对角镜的寻星镜）非常适合你。图 4.15 为直角寻星镜。寻星镜上面很容易结露。因此，使用时长超过 30 分钟时，最好在寻星镜上面加载露罩，如图 4.16。

激光寻星镜是最近才发展起来的。从本质上讲，它是将一个绿色激光器安装在望远镜上，并将其对准望远镜要指向的区域。将激光对准目标，望远镜就定位好了。不止一家供应商出售绿色激光器的安装支架，如 Orion 公司。这种指向仪有两个缺点，一是它非常危险，在有其他人正在观测的地方，请尽量不要使用它；二是在机场附近或飞机计划起飞时，或看到飞机在观察区飞行时，不得使用激光寻星镜或激光指向仪。

图 4.15　望远镜上带有天顶棱镜的直角寻星镜

图 4.16　加在寻星镜上的自制露罩

双目观测镜和大型双目望远镜

利用双目观测镜（有时称为双目望远镜观察器）观看彗星的三个优点是:(1）使用双眼，避免单眼观测时注意力不集中。(2）提供伪三维外观。(3）减少眼睛浮球引起的问题。

市场上有多款双目观测镜。表 4.5 总结了一些型号的产品评价。(表 4.5 还包含双目望远镜装置和大型双目望远镜的产品评价。）在购买双目观测镜时，检查目距调节范围和聚焦非常重要。因为每个人的眼间距不同，所以双目观测镜必须能够调小或调大目距。还必须检查聚焦，因为光线要在双目观测镜中传播额外的距离。有两款双目观测镜的产品评论称，它们的目镜接筒分别需要移动大约 100 毫米和 125 毫米，才能成功聚焦。因此，在购买双目观测镜时，请先确保它配合望远镜使用的过程中能够聚焦。

表 4.5 《天空和望远镜》(S&T) 和《天文学》(Ast.) 杂志中有关双目观测镜、双目望远镜装置和大型双目望远镜的产品评价

产品	供货商	参考
双目观测镜	Baader Planetarium [a], Tele Vue	(S&T) Sep. 02, p. 46
双目观测镜	Denkmeier Optical	(S&T) Mar. 05, p. 88
双目观测镜	Baader Planetarium, BW Optik, Celestron, Denkmeier, Lumicon, Siebert Optics, Tele Vue	(S&T) Mar. 05, p. 98
双目观测镜	Denkmeier Optical Inc.	(Ast.) Jan. 06, p. 94
双目望远镜装置	Trico Machine Products	(S&T) Jan. 02, p. 55
双目望远镜装置	Bigha	(S&T) Dec. 06, p. 90
双目望远镜装置	Farpoint Astronomical Research	(S&T) May 08, p. 34
大型双目望远镜	Jim' s Mobile Inc. (JMI)	(Ast.) Feb. 04, p. 90
大型双目望远镜	Vixen Optics	(Ast.) Nov. 08, p. 72
大型双目望远镜	Jim' s Mobile Inc. (JMI)	(S&T) Sept. 05, p. 96 & Jul. 07, p. 12
大型双目望远镜	Garrett Optical	(S&T) May 09, p. 37

[a] 美国经销商是 Astro Physics。

双目观测镜有三个小缺点：光损失、增加重量和成本。一位测评专员艾伦·戴尔（Alan Dyer）曾报告，一款双目观测镜的光损失达到 0.5 星等。导致光损失的因素有双筒的分光和额外光学表面的反射。双目观测镜加上两个目镜，重量很容易就达到了 1.8 千克，这给聚焦器增加了额外的应力。最后一个缺点是成本的增加。2008 年，双目观测镜的价格在 200 到 1600 美元之间。此外，若想达到期望的放大率都需配两个目镜。

人们还可以使用大型双目望远镜来观测彗星。市面上有几种型号的 6 英寸[①]双目望远镜。甚至有一家公司（JMI）生产孔径达 0.40 米（16 英寸）的大型双目望远镜。表 4.5 列出了 JMI 6

① 约为 15.24 厘米。——编者注

英寸双目望远镜的产品评价。此外，还有人自己制作了大型双目望远镜，见《天空与望远镜》杂志（1984 年 11 月，第 460 页和 1993 年 2 月，第 89 页）。

大气色散校正器

许多彗星只能在位于低空时才能看到。这是个问题，因为大气层像是一个薄棱镜。从本质上讲，经过大气的蓝光比红光弯曲得更厉害，这导致天体的一侧带细微蓝色，另一侧则带有细微红色。这种棱镜效应会降低观测的质量。对于高于地平线 45 度角的天体，棱镜效应很小，但对于高度较低的天体效应则会增强。大气色散校正器可以纠正这个问题。从本质上来讲，这个装置带有一个小棱镜，可以抵消大气的棱镜效应。

对于低地彗星（距地平线不到 20 度），需要使用两个大气色散校正器来消除大气色散。《天空与望远镜》（2005 年 6 月，第 88 页）给出了一种大气色散校正器的产品评价。

4.3 图像比例尺

图像比例尺（底片比例尺）标定图像、绘图或照片底片的大小。如本章导言所述，测量彗星特征的大小需要一个比例。因为大多数彗星的图像都是用数码相机拍摄的，所以这里我将重点介绍这些仪器，并讲述直焦成像技术。

直焦拍摄的图像具有较大的视场。整个彗发和彗尾一般都能呈现在一张直焦拍摄的图像中。相机镜头或望远镜可以用来拍摄这类图像。无论选哪种设备，图像比例尺 S（以角秒 / 像素为单位）为：

$$S = \frac{206{,}265\ \text{角秒} \times n}{(1000\ \text{微米}/\text{毫米} \times f)} \tag{4.5}$$

其中 n 是以微米为单位的像素大小，f 是以毫米为单位的望远镜或透镜的焦距。注意，相机镜头是以焦距而非孔径直径来表示。例如，50 毫米透镜的焦距为 50 毫米，而 50 毫米望远镜的孔径直径为 50 毫米。图像的视场 F_I 为：

$$F_I = S \times N \tag{4.6}$$

其中 N 是相机芯片中的像素数。下面给出两个示例来说明表达式（4.5）和（4.6）：

示例 1：一个配有 100 毫米的长焦镜头的相机，如果使用 800 像素 ×800 像素的成像芯片来拍摄彗星图像，并且每个像素的直径为 8 微米，则图像比例尺为：

$$S = \frac{206{,}265\ \text{角秒} \times 8\ \text{微米} / \text{像素}}{1000\ \text{微米} / \text{毫米} \times 100\ \text{毫米}}$$

消除微米和毫米的单位，得到：

$$S = \frac{206{,}265\ \text{角秒} \times 8 / \text{像素}}{1000 \times 100}$$

即

$$S = \frac{1{,}650{,}120\ \text{角秒} / \text{像素}}{100{,}000} = 16.5\ \text{角秒} / \text{像素}$$

整个图像的角大小 F_I 的计算公式是：

$$F_I = 16.5\ \text{角秒} / \text{像素} \times 800\ \text{像素}$$

消除像素单位，我们得到：

$$F_I = 16.5\ \text{角秒} \times 800$$

即

$$F_I = 13{,}200\ \text{角秒（}3.67\ \text{度）}$$

我们得到本示例中图像的角长度为 3.67 度。

示例 2：相机连接到焦距为 2000 毫米的望远镜上进行拍摄。

假设使用与示例 1 相同的相机。直焦拍摄图像的比例尺为：

$$S = \frac{206{,}265\ 角秒 \times 8\ 微米 / 像素}{1000\ 微米 / 毫米 \times 2000\ 毫米}$$

消除微米和毫米的单位，得到：

$$S = \frac{206{,}265\ 角秒 \times 8 / 像素}{1000 \times 2000}$$

即

$$S = \frac{1{,}650{,}120\ 角秒 / 像素}{2{,}000{,}000} = 0.825\ 角秒 / 像素$$

整个图像的角大小 F_I 为：

$$F_I = (0.825\ 角秒 / 像素) \times 800\ 像素$$

消除像素单位，我们得到：

$$F_I = 0.825\ 角秒 \times 800$$
$$F_I = 660\ 角秒\ (0.183\ 度)$$

我们得到本示例中图像的角长度为 0.183 度。

配有 100 毫米长焦镜头的相机的视场（3.67 度）远大于望远镜的视场。因此，如果彗星带有一个 3 度长的彗尾，该相机的镜头就能把它拍全，望远镜是做不到的。然而，望远镜的图像比例（0.825 角秒 / 像素）比长焦镜头小得多，因此，人们可以使用望远镜来研究彗星上的细节。此外，许多彗星的彗尾都很微弱，其角长度小于 0.1 度。拍摄这类彗星时，使用望远镜的效果会更好，它比相机镜头收集到的光更多。

如果想增大视场，就要给相机配更大的成像芯片，或配更短焦距的镜头，或使用 35 毫米的胶片相机。传统的 35 毫米胶片相机和 50 毫米镜头将拍摄出 27 度 × 38 度的照片。这样大的视场适用于彗星的长尾成像。拍摄长尾图像时，还可以考虑使用中型或大型相机。请记住，这些相机需要特殊的胶片。相比 35 毫米相机，它们也更贵。

如果想放大某个细节，就要使用目镜投影技术了。巴洛透镜或目镜都可以做目镜投影。拍摄过程中，随着目镜焦距变小，图像尺寸缩小，而所需的曝光时间也会增加。

4.4 观测或测量

英国天文协会、国际月球和行星观测者协会以及出版《国际彗星季刊》的组织是三个致力于彗星研究的机构。向这些机构提交的彗星观测报告必须包含以下信息：观测者的姓名和联系方式、观测或研究的类型和结果、观测的日期和时刻、望远镜孔径大小和放大率、使用的滤光片（如有）、彗星的名称、天空透明度和观测条件。如果提交了图纸和图像，还需要给出天空方位和比例尺。下面将讨论这些信息。

观测者的每次观测报告都要提供自己的姓名和联系方式，方便他人联系，获取更多的信息。联系方式应包含观测者的全名、电子邮件地址、通信地址和电话号码。所有的这些信息在观测者搬家或更换电子邮件地址的情况下，需重新提供。 英国天文协会、国际月球和行星观测者协会彗星部门的协调员以及《国际彗星季刊》的人员也需要观测者的姓名和地址，以便报告被出版时给予适当的稿酬。

所有彗星观测都必须提供观测的日期和时间。地球上有 30 多个时区，并且许多时区在一年中的某些时段使用夏令时，这让时间记录变得更加复杂。因此，国际月球和行星观测者协会及英国天文协会彗星部门都采用世界时报告观测时间。这个时间标准甚至可能改变日期。表 4.6 给出了几个时区计算世界时的换算数值，即将表格中的值加上当地的时间（军用记时方式）就是世界时。军用时间从午夜开始，直到 23：59。例如，若 12 月 5 日在加利福尼亚州圣地亚哥（太平洋时区；标准时间）晚上 10:00（或

22：00，军用时间）进行了彗星的观测，则正确的观测日期和时间为 10：00 pm = 22：00+8：00 = 30：00 h–24 h = 12 月 6 日世界时 6：00。日期发生了改变，因为加上 8 小时就过了午夜。我们还必须记录观测的年份。

还应报告望远镜的类型、尺寸以及使用的放大率。报告彗星的星等时，这一点尤为重要，因为要对孔径进行修正。孔径修正的讲解见第三章。此外，我认为，放大率会影响亮度值。

观测者还应记录下使用的滤光片（如果有用到的话）。提供尽可能详细的滤光片信息，如品牌名称、供应商名称和滤光片型号等。不同的滤光片有不同的光谱响应，因此，提供滤光片的具体信息非常重要。

此外，还应该记下每次观测的彗星的名字。图纸和数据一般是散开的，因此，每张上面都要写上名字。图纸被拆开是常有的事情，即便是装订好的，但观测是按时间顺序排列的。在我做国际月球和行星观测者协会木星协调员期间，在组织木星拍摄和绘图时，我就曾多次拆开装订好的图纸。

观测者必须记录极限星等。第三章对此进行了讨论。

表 4.6　世界时的计算

时区	标准时间（相加的小时数）	夏令时（相加的小时数）
大西洋时区	4	3
美国东部时区	5	4
美国中部时区	6	5
北美山区时区	7	6
太平洋时区	8	7
夏威夷时区	10	9
欧洲西部时区	–1	–
印度时区	–5.5	–

表中数据加到当地时间上（军用记时方式）。

视宁度的记录方法有多种。第一种，从 0（差）到 10（完美）对视宁度进行打分。国际月球和行星观测者协会成员使用此标准。最近，有人对每个数字对应的等级进行了文字描述，详情参见朱利叶斯·本顿的《观测土星》（2005 年）。第二种方法由尤金·安东尼亚迪（Eugene Antoniadi）提出。与第一种方法类似，视宁度等级从 I（极好）到 V（差），这种方法在欧洲经常使用。第三种方法是估计恒星的大小。例如，如果一颗恒星的角直径为 2.0 角秒，我们就认为视宁度是 2.0 角秒。（观测者还可以拍摄恒星的图像，并从图像中测量其大小来确定视宁度。）

当 B>15 度时，我们还可以根据卡西尼环缝被看见的程度来估计视宁度。（卡西尼环缝是土星明亮的外 A 环和明亮的内 B 环之间的暗缝。）如图 4.17，若环缝完全可见，则视宁度极佳；若部分可见，则视宁度一般。如果环缝几乎看不见或根本看不见，那么视宁度就很差。该方法的优点是：（1）它观测的是行星而不是恒星。（2）能快速完成。（3）卡西尼环缝的确切宽度可计算。

观测者还可以用双星估计视宁度。例如，天琴 Epsilon-1 和天琴 Epsilon-2 的间隔分别为 2.1 角秒（2003 年）和 2.2 角秒（2004 年）。若这些双星能够被分辨出来，那么视宁度比 2 角秒好。不过，需要注意的是，双星系统中，两颗恒星之间的距离会随着时间改变。因此，在使用该法之前，请先确定双星当前的间距。

在对彗星或彗星的局部进行绘制、照相或拍摄时，必须显示出天空的方向。观测者可以使用邻近的恒星和星图来报告方向。或者使用以下步骤：先标定南方向，将望远镜向北（N）推一下，彗星在望远镜视场中向边缘移动的部分，就能标定南方向（S），如图 4.18 所示。要找到前导边缘（P），请关闭望远镜驱动器，图像的移动方向将是前导边缘，如图 4.19 所示。前导边缘通常不是正西方向，因为地轴是倾斜的。最后，可以根据前导边缘的方向和北方来确定东西方向。

我认为观测者必须确定绘画和图像的角度比例尺。如果没有角度比例尺，就很难对彗星及其特征进行定量测量。我在网上看到的许多彗星绘图和图像都缺少角度比例尺的信息。角度比例尺可以转换成千米或英里，因此，可以更精确地测量彗星各个特征的长度。

视宁度极佳　视宁度较好　视宁度良好　视宁度差

图 4.17　如果土星环是倾斜的，人们可以通过观察卡西尼环缝来评估视宁度。卡西尼环缝是土星环中的暗带。若卡西尼环缝整条可见，视宁度就极佳。

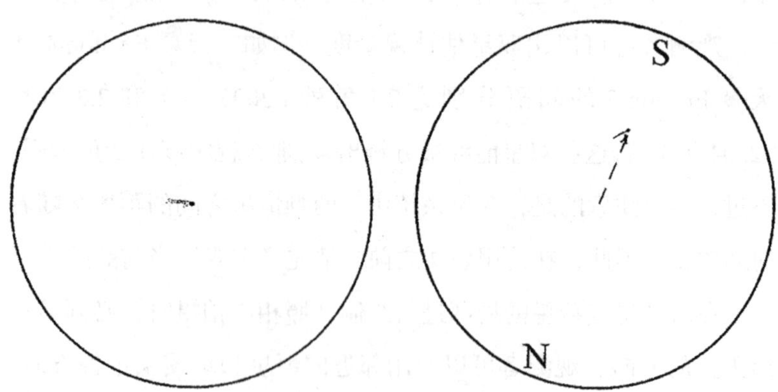

图 4.18　要标定图像中天空的南方向，只需将望远镜向北（N）推一下，彗星在望远镜视野中显示的移动的部分，就是南方向（S）。

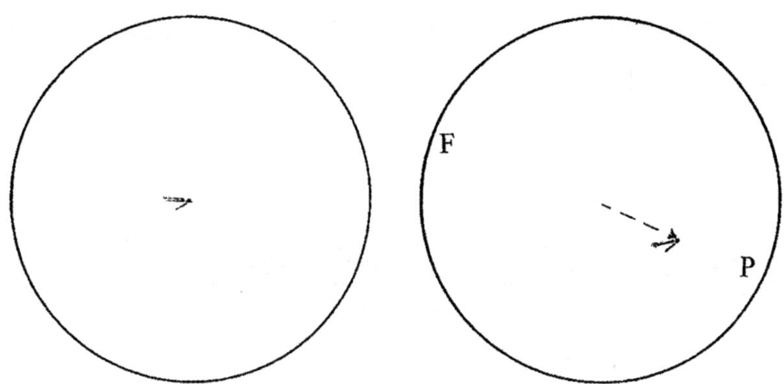

图 4.19　要找到前导边缘 P（接近西方），请关闭望远镜驱动器，图像的移动方向就是前导边缘（F 为尾随边缘）。

标定角比例尺的最简单方法是计算望远镜的视场，见表达式（4.4），并记下视场与彗星的相对大小关系。例如，若望远镜视场的宽度为 20 角分，请在图纸旁边画上一条十分之一大小的线。这条线就代表 2 角分。

第二种标定角比例尺的方法是，在低放大率下绘制彗星的图片或图像，并绘制出明亮的背景恒星。然后结合星图或相应的软件，通过测量明亮背景恒星之间的距离，确定角比例尺。

第三种确定角比例尺的方法是使用前面讨论过的程序计算相机的视场。

第四种测量角比例尺的方法是对火星或木星等目标进行拍摄或成像，然后在不改变相机调焦的情况下拍摄彗星。1997 年 3 月 16 日，我在观测海尔 – 波普彗星（C/1995 O1）时使用了这种方法。

第五种确定角比例尺的方法是关掉转仪钟，记录彗星漂移一角分所需的时间。然后根据表 4.7 确定角距离。例如，若一颗彗星的赤纬为北纬 20 度时，它将在 1 分钟内漂移 846 角秒的角距离。

计算角比例尺之后，必须将其放置在图像或图纸的显眼位置或图形标题中。

表 4.7　不同赤纬处的漂移率

赤纬（度）	漂移率（角秒/分）
0	900
10	886
20	846
30	779
40	689
50	579
60	450
70	308
80	156
85	78
89	16

作者根据标准三角函数计算而得。

4.5 彗星观测项目

小型望远镜能对彗星进行几种特定的测量或观测。表 4.8 列出了几个值得关注的研究方向，以及这些方向如何增加我们对彗星的认识。针对每一个研究方向，表格还列出了具体的测量项目和观测结果。我将逐一对这些方向进行讲解，若有必要，还会给出示例。

位置测量

发现一颗新彗星后的首要任务是确定它的轨道。通过测量彗星的位置，能够让科学家对彗星的轨道和作用在彗星上的非引力了解更多。人们通过测量中心凝聚物的赤经和赤纬来确定彗星的位置。理想情况下，这些测量一般在几周内完成，但初步的轨道基于更短时间的数据就能确定。位置测量的次数越多，彗星轨道就越精确。

表 4.8　采用直径为 12 英寸，即 0.3 米的望远镜实施的彗星观测项目

研究方向	我们能认识到什么？	具体的测量或观测
位置测量	彗星的轨道 非引力引起的彗星轨道的改变	测量中心凝聚物的位置 确定彗星掩恒星的时间
彗核自转	非引力对自转速率的影响 彗核自转轴方向 彗核自转速率与彗尾和彗发形成之间的关系	测量或绘制不同时间的弧线 测量中心凝聚物的亮度：看亮度是否有周期性的变化
彗核碎裂	彗核是如何分裂的	绘制、拍摄中心凝聚物 测量彗发的亮度和颜色

研究方向	我们能认识到什么？	具体的测量或观测
凝结度	随着彗星与太阳之间距离的变化，彗发的演化	在单波长或多波长下，估计凝结度
彗尾结构	太阳辐射和太阳风与气体彗尾和尘埃彗尾的相互作用 彗尾的生长和发展	绘制、拍摄气体彗尾和尘埃彗尾 在特定波长下拍摄彗尾
喷流的形成	喷流在彗核附近的生长和发展 彗核的数量和大小	绘制、拍摄喷流 使用天鹅带滤光片对喷流成像
彗尾的长度和形状	阳光对彗尾形状和大小的影响 太阳风对彗尾形状和大小的影响	测量气体彗尾和尘埃彗尾之间的夹角 测量彗尾覆盖的角度范围 测量彗尾的角长度
气尘比	随着彗星与太阳之间距离的变化，气体和尘埃的产率 彗发的组成和结构	采用两个滤光片，测量或评估彗星的亮度 光谱成像或光谱摄影（见第五章）
光变曲线	随着彗星与太阳之间距离的变化，彗星的亮度如何变化 引起大爆发和小爆发的因素	测量彗星或者中心凝聚物的亮度、颜色

报告中，彗星位置的精度最好能达到 1.0 角分或更高，理想的精度是 1.0 角秒。问题是，恒星的赤经和赤纬坐标本身每年都会发生几角秒的变化。星图集一般只给出特定年份的恒星坐标，如 1950 年或 2000 年。《天文年鉴》每年都会列出某些恒星的位置，然而，列表中的恒星只有几百颗。另一种方案是，只给出彗星相对于恒星的位置，具体位置留待他人计算。

一种测量彗星位置的方法是使用动丝测微计或带十字丝的目镜。例如，某人在彗星测量中使用了一个标准的十字丝，它的每个刻度为 10.0 角秒。测得中心凝聚物距离 A 星 22 刻度（或 220 角秒），距离 B 星 33.1 刻度（或 331 角秒）。然后，使用罗盘仪绘制出距离 A 星 220 角秒和距离 B 星 331 角秒的弧。如图 4.20，彗星的位置就是弧线相交的地方。最后就能计算出彗星中心凝聚物的赤经和赤纬。测量要快，同时记录下测量时间，这两点至关重要，因为有些彗星相对恒星背景移动得非常快。唐·帕克（Don

Parker）和迈克尔·穆尼（Michael Mooney）使用动丝测微计测量了小行星 747 Winchester 的位置。他们测量了小行星与附近一颗恒星的距离，以及它相对于该恒星的位置角。他们报告的测量值的标准误差为 0.115 角秒。

借助图像获取位置是彗星位置测量的第二种方法。人们可以在图像上测量彗星相对附近恒星的位置，然后在星图集或计算机数据库中查找该恒星的位置。第谷和哈勃导航星库（The Tycho and Hubble Guidestar Catalogs）包含星等低于 15 星等的某些恒星的位置。有几款软件也包含星图。最后，一些纸质星图集也包含恒星的位置信息。艾伦·赫什菲尔德、罗杰·W. 辛诺特和弗朗索瓦·奥克森宾的《天空图集 2000.0》（第一卷，1991 年）也是一个不错的资源。彗星位置可以手动测量，也可以使用合适的软件。当然，必须记录获取图像的准确时间。

测量彗星位置的第三种方法（很少使用）是记录彗星的中

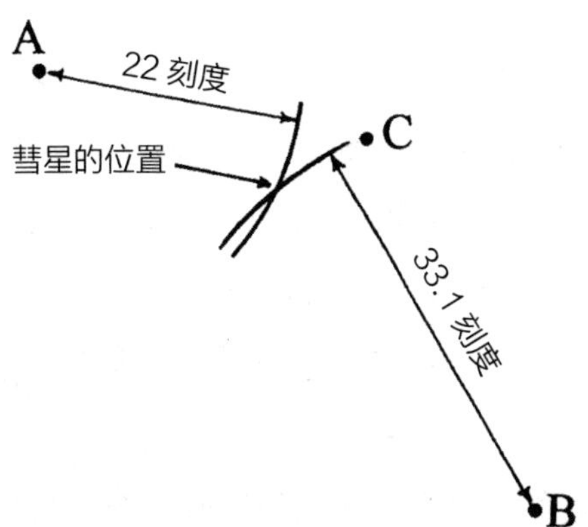

图 4.20　若一颗彗星靠近 C 星，离 A 星 22 刻度，离 B 星 33.1 刻度，那么使用罗盘仪就能确定它的位置。分别画半径为 22 刻度和半径为 33.1 刻度的圆弧，它们的交点即彗星的位置。

心凝聚物掩恒星。1980 年 1 月 31 日，斯蒂芬·奥梅拉观察到了此类事件。从本质上讲，他观察到了布莱德菲尔德彗星（C/1979 Y1）的中心凝聚物（也可能是彗核）遮蔽了一颗 9 等星。据奥梅拉所说，这颗恒星在掩星过程中多次闪烁。记录这类掩星的确切时间非常重要。基于这个时间，人们可以计算出某一时刻彗星的位置。可以通过拨打无线电授时台（WWV）电话 303-499-7111 并收听时间信号来获取准确的时间，也可以使用全球定位卫星仪获取准确的时间。

确定了彗星轨道后，人们还需要继续进行位置测量吗？需要！原因有三：（1）随着测量时间间隔的增加和测量次数的增多，轨道计算精度得到改进。（2）行星的引力会改变彗星的轨迹，影响其位置。（3）非引力会改变彗星的位置。各类非引力的介绍详见第一章。

彗核自转

彗核的自转周期是彗星的一个重要特征。它透露了作用于彗星上的非引力的信息，还透露了自转轴方向和自转速率与彗尾/彗发之间的关系。彗发和任何弧线的绘图及图像中都有彗核自转的信息。事实上，惠普尔（Whipple）就是从 1858 年多纳提彗星（C/1858 L1）的绘图中计算出它的自转周期的。下面的示例展示了他的方法。

图 4.21 包含一颗假想彗星的四幅绘图，图中的弧线类似于多纳提彗星四个不同时刻的弧线。我们重点关注这些弧线，在世界时 2：00 时，一条弧线正在孕育；在世界时 5：00 时，一股明亮的喷流呈现出来，并且很快就会演化成为一条弧线。现在请注

意，在世界时 0：00 时，离彗核最近的弧线边标有指示箭头。经过不同时刻的仔细测量和对比，可以确定该弧线在其他三幅绘图中的位置，如各自的指示箭头所示。这条弧线正在延伸。知道了彗星的距离[①]后，就能够根据角度比例尺计算它的尺寸是多少千米或英里。图 4.21 给出了角比例尺，图中标线的长度为 1.0 角分（或 1/60 度）。假设彗星与地球的距离是 6.9×10^7 千米。基于这个距离和 1.0 角分，利用表达式（3.13），我们可以计算出标线的大小（长度）是 20,079 千米。图 4.21 中显示的第二条标线的长度是 20,000 千米。

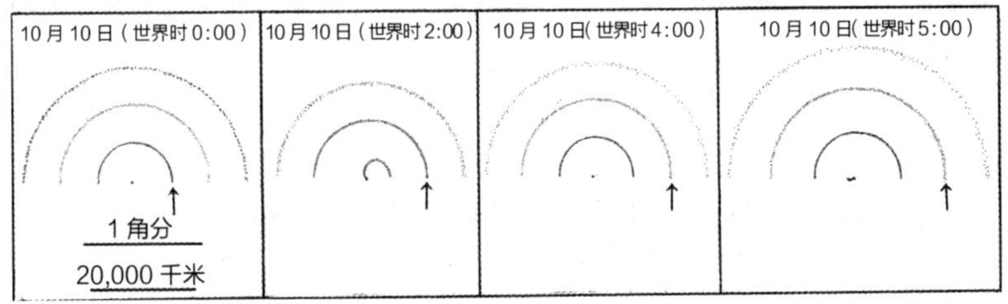

图 4.21　假想彗星的四幅绘图。四幅图中的箭头指向同一条弧线。通过测量弧线的直径并利用表达式（4.8），就能计算出弧线向外扩张的速度。

确定比例尺后，求解自转周期的下一步是测量一个或多个弧线的扩张速度。在很多情况下，彗核并不在弧线的中心。因此，请采用图 4.22 的方法，通过外边缘来测量弧线的直径。采用这种方法对图 4.21 中箭头标识的弧线进行测量，结果由表 4.9 给出。结合第一条到第二条弧线对应的时间，世界时 0：00 到世界时 2：00，扩张速度为：

---

① 这里指离地球的距离。——译者注

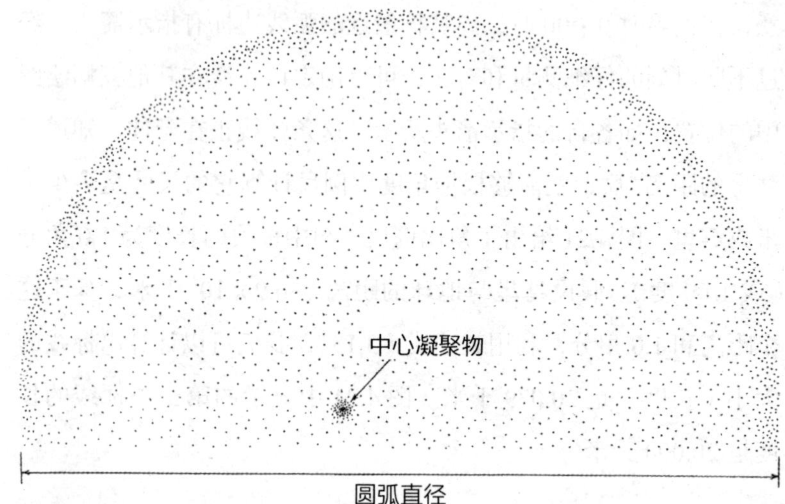

图 4.22　因中心凝聚物不一定都在圆弧的中心，因此，请按图中的方式测量圆弧的直径。

$$S = \frac{0.5 \times (19{,}300\ \text{千米} - 12{,}900\ \text{千米})}{2\ \text{小时}} = \frac{1600\ \text{千米}}{1\ \text{小时}} \quad (4.7)$$

表达式中需要乘 0.5 的系数，因为计算过程中采用的是弧形的直径，而不是半径。接着对第二条到第三条弧线，世界时 2：00 到世界时 4：00，第三条到第四条，世界时 4：00 到世界时 5：00，进行同样的计算。计算结果列于表 4.9 中。通过计算得到，弧线的平均扩张速度为 1760 千米 / 小时。我们稍后将用它来计算彗核的自转速度。

下一步是计算每条弧线的起算日（ZD）。起算日是弧线直径为 0 千米时的时间。图 4.23 是图 4.21 的复制图，图中每条弧线被标记为 A、B、C 和 D，依次显示了四条不同的弧线。弧线 D 起算日的计算方法为：

$$\text{ZD} = \text{十进制观测日期} - \frac{\text{弧线直径} \times 0.5}{\text{平均扩张速度}} \quad (4.8)$$

计算中使用了平均扩张速度 1760 千米 / 小时，而不是单条弧线的扩张速度，这一点比较重要。因为平均膨胀速度是基于两次或多次测量的平均值，是最可靠的数据。对于世界时 0：00 时的弧线 D，我们有：

$$\text{ZD} = 10\text{月}\ 10.0 - \frac{38{,}800\ \text{千米} \times 0.5}{1760\ \text{千米 / 小时}}$$

$$\text{ZD} = 10\text{月}\ 10.0 - 11.02\ \text{小时}$$

$$\text{ZD} = 10\text{月}\ 10.0 - 0.46\ \text{天}$$

$$\text{ZD} = 10\text{月}\ 9.54$$

表 4.9 图 4.21 中箭头所指弧线的直径和扩张速度

时间（世界时）	直径（千米）	扩张速度（千米/小时）
0: 00	12,900	–
2: 00	19,300	1600
4: 00	25,800	1625
5: 00	29,900	2050
平均值		1760千米/小时

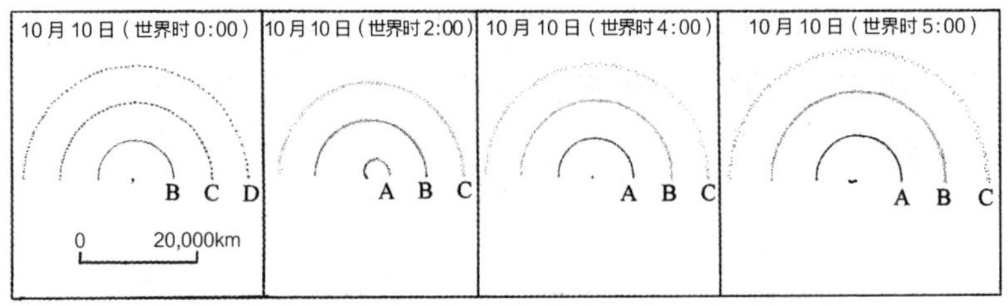

图 4.23 对图 4.21 中假想彗星的弧线做了标记

结果表明，弧线 D 形成于 10 月 10 日之前，在 10 月 9.54 或 10 月 9 日的 11.02 小时开始演化。计算过程中，38,800 千米是用比例尺测量的。接着，用相同的方法计算弧线 B 和弧线 C 的起算日。对于弧线 A，应该使用世界时 5：00 的绘图。计算方法与上面的示例相同，只是将表达式（4.8）中 10 月 10.00 用 10 月 10.21 代替。计算结果汇总在表 4.10 中。在计算彗核自转周期之前，需要假设弧线 A、B、C 和 D 起源于同一个活动区域。我们根据这一假设寻找起算日之间的周期性差异。弧线 A 和弧线 B 之间的起算日差为 0.18 天。弧线 B 和 C 之间以及弧线 C 和 D 之间的起算日差分别为 0.16 天和 0.15 天。由于这些弧线都是连续发生的特征，因此，自转周期为三个起算日差值的平均值，如下所示：

$$\text{自转周期} = \frac{(0.18\text{ 天} + 0.16\text{ 天} + 0.15\text{ 天})}{3} \tag{4.9}$$

$$\text{自转周期} = 0.49\text{ 天}/3 = 0.163\text{ 天，即约 } 0.16\text{ 天}$$

在以往的案例中，天文学家观测到的一般不是连续演化的弧线，而是具有不同起算日间隔的弧线。他们通过计算机程序在这些起算日值之间寻找到一个恒定的时间间隔。该程序超出了本书的范围，请读者参阅惠普尔（1982 年）了解更多信息。尽管如此，只要确定绘图或图像的比例尺，绘图仍然是确定彗核自转速率的有效途径。

表 4.10　起算日和两个相邻起算日之间的差值

弧线	起算日（ZD）	相邻起算日之间的时间差Δ（天）
A	10月10.03	–
B	10月9.85	0.18
C	10月9.69	0.16
D	10月9.54	0.15

将来，当有彗星出现弧线时，希望观测者能够每 30 到 60 分钟进行一次观测。这样，花上几个晚上，就能测出弧线的扩张速度和彗核的自转周期。

测量彗核自转周期的第二种方法是测光法。两名巴西天文学家对 17P/Holmes 彗星的“内彗发”进行了测光。他们用 0.3 米孔径的望远镜、ST-7XME CCD 相机（由圣巴巴拉仪器公司制造）和贝塞尔 V 滤光片对其进行了拍摄。在 2007 年 10 月 27 日至 11 月 11 日，他们从拍摄的图像中获取了 523 个“内彗发”亮度值。他们接着将测量值输入计算机，并使用傅里叶分析程序寻找与数据匹配的周期。他们发现，“内彗发”的亮度有周期性变化，其周期为 6.29 ± 0.01 小时。如果彗核上主导“内彗发”变亮的活动区域只有一个，那么，彗核的自转周期为 6.29 小时。我认为这是一项非常出色的工作，可以作为未来彗星研究的指南。

如果导致了中心凝聚体亮度变化的只有一个大喷流，那么自转周期的计算并不麻烦。如果影响亮度的喷流不止一个，那么分析将变得较为复杂，但自转周期仍可以计算出来。

测量彗核自转周期的第三种方法是进行裸核测光。需要用到一台大型望远镜和一个高灵敏相机。

彗核碎裂

彗核碎裂的彗星超过 20 个。苏梅克 – 列维 9 号彗星（D/1993 F2）和施瓦斯曼·瓦茨曼 3 号彗星（Comet 73P/Schwassmann-Wachmann 3）为大家所熟知。表 4.11 列出了在 21 世纪早期发生碎裂的几颗彗星。彗星彗核碎裂由三种方式导致：潮汐力（图 4.24）、强离心力（图 4.25）和与大物体的碰撞。

彗核碎裂为天文学家提供了一次难得的机会。他们可以借此获取更多彗星的信息。通过分析碎片的运动，可以了解彗核分裂的过程。如果彗发足够亮，还可以记录下它的光谱。光谱包含彗核新表面的成分信息，我将在第五章讲述光谱的知识。最后，亮度测量还可以提供碎片的大小分布信息。

表 4.11　21 世纪早期发生碎裂的几颗彗星

彗星	碎裂的年份	数据来源[a]
LINEAR (C/2001 A2)	2001	IAUC 7605, 7616
51P/Harrington	2001[b]	IAUC 7769, 7773
LINEAR-Hill (C/2004 V5)	2001	IAUC 8440
LINEAR (C/2003 S4)	2004	IAUC 8434
LINEAR (C/2005 K2)	2005	IAUC 8545
LINEAR (C/2005 A1)	2005	IAUC 8559, 8562

[a] IAUC，即国际天文学联合会快报。

[b] 这个数据是碎片 D 碎裂的日期；其他碎片之前已碎裂。

通过绘制或拍摄中心凝聚物，寻找彗核碎裂后的碎片，是一项特殊的观测任务，这要求望远镜有中等或较高的放大率。如果中心凝聚物变长，这是彗核可能发生碎裂的迹象。如果彗核发生

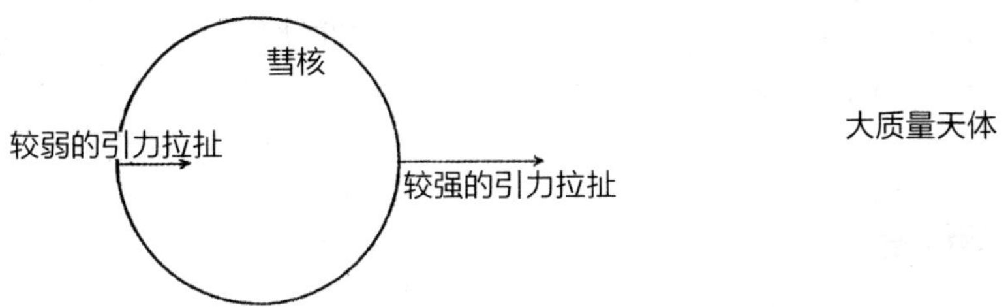

图 4.24　当彗星靠近木星这样的大质量天体时，彗核的一侧比另一侧受到的引力更大。两侧的引力差就是常说的潮汐力。

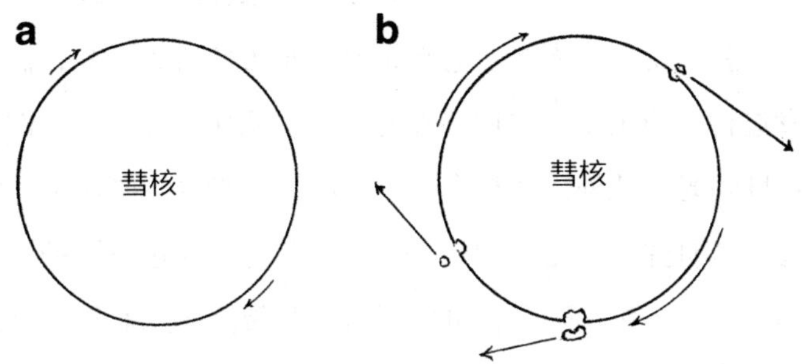

图 4.25 （a）彗核低速旋转时，离心力小，彗核保持完整。（b）彗核高速旋转时，离心力大，物质将飞离彗核。

破裂，应当密切关注并记录每个碎片的位置。位置测量应包括碎片和中心凝聚物之间的间隔和位置角。天文学家将利用碎片的位置计算轨迹。轨迹的计算反过来有利于对碎片未来位置的准确预测。苏梅克－列维 9 号彗星（D/1993 F2）和施瓦斯曼·瓦茨曼 3 号彗星就体现了这个过程。碎片的位置还含有彗核碎裂原因的信息。如前所述，比例尺应包含在彗星碎片的绘图和图像中，或在图例中进行说明。

还可以对中心凝聚物的亮度进行监测，看是否有亮度突然增加的现象。这很可能是由彗核碎裂导致的。表 4.11 中，LINEAR

彗星（C/2001 A2）和 LINEAR 彗星（C/2005 K2）在碎裂前就出现了亮度的激增。

凝结度

鼓励观测者估计彗发的凝结度（DC 值）。这项观测提供的信息，可以用来研究随着彗星与太阳之间距离的变化彗发的演化。彗发是彗星最亮的部分，多数人想看到彗尾最微弱的部分，因此，彗发经常过度曝光。想要成功完成 DC 值的研究，需要针对彗发进行专门拍摄。要调整曝光时间，确保彗发的每一部分都不会过度曝光。此外，在整个研究期间，曝光时间要保持一致。

另一个研究项目是，通过不同波长的光或通过不同的滤光片研究 DC 值。例如，研究者可以通过天鹅带滤光片对彗发进行成像。此时，可认为 DC 值的变化全部是由气体引起的，因为该滤光片主要是透过气体发出的光。此外，在彗发成像过程中，研究者可以通过选择滤光片，专门使尘埃反射的光线通过，来揭示尘埃影响彗发的机制。

彗尾结构

太阳风会对气体彗尾产生作用吗？气体彗尾是否会在 1 小时内发生变化？尘埃彗尾是否会随着彗星与太阳之间距离的变化而发生改变？答案是“是的”。彗尾的详细绘图或高分辨率图像能够揭示出尾部的变化。下面将讲述绘制和拍摄彗尾的最佳方案。

如果你想画出微弱的气体彗尾，就要在黑暗的观测点进行观测，并且从低放大率开始。蓝色滤光片（或天鹅带滤光片）将增强尾部特征。我更喜欢在观测季之后搜寻彗星和阴影的细节。如果气体彗尾呈现出细节，一定要密切关注。尽可能每 30 分钟进行一次观测，看看有没有变化。

当彗星与太阳之间的距离发生变化时，观测者也可以对气体彗尾进行拍摄。可以使用红色、绿色和蓝色滤光片对彗星进行一系列拍摄，并合成彩色图像。气体彗尾将呈现蓝色或绿色，一场紧张的高密度拍摄能够显示出彗尾的快速变化。1980 年 2 月 6 日，观测者在短短几分钟内就拍摄到了布莱德菲尔德彗星（C/1979 Y1）的巨大变化。人们还可以研究气体彗尾是如何随着太阳活动而变化的。最后，更专业的天文学家可以通过天鹅带滤光片对气体彗尾进行拍摄，并寻找细微的变化。

人们还可以在一段时间内对尘埃彗尾进行绘图或拍摄。这类研究可能会揭示出彗星靠近太阳和远离太阳时的变化。较长的曝光时间会捕捉到彗尾较暗的部分，较短的曝光时间则看不到。因此，曝光时间应前后一致。在研究彗尾的过程中，透明度的变动会导致系统性误差。因此，只有当天空透明度良好或极佳时，才能进行绘图或拍摄。如果彗尾的成像大于望远镜的视场，那么背载式装置比较合适。在这种情况下，相机和镜头的组合安装在望远镜的背部，望远镜将随着地球的旋转而移动。如果没有跟踪望远镜，人们应该制作一个手动跟踪器或“谷仓门”跟踪平台，并使用它们来拍摄明亮的彗星及其彗尾。互联网上有几种手动跟踪器的设计。也可以在 2007 年 6 月出版的《天空与望远镜》杂志的第 80 页上查看制造电子跟踪器的说明。

人们还可以利用特定波长的光对彗星进行拍摄。例如，如果你对氢感兴趣，可以在彗星与太阳之间的距离变化时，用氢 – α

或氢 – β 滤光片来拍摄彗星。这些滤光片只让氢气发出的光透过。几周内拍摄的一系列图像可以显示氢含量随时间的变化。夏威夷大学的专业天文学家曾使用钠滤光片对海尔 – 波普彗星（C/1995 O1）的含钠彗尾进行了拍摄。

喷流的形成

喷流形成的速度如何？彗核会有多个喷流吗？喷流能持续多久？喷流是由什么组成的？喷流有多大？喷流形成后的几个小时是如何演化的？类似问题可以通过研究中心凝聚物附近的喷流来回答。资深彗星观测者约翰 · 博特尔报告说，相比漆黑的夜晚，在朦胧的暮色中更容易看到喷流。

寻找喷流时，要牢记几点。喷流通常在彗核靠近近日点时形成。滤光片有助于检测这些特征，要使用高放大率的望远镜。如果发现一个喷流，请每隔 30 分钟画一张图或拍摄一次。请估计它的长度和位置角，位置角在第二章做了讲解。海尔 – 波普彗星的喷流在短短 20 分钟内就发生了变化。我们还应该去寻找多个喷流，海尔 – 波普彗星中至少存在两个活跃的喷流。在确定彗核自转速率的过程中，了解喷流的数量非常重要。

研究者还可以使用照相机拍摄喷流。需要采用约 0.3 角秒 / 像素的图像比例。拍摄时，应使用不同的曝光时间。在拍摄海尔– 波普彗星的喷流过程中，几个研究者使用的曝光时间为 1 秒左右。在某些情况下，彗星移动得非常快，观测者不得不放弃使用恒星定位拍摄，而改用中心凝聚物。在拍摄放大率高的图像时，应使用快门线，来帮助减少振动。快门线是一个连接到相机的装置。一组图像可以揭示喷流的演化和弧线的扩展。

彗尾的长度和形状

气体彗尾和尘埃彗尾从彗核扩展开来，两条彗尾都比彗发宽。较大的尾部宽度与不同的颗粒运动轨迹相一致。从彗核上看，气体彗尾指向太阳的反方向，尘埃彗尾则一般不同。每颗彗星都是独特的，所以每条尘埃彗尾也是独一无二的。

依据彗星尾部的变化，可以更好地理解太阳光和太阳风对彗尾大小和形状的影响。相关信息由四种具体的测量给出，它们是：测量气体彗尾和尘埃彗尾之间的夹角，测量逆向彗尾和气体彗尾之间的夹角，测量彗尾的扩展角度，以及测量彗尾的长度。接下来先讲述这四种测量，下一部分讲述将气体彗尾的角长度转换为天文单位长度的方法。

观测者可以用量角器测量气体彗尾和尘埃彗尾之间的夹角。通过这些测量，观测者可以确定尘埃彗尾在天空中的精确方位，并寻找彗尾相对太阳和彗核的细微变化。我对海尔－波普彗星进行了测量，确定了蓝色气体彗尾尾尖和尘埃彗尾尾尖（或最亮）之间的夹角。研究中，我对互联网上的 300 多张图片进行了分析。我还根据测量计算了它们每天的平均值，如图 4.26。从图中可以看出，1997 年 4 月初，两条尾巴之间的夹角增大了，然而又在当月晚些时候有所下降。这可能是由于地球与海尔－波普彗星轨道平面之间的夹角引起的。这个角度在 4 月初的时候相对较大。这个事件正好接近图 4.26 中尾部出现最大角度的时间。

研究者还可以测量逆向彗尾和气体彗尾之间的夹角。理论上，这个角应为 180 度，但可能会出现小的偏差。这些偏差向我们透露出逆向彗尾的信息。我在 1P/Halley 彗星的照片上对逆向彗尾和气体彗尾之间的角度进行了测量，表 2.9 列出了一些测量结果。表 4.12 列出了几颗彗星的逆向彗尾和气体彗尾之间的夹角。

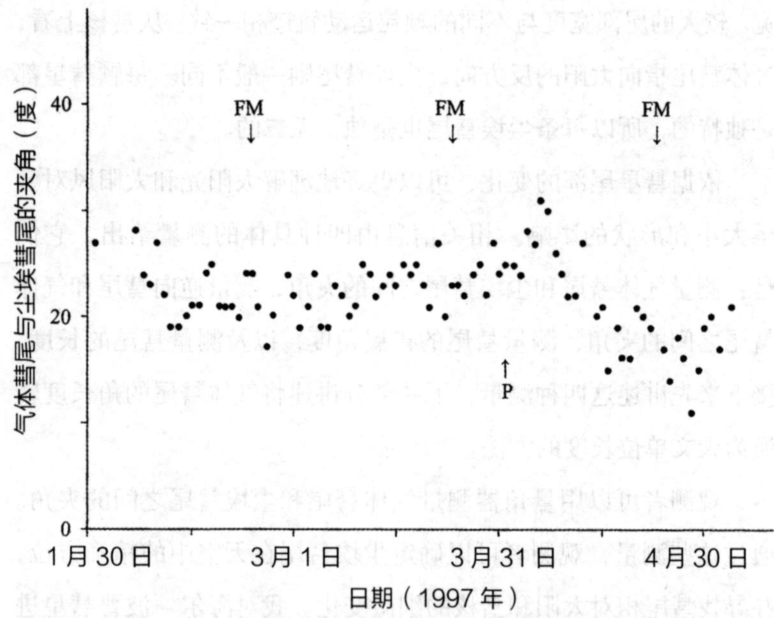

图 4.26 海尔－波普彗星蓝色气体彗尾尾尖和尘埃彗尾尾尖（或最亮）之间的夹角。每个点是当天数据的平均值。FM 代表满月的日期；P 代表彗星在近日点附近的日期。图片源自小理查德·威利斯·施穆德/海尔－波普彗星网页中所有彗星图像的提供者。

表 4.12 几颗彗星的逆向彗尾和气体彗尾之间的夹角

彗星	日期	逆向彗尾和气体彗尾之间的夹角（度）	ECP角（度）	数据来源
1P/Halley	1986年5月5日至6月2日	179	0~5	Brandt et al. (1992)
19P/Borrelly	1994年11月4日至12月15日	178	0~23	[a]
19P/Borrelly	2002年1月16日	161	14	[b]

续表

彗星	日期	逆向彗尾和气体彗尾之间的夹角（度）	ECP角（度）	数据来源
阿连德-罗兰彗星（C/1956 R1）	1957年4月25日	179	1	[c]
布莱德菲尔德（C/1987 P1）	1987年12月22日	180	1	Sky & Tel. 75: pp. 334—335
海尔-波普彗星（C/1995 O1）	1996年12月4日至12月25日	179	3~10	[d]
鹿林彗星（C/2007 N3）	2009年1月7日至1月30日	175	1	[e]

[a] http://cometography.com/pcomets/019P.html

[b] http://www.castfvg.it/comete/19p/19p_12.htm

[c] http://cometography.com/lcomets/1956r1.html

[d] http://www2.jpl.nasa.gov/comet/images.html

[e] http://www.spaceweather.com/comets/lulin/08jan09/Paul-Mortfield1.jpg

计算时参考了多个数据。作者还在表中列出了地球和彗星轨道平面之间的夹角（ECP 角）和测量的时间。

通过测量尘埃彗尾和（或）气体彗尾的角度扩展，人们可以更好地理解阳光和太阳风对彗尾的影响。角度扩展是一个衡量彗尾展开程度的指标。宽度恒定的彗尾扩展角为 0 度，而扇形彗尾具有较大的扩展角度。如图 4.27，将量角器平行于彗尾的一侧并测量出另一侧的角度，这个角度就是彗尾的扩展角度。影响气体彗尾扩展角度的因素有一些，其中包括太阳风和阳光对它的作用。我测量了几颗彗星的气体彗尾的扩展角度，结果列于表 4.13 中。表格中的数据表明，扩展角度在太阳峰年（2003 年和 2004 年）前后较小，在太阳活动极小期（1986 年、1997 年、2006 年和 2008 年）前后较大。将来对这一趋势的确认会很有意思。

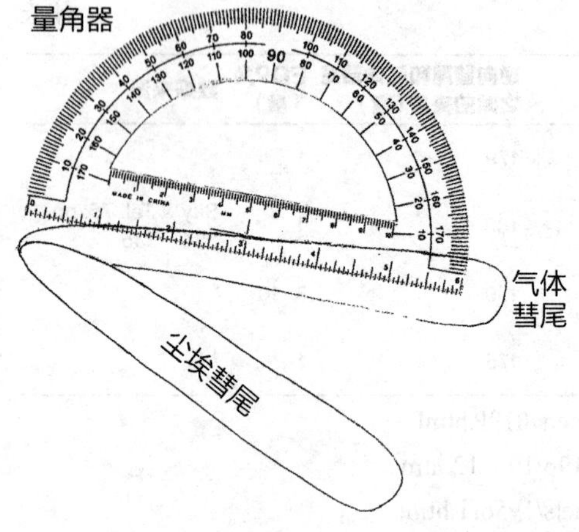

图 4.27　彗尾扩展角度表示其偏离恒定宽度的程度。测量方法是将量角器对齐彗尾的一侧，以此为参考，测量出另一侧的角度。本图中的扩展角为 4 度。

表 4.13　几颗彗星彗尾的扩展角度

彗星	日期	气体彗尾的扩展角（度）	数据来源
韦斯特彗星（C/1975 VI-A）	1976年3月9日	5	Burnham (2000), p. 23
1P/Halley	1986年4月8日至9日	7	a
百武彗星（C/1996 B2）	1996年3月24日至26日	2.5	b
百武彗星（C/1996 B2）	1996年4月13日	10	b
海尔-波普彗星（C/1995 O1）	1997年3月31日	7	c
NEAT 彗星（C/2002 V1）	2003年3月5日	0	d
LINEAR彗星（C/2003 K4）	2004年11月16日	0	d
波伊曼斯基（Pojmanski）彗星（C/2006 A1）	2006年2月28日	2.5	d
博阿蒂尼（Boattini）彗星（C/2007 W1）	2008年7月4日	4	d

[a] http://Commons.wikimedia.org/wiki/image:Comet_Halley.jpg

[b] http://www.makinojp.com/bekkoame/comet.htm

[c] http://www2.jpl.nasa.gov/comet/images.html

[d] http://www.yp-connect.net/~mmatti/

第四个项目是测量气体彗尾和尘埃彗尾的角长度，提供了阳光和太阳风如何影响彗尾外观的信息。角长度通常以度或角分为单位。角长度的单位可以转换成天文单位，这将在下一节中讲述。长度信息可以让我们更好地理解彗尾的形成机制，以及与周围环境的相互作用。有三种测量彗尾角长度的方法，即目视估计、照片或图像测量以及基于两个赤经、赤纬坐标点计算。下面将讲述前两种方法。第三种方法见附录。

人们可以对角长度进行目视估计。我一般根据双目望远镜或天文望远镜的视场来估计短彗尾的角长度。如果彗尾覆盖了望远镜 0.8 度的视场的一半，则其角长度等于 ½ × 0.8 度 = 0.4 度。对于明亮的彗星，可以用全力伸出的拳头来判断。我发现，不论身高和性别，成年人的拳头全力伸出去时的平均角度大小为 9 度。如果彗星的尾巴有两个拳头长，那么它的角长度将为 18 度。扩展量角器提供了一种更精确地估算彗尾长度的方法，如图 4.28，量角器带有两个杆，它们按图中的方式固定在量角器上。校准后，该装置可测得精确约到 0.5 度的角长度。下面讲述该量角器的校准和使用方法。

必须对扩展量角器进行校准。因为木棒不一定完全笔直，孔有可能不垂直于木棒，人的眼睛也通常不会正好位于木棒夹角的顶点。表 4.14 列出了几对恒星及其间距。可以使用这些恒星的间距对伸展的量角器进行校准。例如，我对天琴座 α 星和天鹰座 α 星之间的距离进行了 20 次角长度测量。平均间距为 37.13 度，实际间距为 34.2 度。校准系数为 34.2 度 ÷ 37.13 度 = 0.921。因此，当我用该量角器进行测量时，我必须将结果乘以 0.921 才能得到正确的角长度。使用该仪器可以测量长彗尾的长度，精度约为 0.5 度。前提是至少进行 10 次测量并计算平均值。

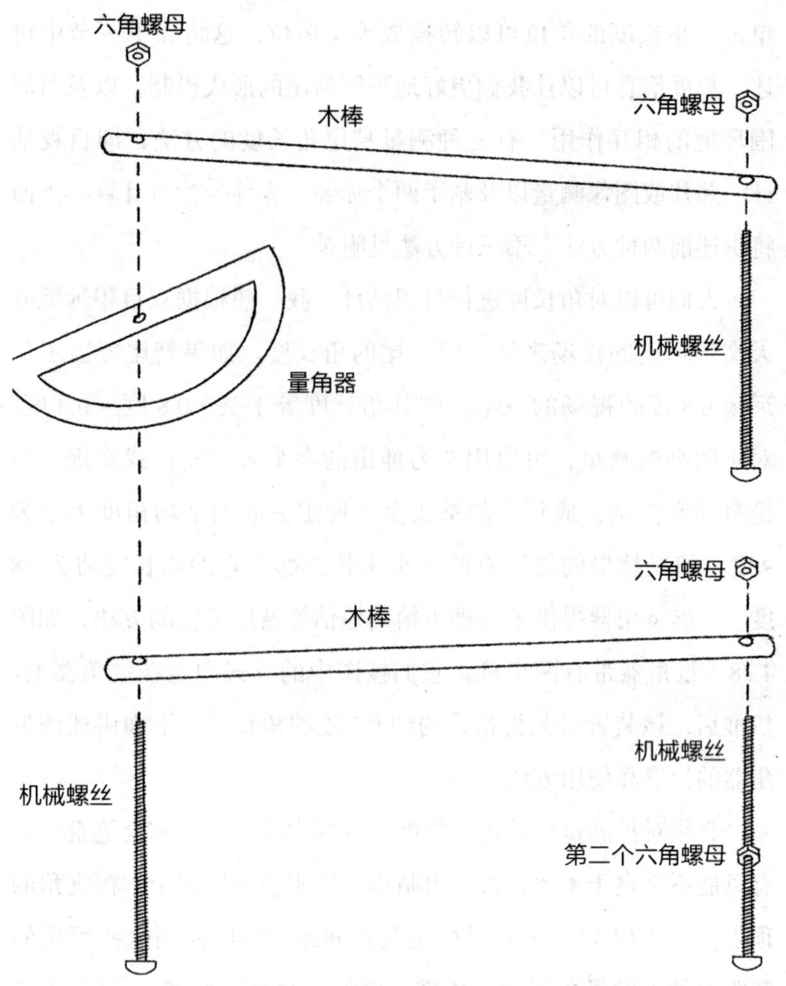

图 4.28　采用校准后的扩展量角器，可测得精确约到 0.5 度的角长度。量角器采用机械螺钉和六角螺母将两条木棒与量角器连接起来。木棒的末端拧有机械螺丝，螺丝的顶端是白色的，方便夜间看到。使用者只需将一条木棒举起，对准中心凝聚物，另一个瞄准彗尾的尾尖，用量角器量出角度即可。

在进行目视角长度估计时，必须前后一致。使用同样的技术，并尽力在黑暗的天空中进行测量，测量时记录极限星等。如果天空朦胧不清，请不要测量。

还可以从图像和照片中测量彗尾的角长度。为此，必须提供图像的比例尺，本章前面已经讨论过比例尺。这种方法要求前后使用的曝光时间和图像处理技术必须一致。天空的透明度也应保持一致。如果使用胶片，则在整个研究过程中确保其制造商和 ASA 编号相同。

如果一颗彗星有一条很长的尾巴，观测者可以通过尾巴两端的赤经和赤纬来确定它的角长度。本书的附录部分给出了计算示例。

表 4.14　选取的星对之间的间距，用于对伸展量角器进行校准，南北半球都有分布

星对	**北半球（N），南半球（S）**	**间距（度）**
王良一和阁道二	N	13.3
土司空和鲸鱼座ς星	N或S	18.1
猎户座α和猎户座β	N或S	18.6
天狼星和大犬座ς星	N或S	14.5
狮子座α星和狮子座β星	N或S	24.6
大熊座α星和大熊座η星	N	25.7
室女座α星和乌鸦座ε星	N或S	21.3
牧夫座α星和牧夫座γ星	N或S	19.5
射手座γ星和射手座σ星	S	11.6
天琴座α星和天鹰座α星	N	34.2

距离由作者采用附录的方法计算而得。计算中用到的赤经、赤纬的数值来自于艾伦·赫什菲尔德、罗杰·W. 辛诺特和弗朗索瓦·奥克森宾的《天空图集 2000.0》（第 2 版，1991 年）。

计算彗尾的天文单位长度

在上一节中，我提到了三种测量彗尾角长度的方法。角长度的结果以角度的单位（如度）给出。可以用它计算以天文单位或千米为单位的彗尾长度。对于气体彗尾来说，这很简单，因为它与太阳的方向相反。气体彗尾的长度用以下表述式计算：

$$L = \frac{\Delta \times \sin(l)}{\sin(\alpha - l)} \qquad (4.10)$$

表达式中，L 表示气体彗尾的长度，单位是天文单位；Δ 表示彗星与地球之间的距离，单位也是天文单位；l 是从地球上测量的气体彗尾的角长度，单位为度；α 是彗星的日地张角，单位为度。如果角长度的单位是角秒或角分，则必须首先将其转换为度。1.0 度有 60 角分，3600 角秒。日地张角是从彗核测量的地球和太阳之间的夹角。表达式（4.10）仅适用于与太阳方向（从彗核上看）正好相反的气体彗尾。不能用它计算尘埃彗尾，因为它们一般不会指向太阳的反方向。

下面，我将给出一个计算气体彗尾近似长度的示例。1997 年 2 月 28 日，亚历山德罗·迪迈（Alessandro Dimai）报告，海尔－波普彗星的气体彗尾长 10 度。此时，彗星与地球的距离 Δ 为 1.504 天文单位，日地张角 α 为 41 度。α 和 Δ 来自线上历书系统。那么，1997 年 2 月 28 日，海尔－波普彗星气体彗尾的长度为：

$$L(\text{以天文单位计算}) = \frac{1.504\ \text{天文单位} \times \mathrm{Sin}(10\ \text{度})}{\mathrm{Sin}(30\ \text{度})}$$

即

$$L=\frac{1.504\text{ 天文单位 }\times 0.17365}{0.51504}=\frac{0.26117}{0.51504}$$

$$L=0.5071\text{ 天文单位，即 }0.51\text{ 天文单位}$$

海尔－波普彗星气体彗尾的长度列于表 4.15 中。计算中的所有角长度都来自同一组天文学家［皮耶尔乔治·库西纳托（Piergiorgio Cusinato）、亚历山德罗·迪迈、迭戈·加斯帕里（Diego Gaspari）、大卫·吉拉尔多（Davide Ghirardo）、朱塞佩·梅纳迪（Giuseppe Menardi）、伦佐·沃尔坎（Renzo Volcan）和亚历桑德罗·扎尔迪尼（AlessandroZardini）］。这些值分不同日期发布在 http://www2.jpl.nasa.gov/comet/ 上。我也在图 4.29 中绘制了这些长度。在本章的最后一节，我还给出了一些可能影响彗尾长度测量的因素。

尘埃彗尾一般不指向太阳的反方向，人们对它的方向了解甚少。另外，尘埃彗尾一般是弯曲的，这使问题变得更加复杂。这些因素的存在，使得计算尘埃彗尾的准确长度变得极其困难。

表 4.15　海尔－波普彗星气体彗尾的长度

日期（1997）	气体彗尾尾长 l（度）	彗星与地球之间的距离Δ（天文单位）	日地张角α（度）	气体彗尾长度（天文单位）
1月18日	1.5	2.26	20	0.18
1月31日	3	2.02	26	0.27
2月6日	5	1.906	29	0.41
2月8日	5	1.866	30	0.38
2月10日	5	1.827	31	0.36
2月14日	6	1.749	33	0.40
2月15日	8	1.730	34	0.55

续表

日期（1997）	气体彗尾尾长 l（度）	彗星与地球之间的距离Δ（天文单位）	日地张角α（度）	气体彗尾长度（天文单位）
2月16日	8	1.711	34	0.54
2月18日	10	1.674	36	0.66
2月28日	10	1.504	41	0.51
3月2日	12	1.474	42	0.61
3月6日	12	1.421	44	0.56
3月8日	14	1.398	45	0.65
3月10日	14	1.377	46	0.63
3月11日	10	1.368	47	0.39
3月12日	15	1.360	47	0.66
3月13日	15	1.352	47	0.66
3月19日	16	1.320	49	0.67
3月20日	16	1.318	49	0.67
3月26日	18	1.320	49	0.79
3月27日	18	1.323	49	0.79
3月30日	18	1.338	48	0.83
4月3日	15	1.367	47	0.67
4月6日	15	1.396	46	0.70
4月7日	14	1.406	45	0.66
4月9日	12	1.430	44	0.56

作者根据表达式（4.10）计算。计算中的所有角长度都来自同一组天文学家（皮耶尔乔治·库西纳托、亚历山德罗·迪迈、迭戈·加斯帕里、大卫·吉拉尔多、朱塞佩·梅纳迪、伦佐·沃尔坎和亚历桑德罗·扎尔迪尼）。

气尘比

彗星的一个重要特征是气体和尘埃的产率，这些信息可以帮助我们更好地了解彗发的组成和结构。确定气体和尘埃产率的一种方法是估计彗星的气体和尘埃比率，即气尘比。

17P/Holmes 彗星的光谱在 5150 埃（或 515 纳米）附近出现双峰，这是由于气态 C_2 自由基发射的蓝绿光。如果彗星有大量的气体，它会发出大量波长为 511 纳米和 514 纳米的光。如果彗

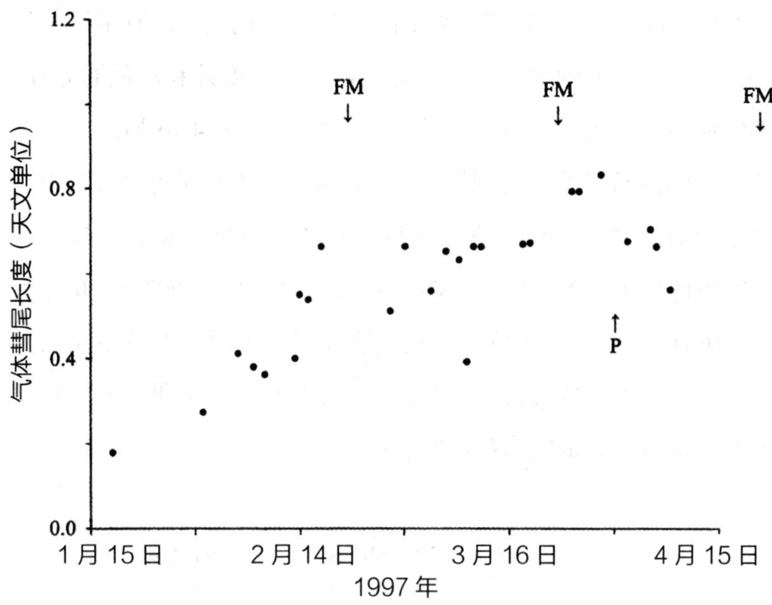

图 4.29　海尔－波普彗星的气态彗尾长度。基于皮耶尔乔治·库西纳托、亚历山德罗·迪迈、迭戈·加斯帕里、大卫·吉拉尔多、朱塞佩·梅纳迪、伦佐·沃尔坎和亚历桑德罗·扎尔迪尼的数据，由表达式（4.10）估算而得。FM 代表满月的日期；P 代表彗星在近日点附近的日期。

星在这些波长下没出现太多的光，那么，它上面可能没有多少气体。下面将介绍如何测量彗星的气尘比。

一种获取气尘比的方法是用两种不同的滤光片对彗星进行成像。一张图像是用黄色或绿色滤光片以及红外阻挡滤光片拍摄的；另一张图像是用天鹅带（或彗星）滤光片以及相同的红外阻挡滤光片拍摄的，然后校正两个滤光片的透过峰的半峰宽的差异。如果彗星的第二张照片较暗，那么它的大部分光线是由尘埃产生的。相反，如果第二张照片比第一张亮，那么彗星的大部分光线来自气体。比较有趣的观测项目是在长达几周的时间内拍摄这样的两幅图像，并确定气尘比随时间的变化。利用现代 CCD 相机和中型望远镜，人们可以获得亮度低于 10 星等的彗星的有用信息。

测量气尘比的另一种方法是使用光电光度计和彩色滤光片，如转换为约翰逊 B 和 V 系统的彩色滤光片。表 4.16 列出了我对 17P/Holmes 彗星的亮度测量。通过 B 星等减去 V 星等来计算 B-V 颜色指数，并以类似的方式计算 V-R 颜色指数。太阳的 B-V 和 V-R 颜色指数分别为 0.65 和 0.54。这些数值与 2007 年 10 月下旬 17P/Holmes 彗星的数值接近。这表明，当时这颗彗星突然变亮主要是由尘埃造成的，因此，其气尘比较低。如果太阳比彗星更红，这将是大量气体存在的证据。

表 4.16　作者对 17P/Holmes 彗星亮度的测量

日期（2007年）	彩色滤光片	测量的星等[a]	B-V	V-R
10月29.048	V	2.50	–	–
10月29.065	B	3.25	0.75	–
10月29.081	R	1.94	–	0.55[a]
10月30.092	V	2.52	–	–
10月30.113	B	3.32	0.79[a]	–
10月30.135	R	1.99	–	0.53

[a] 计算这些数据的星等保留到了小数点后三位，因此，最终的数据四舍五入到小数点后两位。

光变曲线

光变曲线是亮度与时间的关系图。对彗星来说，光变曲线提供了彗星接近太阳时其亮度的变化信息。我们还可以通过光变曲线了解彗星大爆发和小爆发的原因。第二章给出了几颗彗星的光变曲线。绘制一张光变曲线图，需要对彗星的亮度进行长时间的测量。测量彗星亮度的方法有三种，即目视测量、CCD 相机测量和光电光度计测量。下面将讲解这几种方法。

我在上一章中讲述了目视亮度估计。若彗星微弱到无法用双目望远镜看到，观测者还可以使用天文望远镜来测量彗星的亮度。我要强调的是，尽量使用小仪器来估计彗星的亮度。如果彗星太微弱，无法用双目望远镜看到，就必须使用天文望远镜。在这种情况下，估计的程序与使用双目望远镜的程序一样，这在第三章中已经做了讲解。在使用天文望远镜估计亮度时，请使用低放大率，并将放大率和望远镜的特性一起报告。使用望远镜进行目视估计时，还需要计算改正系数［表达式（3.4）和（3.5）］。目视亮度估计仅能精确到 0.5 星等左右。如果需要更精确的测量，应使用 CCD 相机或光电光度计。

如今，大多数亮度测量都是采用 CCD 相机来完成的。CCD 相机包含 1 万多个像素的像素阵列，排列在正方形或矩形芯片中。每个像素都可以看作一个小探测器。亮度测量必须包含整个彗发及其周围的部分空间。在测光之前，必须对 CCD 图像进行三种改正：平场改正、暗场改正和色改正。这些改正都能在有关成像的参考文献中找到。表 4.17 列出了几种类型的相机和电子目镜的产品评价的参考文献。其中许多相机适合用于光电测光，而其他相机更适合拍摄。购买前请与供应商核实。

表 4.17 《天空和望远镜》(S&T）和《天文学》(Ast.）杂志中有关相机和电子目镜的产品评价

供应商	相机	参考资料
Astrovid, Meade和 Supercircuits	StellaCam-EX, Electronic Eyepiece, PC 164C和 PC 165C	(S&T）Feb. 03, p. 57

续表

供应商	相机	参考资料
Santa Barbara	ST-2000XM和 ST-9XE	(Ast.) Mar. 03, p. 84
Starlight Xpress	MX916	(Ast.) Mar. 03, p. 84
Santa Barbara Instruments	SBIG STL-11000M CCD camera	(S&T) Jul. 04, p. 96
Canon USA Inc.	10D digital camera	(Ast.) Sept. 04, p. 84
Adirondack Video Astronomy	StellaCam II	(S&T) Oct. 04, p. 86
Meade Instruments Corp.	Lunar planetary imager (LPI)	(Ast.) June 05, p. 80
Meade	DSI color CCD	(S&T) Oct. 05, p. 76
Canon	EOS 20Da digital SLR	(S&T) Nov. 05, p. 84
Lumenera	SkyNyx 2-0	(S&T) Jun. 06, p. 76
Canon	EOS 20Da digital SLR	(Ast.) July 06, p. 90
Meade	DSI II Pro monochrome CCD	(S&T) Sept. 06, p. 76
Apogee	Apogee Alta U9000 CCD	(S&T) Jun. 07, p. 64
Finger Lakes Instrumentation Inc.	FLI MaxCam ME2 CCD	(Ast.) July 07, p. 70
Adirondack	Astrovid StellaCam^3	(S&T) Sept. 07, p. 64
The Imaging Source	DMK 21AF04.AS Monochrome	(S&T) Oct. 07, p. 36
Adirondack	Atik Instruments ATK 16IC	(S&T) Nov. 07, p. 36
Orion	StarShoot Deep Space Color Imager II	(S&T) Apr. 08, p. 32
Nikon	D300 Digital SLR	(S&T) Apr. 08, p. 36
Meade	Meade Deep Sky Imager III Camera	(Ast.) Sept. 08, p. 64
Orion	StarShoot Autoguider	(S&T) Nov. 08, p. 43
Orion	StarShoot Pro CCD	(S&T) Feb. 09, p. 34
Finger Lakes Instrumentation	FLI MicroLine ML8300	(S&T) Apr. 09, p. 34
Quantum Scientific Imaging	QSI 540 wsg CCD Camera	(S&T) Jun. 09, p. 36

在测光过程中，如果使用了透过峰的半峰宽超过 50 纳米的滤光片，则必须测量转换系数。如果想得到 0.001 量级的精度，即使使用了半峰宽低于 50 纳米的滤光片，也要测量转换系数。《观测天王星、海王星和冥王星》(Schmude 2008) 或《变星的光电测光》(*Photoelectric Photometry of Variable Stars*, Hall and Genet

1988）中描述了如何测量转换系数。

正确显示图像后，就要进行平场改正和暗场改正。无须进行背景增强之类的其他处理，额外的处理可能会在测光数据中引入系统误差。在原始测光后，进行变换改正。购买相机时，确保软件能够进行测光。选取孔径大小可调的相机，以便测量不同大小的物体。

观测者还可以使用光电光度计绘制光变曲线。光电光度计的结构中也有光探测器，但它不是相机芯片，可以把它想象为一个巨大像素。因此，它不能用来拍照。图 4.30 展示了一款市面上的 Optec 股份有限公司制造的 SSP-3 型光电光度计。

光电光度计在使用前必须进行三种改正，即消光改正、颜色转换改正以及天空噪声改正。改正方法以及放大率的详细计算方法见《观测天王星、海王星和冥王星》。

图 4.30　一款 SSP-3 型光电探测器与望远镜的 1¼ 英寸[①]的目镜接口相连

① 约为 3.18 厘米。——编者注

4.6 影响彗尾长度测量的因素

影响彗尾角长度测量的因素至少有五个。第一个因素是天空透明度。随着天空透明度变差，进入人眼和探测器的光线就会变少。简而言之，天空透明度低，彗尾就显得短小、暗淡。在测量结果中必须报告极限星等的原因就在于此。第二个因素是散射光。月光和人造光都属于散射光，散射光让天空变亮。相比在黑暗的天空中，如果有大量散射光，彗尾就会显得短。第三、四个因素是望远镜孔径和放大率。我认为，如果一个人想要随时间进行一系列的角长度测量，应该始终使用相同的仪器和放大率。第五个因素是彗尾相对于太阳和观测者的方位。下面对这一因素进行解释。

彗发附近的彗尾总是最亮的，并且随着彗尾远离彗发而逐渐变暗。某些时候，彗尾太暗，暗到不可见。如图 4.31a 中的虚线所示，虚线右侧的区域就是不可见的，因此，报告的彗尾长度为 ℓ 度。图 4.31a 中的彗尾所在的平面垂直于视线。图 4.31b 中的情况就有所不同了，此时，彗尾与垂直视线成 60 度的夹角。为了便于几何分析，我在图 4.31a 中的图形中绘制了虚线的位置。考虑朝向后，虚线周围的区域就会导致观测者看到更长的尾部。结果是观察者在虚线外看到相当一部分彗尾，并将彗尾长度报告为 ℓ' 度。考虑几何因素后，图 4.31b 中报告的长度将比图 4.31a 中的长度长。

彗尾相对于太阳光线的方位也会影响彗尾的亮度和测量长度。图 4.32 是前向散射光和反向散射光的示意图。当光线照射

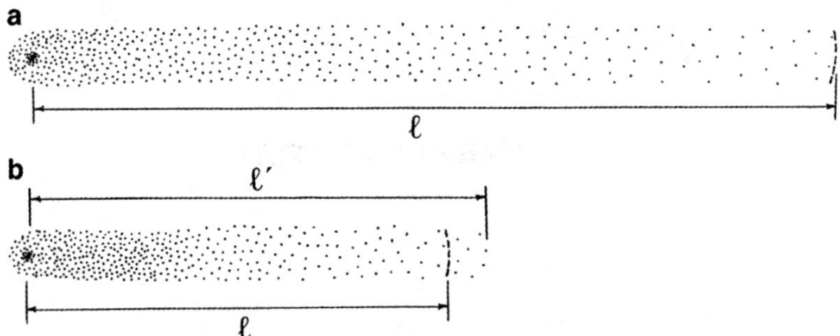

图 4.31 （a）彗尾与观测者的视线垂直。估测的长度为 ℓ 度。虚线右侧的微弱区域是不可见的。（b）彗尾与垂直视线呈 60 度的夹角。结果导致观测者在虚线外看到更多的彗尾，并将彗尾长度报告为 ℓ′ 度，比 ℓ 的长度长。

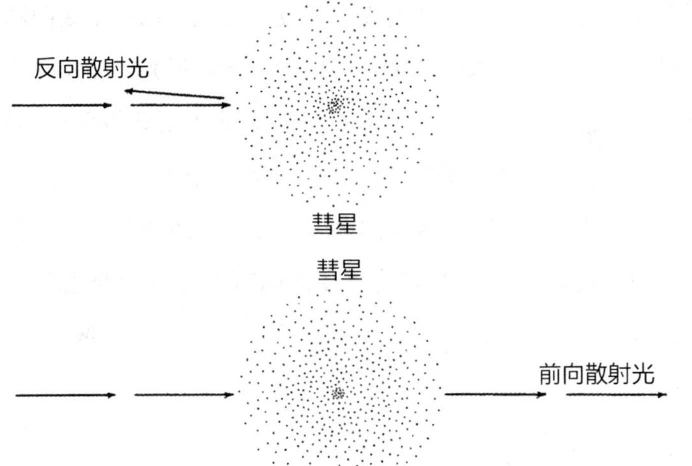

图 4.32 上图显示了反向散射光，下图显示了前向散射光。当光线照射到物体并向后反射时，会出现反向散射光。相反，光照射到物体后继续向前传播，形成前向散射光。

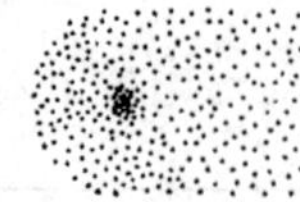

图 4.33　尘埃彗尾在前向散射光中显得较亮，而当它不再向观测者散射前向散射光时，将变短、变暗。

到物体上并向后反射时，会出现反向散射光。对于前向散射光，光照射到物体后继续向前传播。如果彗尾位于太阳和地球之间，我们看到的将主要是前向散射光。相反，如果地球位于太阳和彗尾之间，我们将看到大部分来自彗尾的反向散射光。相比在反向散射光中，光波长大小的颗粒在前向散射光中要亮得多；相反，远大于光波长的物体在反向散射光中更亮。因此，与可见光波长相同的尘埃颗粒在前向散射光中明亮，但在反向散射光中暗淡。如图 4.33，这种尘埃组成的彗尾在前向散射光线中会很长、很亮。随着彗星位置的移动，当同一条彗尾不再产生前向散射光时，就会变得短小、暗淡。

第五章

彗星的大型天文望远镜观测

5.1 导　言

有些彗星的观测项目要用到大型天文望远镜（孔径大于 0.30 米）。例如，彗星光谱的记录或彗发的偏振测量。它们可以用来确定彗发初现和消散的时间，以及有望获取揭秘彗星年龄的线索。此外，人们还能测量裸核的亮度，或观测上一章中提到的几个项目。本章我将介绍几个需要用到大型望远镜的观测项目，即光谱学、射电研究、彗星测光和光变曲线测量、裸核测光、偏振测量、发现新彗星、周期彗星的“复现”和彗星的不透明度的测量。

5.2 光谱学

物质可以吸收或发射特定波长的电磁波（或辐射）。光谱学是涉及光谱记录和解释的科学分支。大多情况下，光谱能揭示彗星内气体的成分、温度和膨胀速度。

我首先讨论光谱的不同类型，讨论原子、分子与电磁波相互作用的背景知识。我将从彗星如何发射和反射光开始讲解，之后，依次讨论三种类型的光谱（吸收光谱、连续光谱和发射光谱）、电子跃迁、振动跃迁和转动跃迁，以及光谱分辨率和彗星光谱等内容。

彗星对光的发射和反射

光和物质相互作用的方式有五种，即吸收、反射、散射、色散和发射。对吸收来说，分子吸收特定波长的光，每种分子吸收一组特定波长的光。如果有多种分子共存，或者分子靠得非常近，彼此之间不是独立的，吸收光的波长范围就会变宽。反射是光线遇到物质被反弹回去的过程。反射的类型不同，反射光的方向也不同，物质能朝一个方向反射光，也能朝不同方向反射。散射是指光照射到物质上后，向随机方向运动的过程。某些情况下，光遇到物质，发生散射，分成不同的波长。悬浮在空气中的微小水滴将阳光色散，形成彩虹。最后，物质也可以发射光。物质发射光的过程有黑体辐射、荧光发射和磷光发射。在这五种方式中，发射和反射对彗星来说最重要。需要记住的是，反射光在观测彗星和尘埃彗尾时非常重要，因为，它们反射了所有颜色的阳光。太阳光是黄色的，因此，彗星中的尘埃也带有黄色的成分。

黑体辐射与构成物质的原子的热运动有关。物体越热，辐射就越强。例如，人体最强的黑体辐射的波长由人体的温度决定。本质上，这种关系由维恩定律（Wein's Law）给出，其表达式为：

$$\lambda_{max} = (0.0029\ 米 \times 开氏度) \div T \qquad (5.1)$$

表达式中，λ_{max} 是物体黑体辐射强度最强的波长，T 是温度，单位为开氏度。如果彗核的温度为 200 开氏度（–99 华氏度或 –73 摄氏度），那么，辐射强度最强的波长为 1.45×10^{-5} 米，即 14.5 微米，对应着电磁光谱中的红外线。想要使物体黑体辐射的峰值落在可见光（例如，波长为 500 纳米）范围内，物体的温度就必须达到 5800 开氏度（约 10,000 华氏度或 5500 摄氏度）。

天文学家在 10 微米波长附近对几颗彗星的亮度进行了测量。他们把彗星视作黑体，利用波谱信息确定了彗星的黑体温度。表 5.1 列出了几颗彗星及测量的黑体温度。

荧光发射和磷光发射与黑体辐射不同。当物质吸收高能光并几乎瞬间（几纳秒内）发出较低能量的光时，就会产生荧光。磷光与荧光类似，只是在发光时出现了较长时间的延迟。许多彗星都会发射荧光。例如，C_2 自由基发射的可见光就是荧光，在光谱上形成斯旺谱带（Swan Bands）。

下面，将讲述三种不同类型的光谱。

表 5.1　几颗近期发现的彗星的黑体温度

彗星	黑体温度（开氏度）	观测年份	来源
1538/Ikeya-Zhang（C/2002 C1）	270	2002	IAUC 7921
工藤-藤川彗星（C/2002 X5）	340	2003	IAUC 8062
NEAT彗星（C/2001 Q4）	315	2004	IAUC 8360
LINEAR彗星（C/2003 K4）	235	2004	IAUC 8361
LINEAR彗星（C/2006 VZ_{13}）	275	2007	IAUC 8855

吸收光谱、连续光谱和发射光谱

光谱的三种类型是吸收光谱、连续光谱和发射光谱。吸收光谱在谱强度上显示为非常窄的凹陷。图 5.1 给出了氢的吸收光谱。请注意，强度的凹陷幅度很小。凹陷的原因是氢吸收了特定波长的光。例如，氢吸收的光的波长为 434 纳米、486 纳米和 656 纳米（温度一定的情况下，氢可以吸收或发射波长为 434 纳米、486 纳米和 656 纳米的光）。发射光谱和吸收光谱相反，显示为强度的极值（或峰值）。图 5.2 给出了氢的发射光谱。发射峰分别位于 434 纳米、486 纳米和 656 纳米处。最后，连续光谱包含有所有波长的光，如图 5.3 所示，它没有任何凹陷或峰值。在了解了这三种类型的光谱之后，读者自然会问：彗星的光谱是哪一种？彗星的光谱取决于观测的类型、研究的区域以及彗星上正在发生的过程。

基尔霍夫三定律描述了物体在高温情况下发出的三种光谱。它们是：

1. 炽热的固体、液体或压缩气体，产生连续光谱。

2. 未被压缩且位于较冷背景中的高温透明气体，产生发射光谱。

3. 在更热的连续辐射发射源周围，未被压缩的透明热气体产生吸收光谱。

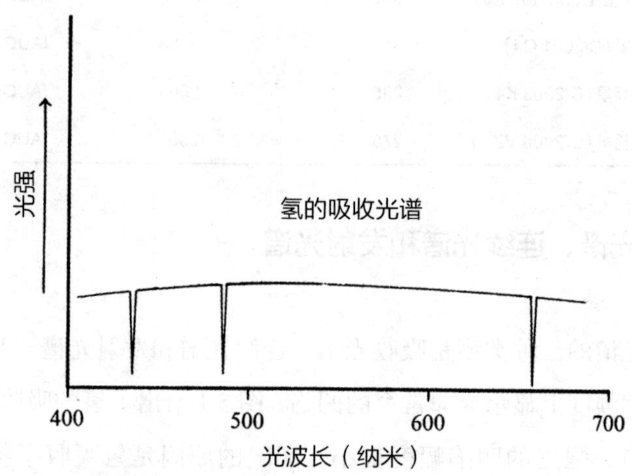

图 5.1　氢的吸收光谱假想图。强度分布上的三个窄凹陷是吸收特征。这些特征是由氢对光的吸收引起的。

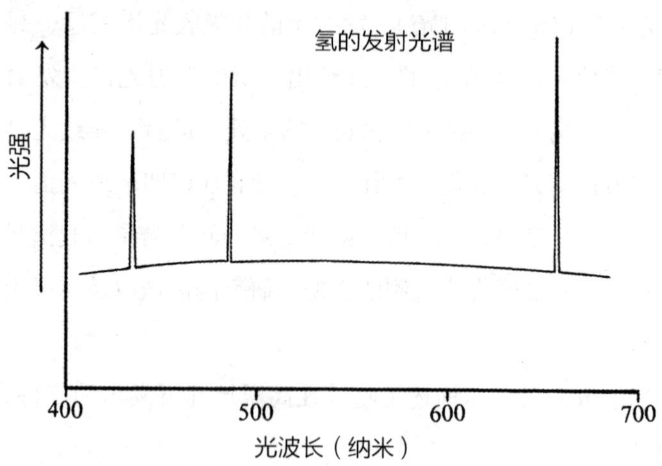

图 5.2　氢的发射光谱假想图。三个强度最大值（或峰值）是发射特征。这些特征是氢在 434 纳米、486 纳米和 656 纳米处发射的额外光。氢可以吸收或发射这些波长的光，波长的具体值还取决于温度。

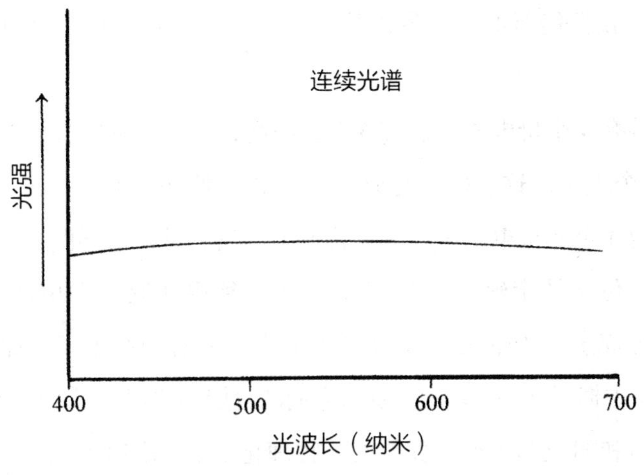

图 5.3　连续光谱假想图。光谱中不存在凹陷和峰值。

若彗星距离太阳 1.0 天文单位，且富含气体，那么它将发射荧光，产生可见波长的发射光谱。可见光中的部分光谱是连续光谱，来源于尘埃反射的太阳光。如果彗星在一颗明亮的恒星前通过，观测者还有可能探测到吸收光谱。

为什么物体会发出光谱？大部分光谱源于物体对阳光的反射和散射。然而，光谱中更有趣的部分来自相对独立的原子或分子。当原子或分子从一个能量状态跃迁到另一个能量状态时，它们会发射或吸收特定波长的光。如果这些跃迁发生得足够多，光谱中将出现发射峰或吸收峰。

分子有三种能级，分别是电子能级、振动能级和转动能级。下面将逐一讲述。

电子跃迁、振动跃迁和转动跃迁

原子或分子中的电子处在一定的能级上。当电子从较高能级跃迁到较低能级时，会发出特定波长的光。我们用一个例子来说明。

碳有 4 个价电子，氧有 6 个，因此，一氧化碳的分子轨道上有 10 个电子。这些轨道与原子中的电子能级一样。一氧化碳中的其他 4 个非价电子不在分子轨道上。我们对此不再做进一步的讨论。位于特定轨道上的 10 个电子必须遵守泡利不相容原理。该原理规定："任何给定的轨道上最多只能有两个电子，如果两个电子占据了同一个轨道，那么它们的自旋必须配对。"（彼得·阿特金斯和胡里奥·德·保拉的《物理化学》，第 7 版，2002 年）。处于室温的一氧化碳，其电子几乎总是处于能量最低的能级，即基态。图 5.4 给出了一氧化碳基态中 10 个电子的排布示意图。由于上面的能级的能量是增大的，因此电子尽可能处在能量最低的能级组合。请记住，图 5.4 中的每条横线都是一个轨道，每个箭头代表一个电子，一个轨道中不能同时放两个以上的电子。

一个可见光或紫外光的光子能把电子激发到更高的轨道上。如图 5.5 所示，当基态一氧化碳（左侧的电子排列）吸收光时，

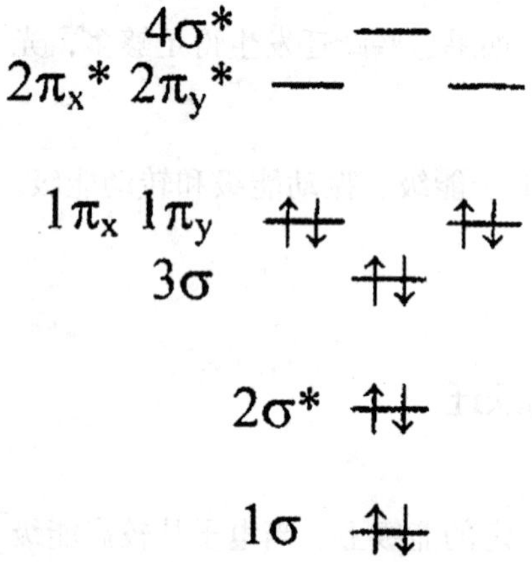

$4\sigma^*$

$2\pi_x^*$ $2\pi_y^*$

$1\pi_x$ $1\pi_y$ ↑↓ ↑↓

3σ ↑↓

$2\sigma^*$ ↑↓

1σ ↑↓

图 5.4　箭头代表价电子，横线表示能级或轨道。1σ 能级的能量最低，4σ* 能级的能量最高。由于碳有 4 个价电子，氧有 6 个，一氧化碳分子在分子能级（轨道）上有 10 个价电子。在这张图中，电子处于能量最低的能级组合，即一氧化碳的基态。

电子跃迁到下一个较高的能级（右侧的电子排列）。右边的电子排列不再是基态，因为这 10 个电子中的一个电子没有处于最低的能量状态。如图 5.6 所示，当电子从较高的能量状态跃迁到较低的能量状态（如基态）时，分子会发出特定波长的光。可见光和紫外线波长一般与电子跃迁有关。

除了电子能级，分子还有振动能级。一氧化碳分子有两个彼此键合的原子。有时，这两个原子会相互移动，忽近忽远，就像弹簧一样，我们可以想象一个连接碳原子和氧原子的弹簧。如图 5.7 所示，弹簧来回运动，这种运动叫作振动。一氧化碳具有不同的振动能级，并且每个电子态都带有不同的振动能级。多数纯振动跃迁对应波长在 3.0 到 30 微米之间的光，在电磁波谱的红外区域。

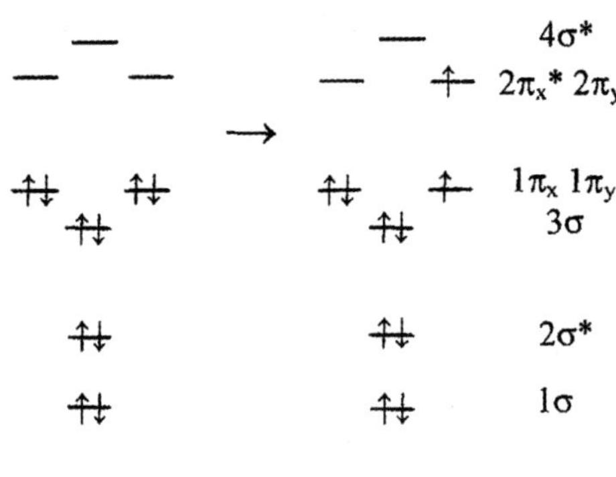

图 5.5　当一氧化碳分子吸收具有足够能量的光时，电子被激发到更高的能级，如图所示。此时，一氧化碳分子的电子能级排布发生了变化。这个过程叫作吸收。

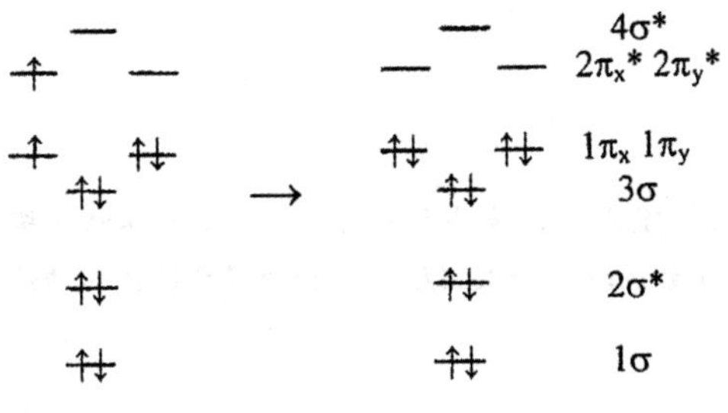

$4\sigma^*$
$2\pi_x^*\ 2\pi_y^*$
$1\pi_x\ 1\pi_y$
3σ
$2\sigma^*$
1σ

图 5.6　当电子从能量较高的能级跃迁到能量较低的能级时，就会发出光，这一过程为光的发射。

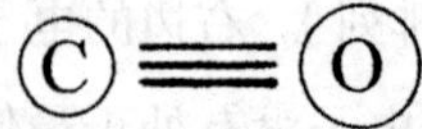

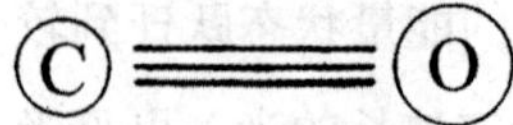

图 5.7　一氧化碳分子的振动示意图，振动过程中分子键伸长和收缩。键伸长和收缩得越快，振动能级就越高。分子具有一组特定的振动能级。

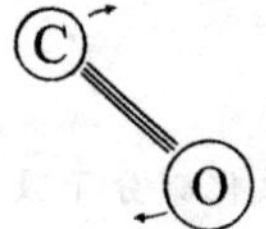

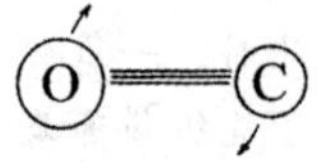

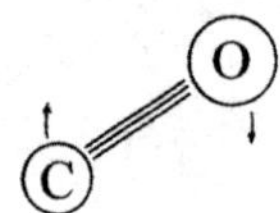

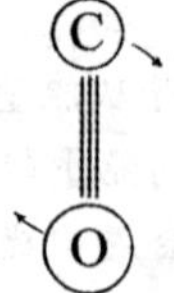

图 5.8　一氧化碳分子的转动示意图。该分子的转动能级也是特定的分离能级。一氧化碳分子转动得越快，转动能级就越高。

除了电子能级和振动能级，分子还具有转动能级，如图 5.8 所示。不同的转动能级对应不同的转速。小分子在纯转动跃迁过程中，发射的电磁波的频率一般在 100~1000 千兆赫兹的范围内，位于电磁波谱的无线电（或微波）区域。

不难想到，两个一氧化碳分子的能级是相同的，但一氧化碳分子与水分子的能级就不同了。事实上，每种类型的分子都有一组独特的能级，因此也拥有独特光谱。对于理解天文学家探测彗星物质成分的原理，这一概念至关重要。

如上所述，像一氧化碳这样的分子有三种类型的能级。在许多情况下，能量变化会涉及其中的两个或三个（电子能级、振动能级和转动能级）。“电子—振动”跃迁就涉及电子能级和振动能级的同时变化。例如，分子可以从电子级 2 和振动级 3 移动到电子级 1 和振动级 2。如果光谱的分辨率合适，人们甚至可以在振动光谱中找出转动跃迁。随着分辨率的提高，光谱也变得更加复杂，这是光谱难解的原因之一。但是，这些复杂的光谱可以揭示出彗星的诸多信息。接下来，讲述光谱分辨率。

光谱分辨率

分光镜的分辨率就是它区分相邻吸收或发射峰的能力，这种分辨率称为光谱分辨率。影响分辨率的因素有：到达探测器的光量、棱镜或光栅的性质、光学系统和狭缝宽度。一种确定分辨率的具体方法是瑞利准则（Rayleigh Criterion），即在两条强度相同的发射峰之间必须有一个至少为峰值高度的 19% 的谷，如图 5.9 所示。分辨率 R 的定义为：

$$R = \lambda \div \Delta\lambda \tag{5.2}$$

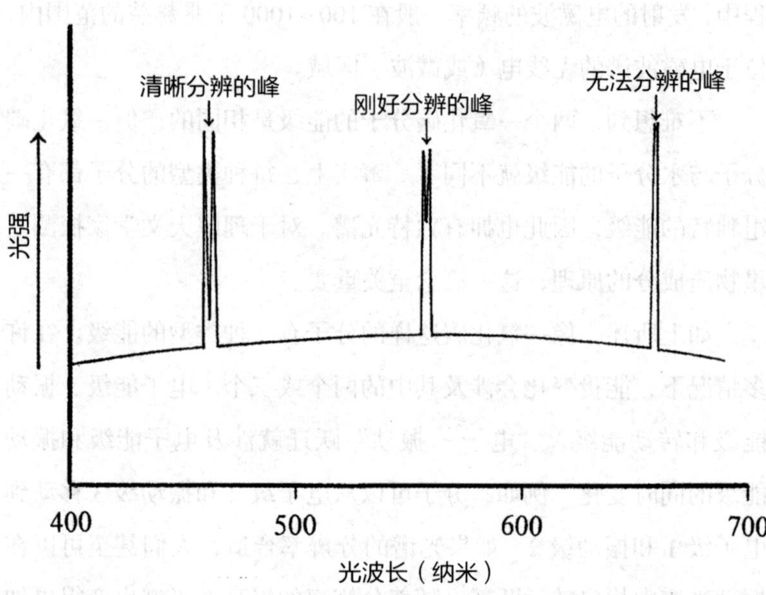

图 5.9　左侧 460 纳米附近的两个峰能够被清晰地分辨出来，因为两个峰之间的谷的深度几乎等于峰高。中间的 560 纳米附近的两个峰刚好被分辨出来。右侧 660 纳米附近的特征不能被看作两个峰，因为它们之间的谷小于峰值高度的 19%。

在表达式中，λ 是光的波长，Δ λ 是可以分辨的两个峰值之间的最小间距。如果分光镜在 600 纳米的光波下工作，并且能够区分两个相距 2.0 纳米的峰，那么，其光谱分辨率将为 600 ÷ 2.0 = 300 纳米。光谱的分辨率越高，光谱中就越有可能出现大量的峰，因此光谱也将包含更多的信息。

表 5.2 总结了专业天文学家收集的 9P/Tempel 1 彗星不同类型的光谱，以及望远镜直径和各自的光谱分辨率。

表 5.2　近来测到的 Comet 9P/Tempel 1 彗星的光谱

光谱范围	分辨率	望远镜直径（米）	数据来源
紫外线和可见光	47,000	10	Icarus, Vol. 191, p. 360
紫外线和可见光	1000	0.9	Icarus, Vol. 191, p. 526
紫外线、可见光和红外线	1000	2.2	Icarus, Vol. 191, p. 389
中红外光	300	8	Icarus, Vol. 191, p. 432
近红外光	18,500	3.8	Icarus, Vol. 191, p. 371
射电	300,000	305, 100	Icarus, Vol. 191, p. 469
射电	600,000	10.4, 30,35 × 300	Icarus, Vol. 191, p. 494

彗星光谱

相比其他类型的光，可见光波段的发射光谱是最容易测量的彗星光谱，因为大气层吸收的可见光比其他类型的光少。克里斯蒂安 · 布伊尔（Chrstian Buil）通过测量 LINEAR 彗星（C/2001 A2）中心凝结物附近的光谱，探测到了几种分子，结果见表 5.3。表 5.4 列出了他获取光谱时使用的设备和软件。准确的跃迁波长可能会因几个因素的影响稍微改变。观测者可以使用光谱中的峰的波长来识别彗星上的物质的种类。

观测者还可以测量中红外区域中的发射光谱。但是，地球大气层对于中红外光的透射率很低。专业天文学家一般在海拔 2000 米以上的地方用大型望远镜收集这个波长范围的光谱。

表 5.3　克里斯蒂安·布伊尔在 LINEAR 彗星（C/2001 A2）上探测到的化合物

种类	特征波长（纳米）
氰基	388
C_3自由基	405.6
C_2自由基	438.0, 473.8, 516.5和563.5
C_2自由基+氨基	610.0
氧+氨基	630.0

表 5.4　克里斯蒂安·布伊尔测量 LINEAR 彗星（C/2001 A2）中心凝聚物附近的发射光谱时所使用的设备和软件

望远镜	Takahashi FSQ-106-F/D = 5
装置	Vixen GP-DX
分光镜	Littrow Spectrograph
CCD相机	Audine KAF-0401 E
光谱采样率	0.8 nm/pixel
分辨率（波长在 550 纳米处）	340
采集软件	Pisco
处理软件	Iris
光谱分析软件	VisualSpec

灵敏的射电望远镜能探测到转动跃迁。专业天文学家使用这一技术研究了几颗彗星中的个别物质。下面讨论了射电望远镜以及我们可以从中学到的一些知识。

5.3 射电研究

宇宙中几乎所有的物体都会发射无线电波。在电磁波谱中，无线电区域覆盖的波长大于 10^{-4} 米。无线电波中较短波长的波叫作微波。资深射电天文学家 G.W. 斯文森（G.W. Swenson）表示，0.5 ~ 6 米波长的无线电波多用于针对业余爱好者的射电望远镜。

射电天文学家能区分光谱分辨率和空间分辨率。光谱分辨率是指能够分辨光谱中近邻峰的能力。而空间分辨率是指用望远镜分辨天空中两个物体的能力，它类似于上一章中讲述的光学望远镜的道斯极限。射电望远镜具有优异的光谱分辨率，但空间分辨率较差。空间分辨率的一般表达式为：

$$\text{空间分辨率} = (250,000\ \text{角秒} \times \lambda) \div D \tag{5.3}$$

在表达式中，λ 代表波长，D 是望远镜孔径。例如，使用 4.0 米的射电望远镜，研究 0.5 米波长的无线电波时，空间分辨率为：

空间分辨率 =（250,000 角秒 ×0.5 米）÷4.0 米，结果是：

空间分辨率 = 31,250 角秒 = 8.7 度

结果比我们眼睛的分辨率差很多。提高空间分辨率的方法有：建造更大的望远镜、采用较小的工作波长或将几个射电望远镜连接在一起。新墨西哥州的甚大阵（Very Large Array，VLA）望远镜是一个由 27 台望远镜组成的阵列，它覆盖的最大距离达 40 千米。

这个距离基本上就是该望远镜的直径。因此，如果有人对波长为0.5米的无线电波感兴趣，那么他可以使用VLA获得略超过3角秒的空间分辨率。

射电数据能告诉我们什么呢？利用射电望远镜，观测者能够测量彗星中H_2O等特定物质的产率。此外，它还可以测量水等物质离开彗核的速度，以及在彗星中寻找不同的化合物。例如，2005年，一个观测小组在9P/Tempel 1彗星中检测到了羟基、水、氰化氢、甲醇和硫化氢。观测者还可以用它测量彗核的大小和自转速率。

对业余天文学家来说，最有用的观测项目也许要数研究与彗星有关的流星雨了。包括英仙座、猎户座和狮子座在内的几个主要流星雨中的流星都来自彗星的碎片。射电研究不受满月和阴天的影响。更多关于射电望远镜以及如何使用射电望远镜研究流星雨的信息，请访问英国业余射电天文学网站和业余射电天文学家协会的网站，表5.5列出了类似网站的地址。

表5.5　与彗星研究相关的重要网站

网站用途或所属研究组织	网站
帕洛玛天图I和II	http://stdatu.stsci.edu/cgi-bin/dss_form
帕洛玛天图	http://aps.umn.edu/
英国业余射电天文学协会	http://www.ukaranet.org.uk
业余射电天文学家协会	http://www.qsl.net/SARA
太阳和日球层探测器	http://sohowww.nascom.nasa.gov/data/realtime-images.html
近地天体确认信息页	http://www.cfa.harvard.edu/iau/NEO/ToConfirm.html
小行星中心	http://www.cfa.harvard.edu/iau/MPEph/MPEph.html, 记得向下滚动一点
英国天文协会彗星部	http://www.ast.cam.ac.uk/~jds/

续表

网站用途或所属研究组织	网站
加里·克罗（国际月球和行星观测者协会彗星部协调员）	http://cometography.com/index.html
加拿大皇家天文学会	http://www.rasc.ca
业余天文学家彗星档案	http://www.cara-project.org

5.4 测光和光变曲线

大多数彗星会经历两个阶段——彗核阶段和彗发阶段。某些彗星还会经历第三个阶段，即爆发阶段。亮度测量能够检测出这些阶段之间的过渡。下面我将结合完整的光变曲线，以及彗星的亮度历史，对彗星的各阶段进行讲解。接着，我将讲述海尔-波普彗星的光变曲线。

彗核阶段

在彗核阶段，彗星上面非常寒冷，无法形成彗发。此时，彗核是彗星的唯一光源。这个阶段，彗星的亮度遵循表达式（1.4）。从本质上讲，彗核与太阳的距离减少一半时，彗星亮度会增加 4 倍。同样，当彗星与地球的距离减半时，亮度也会增加 4 倍。日地张角和冲闪也影响着彗星的亮度，使它变亮 2 倍以上。此外，彗核的亮度还随着自身的旋转而变化。如果彗核围绕一个固定轴旋转，那么亮度变化将循环往复；相反，如果彗核的旋转比较随机，其亮度将变得不可预测。

1990 年之前，没有哪个彗星是在彗核阶段被探测到的。因为彗核发出的光太微弱，而 1990 年前的相机的灵敏度也有限。从 20 世纪 90 年代开始，具有更高灵敏度的相机问世了。天文学家才借此发现了一些处在彗核阶段的彗星。此时，彗星发现时多数处于裸核阶段，时常被归类为小行星。等它们接近太阳时，形成了彗发，才被重新归类为彗星。为了研究彗星从彗发阶段到彗核阶段过渡的过程，天文学家对一些彗星进行了跟踪。

当彗核接近太阳时，挥发性物质开始逃逸，彗星上逐渐形成薄薄的彗发。起初，彗发很稀薄，彗星发出的大部分光线仍然是彗核反射的。描述这个阶段的彗星亮度的最佳表达式仍然是（1.4）。随着彗核离太阳越来越近，越来越多的物质进入彗发。等到某一时刻，逃逸的气体开始携带尘埃颗粒进入彗发。此刻，彗发的亮度能够达到彗核的 2 至 6 倍。今天许多彗星都是在这个阶段被发现的。我认为彗星此刻已经进入了彗发阶段。在这个阶段，彗核和彗发同时反射了大部分光，表达式（1.4）至（1.6）也不再能精准描述彗星的亮度了。随着彗核越来越靠近太阳，彗发变得越来越浓密。彗发这时反射了几乎所有的光，描述彗星的亮度的公式就过渡到了表达式（1.5）和（1.6）。

彗发阶段

在彗发阶段，彗星因靠近太阳而迅速变亮。多数情况下，彗星与太阳的距离每减少一半，亮度就会变亮 16 倍。相比，当彗核与太阳的距离减半时，亮度只增加 4 倍。第一章中的表达式（1.5）和（1.6）是描述彗发亮度的两种常用方法。日地张角和冲闪在这个阶段引起的亮度变化都很小。此外，彗星随时都会爆发，并引发亮度的变化。例如，在 1985 至 1986 年期间，1P/Halley 彗星就经历了几次小的亮度变化，变化幅度为 20% 到 40%，即 0.2 到 0.4 星等。

爆发阶段

在爆发阶段，彗星的亮度会突然增加或减少，计算亮度的表达式（1.4）、（1.5）和（1.6）也不再适用。无论彗星靠近太阳还是远离太阳，爆发都有可能发生。只有在充分确定彗发阶段和（或）彗核阶段的彗星亮度后，天文学家才能探测到爆发。2000年以来，LINEAR 彗星（C/2001 A2、C/2005 K2）和 17P/Holmes 彗星发生了爆发。1991 年 2 月，1P/Halley 彗星发生了一次大爆发。这次爆发发生时，彗星处于彗核阶段。因此，无论彗星处于彗核阶段还是彗发阶段，爆发都有可能发生。

全程、近全程和局部光变曲线

全程光变曲线是彗星在整个彗核阶段和彗发阶段的亮度曲线图。这幅图很难绘制，因为多数彗星在彗核阶段都非常微弱。近全程光变曲线是不错的替代，它显示了彗星在整个彗发阶段和部分彗核阶段的亮度。有位天文学家绘制了 1P/Halley 彗星、81P/Wild 2 彗星、19P/Borrelly 彗星、21P/Giacobini-Zinner 彗星、9P/Tempel 1 彗星、67P/Churyumov-Gerasimenko 彗星、26P/Grigg-Skjellerup 彗星和 28P/Neujmin 1 彗星的近全程光变曲线，发表在《伊卡洛斯》（Vol. 178，pp. 493—516 和 Vol. 191，pp. 567—572）上。

近来，海尔－波普彗星（C/1995 O1）引起了人们的广泛兴趣。我对它的彗发数据进行了分析。根据表达式（3.4）和（3.5），我将所有天文望远镜和双目望远镜的数据修正为 6.8 厘米标准孔径对应的亮度值，并根据表达式（3.6）将所有裸眼亮度估计值修正为标准孔径对应的值。利用这些数据，我构建了海尔－波普彗星的光变曲线。下面对这些曲线进行详细的讲解。

图 5.10 和图 5.11 分别是海尔－波普彗星的 M_c–5 log[Δ] 与 log[r] 的关系图。海尔－波普彗星于 1997 年 4 月 1 日抵达近日点。图 5.10 给出了它抵达近日点之前的数据，图 5.11 涵盖了近日点之后的数据。两张图中的数据都是彗星处于彗发阶段时测量的。图 5.10 和图 5.11 底部的斜线表示裸核的 M_n–5.0 log[Δ]，对应于彗核阶段。注意，彗发阶段的斜率比彗核阶段的斜率大。处于彗发阶段的海尔－波普彗星靠近太阳时会变得更亮，这导致了两幅图中的斜率的差异。引起亮度增加的因素有：(1) 彗星反射了更多的阳光。(2) 更多的物质进入了彗发。这进一步加剧了光的反射。在彗核阶段，第二个因素不存在。因此，两个阶段的曲线斜率不一样，彗发阶段的更大些。

图 5.12 显示了海尔－波普彗星彗发阶段的局部光变曲线。图中没有显示任何裸核阶段的亮度测量值。我基本上是结合图 5.10 和图 5.11，创建了图 5.12。这条光变曲线至少告诉我们彗星的四个特征，即彗发开始的时间、彗星接近太阳时彗发变亮的速率、增强因子（见第一章所述）和爆发的迹象。下面将逐一对这四个特征进行讨论。

图 5.13 与图 5.12 基本一样，只是我在近日点前后的数据点上画了线。在近日点之前，数据遵循着两条斜率不同的直线变化。第一条线涵盖从 1995 年 8 月（log[r] = 0.84）到 1997 年 4 月 1 日（log[r] = –0.04）的所有数据。很明显这条线并不穿过 1993 年（log[r] = 1.12）的数据，那是彗星被确定之前的一个数据。因此，必须针对 1993 年的数据，引入第二条不同斜率的直线。基于此，我假设斜率在 1995 年 8 月发生了变化。因此，第二条线穿过

1993 年和 1995 年 8 月的数据。请注意，1993 年的数据点是最早的数据，我标记了一个向上的箭头，该箭头位于图中的左下角附近。当 log[r] = 1.25 或 r（彗星与太阳之间的距离）约为 18 天文单位时，第二条线与描述彗核亮度的线相交，如图 5.13 中的 R_{on} 所示。因此，海尔－波普彗星很可能在距离太阳约 18 天文单位时开始形成彗发。R_{on} 的不确定度为 ±3 天文单位，因此这颗彗星的 R_{on} = 18 ± 3 天文单位。它在 1991 年年初到达了这一点。近日点后彗发阶段的直线，彗核亮度直线之间的交点叫作“R_{off}”。到了 2005 至 2006 年，海尔－波普彗星仍然比其裸核亮 10 倍左右。近日点后的数据遵循着同一条直线的线性趋势，这种趋势至少保

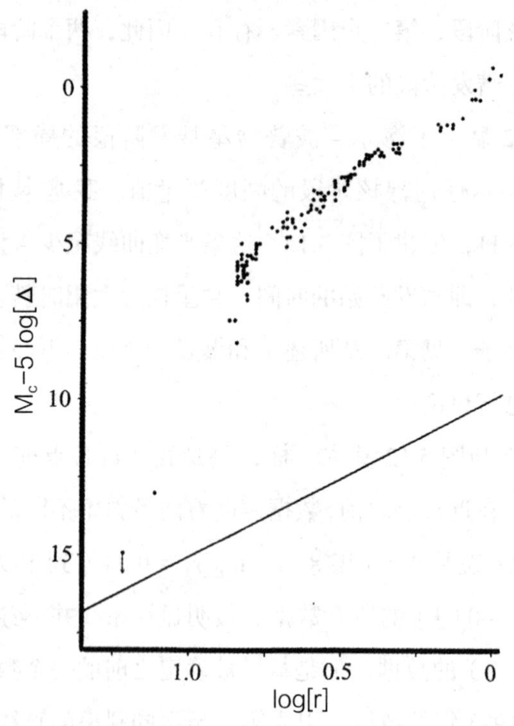

图 5.10　海尔－波普彗星的 M_c−5 log[Δ] 与 log[r] 的关系图。图中所有数据均根据 1997 年 4 月 1 日近日点当天和之前的测量结果计算得到。

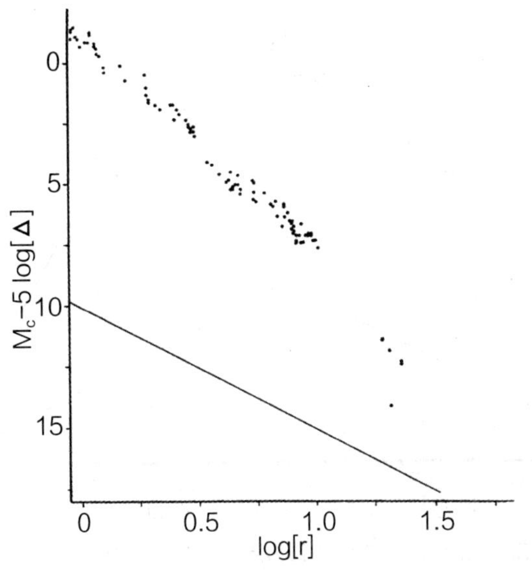

图 5.11　海尔－波普彗星的 $M_c-5\log[\Delta]$ 与 $\log[r]$ 的关系图。图中所有数据均根据 1997 年 4 月 1 日近日点当天和之后的测量结果计算得到。

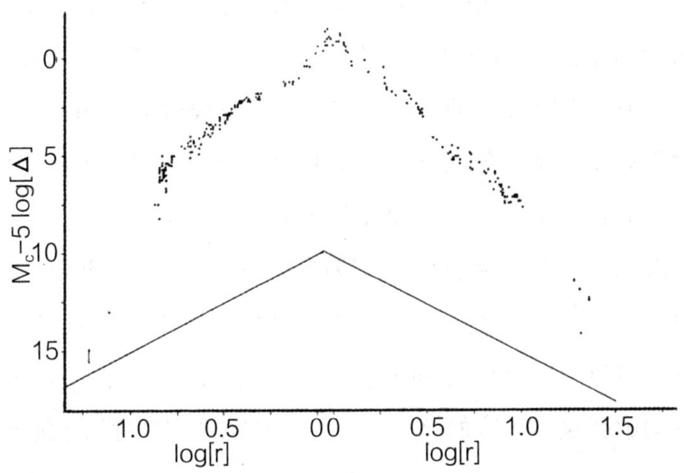

图 5.12　海尔－波普彗星彗发阶段的光变曲线。该图由图 5.10 和图 5.11 结合得到。海尔－波普彗星到达近日点时，r = 0.91 天文单位，因此，横轴的中心是 log[0.91] = −0.04。该值位于横轴上标记为“0”“0”的两个刻度之间。图 5.10 至图 5.14 中的所有数据均来自国际天文学联合会快报和作者本人的记录。

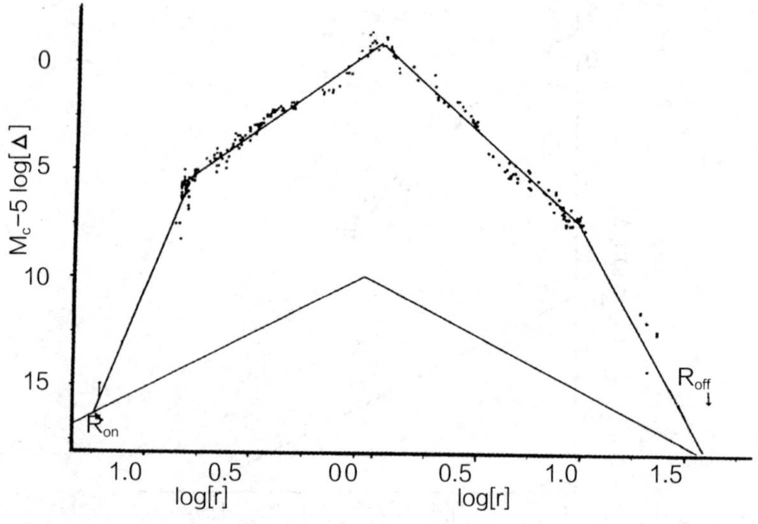

图 5.13　与图 5.12 相同，只是在数据点上绘制了直线。R_{on} 表示海尔 – 波普彗星从彗核阶段进入彗发阶段的时刻。R_{off} 是它从彗发阶段变回彗核阶段的时刻。

持到 2000 年 1 月（ log[r] = 1.01 ），之后的亮度的变化趋势就未知了。我假设斜率在 2000 年 1 月发生了变化，并绘制了一条连接 2000 年和 2005 至 2006 年的数据的直线。这条线最终与图 5.13 中描述彗核亮度的线相交，交点为 R_{off}。R_{off} 的粗略估计为 32 天文单位，海尔 – 波普彗星应该会在 2011 年年末达到该点。

海尔 – 波普彗星的彗发阶段始于 1991 年年初，即在它通过近日点之前的 6 年左右。彗发阶段可能会持续到 2011 年左右，即它通过近日点之后的 14 年。为什么前后的时间是不相等的？最好的解释是，冰冷的核在接近太阳时需要一段时间才能升温，因此 R_{on} 推迟了。另外，当彗星到达近日点时，来自太阳的热量聚集在了彗核的内部。即使彗核开始远离太阳，它仍保持着这部分热量。结果是，彗核经过太阳很久之后，气体仍能继续从它上面逃逸。还有另一种可能，大尺寸的彗核有较大逃逸速率。结果是，较大的逃逸速率导致更多的尘埃颗粒逐渐聚集在彗核附近，迟迟不能散去。相比，若是小彗核，这些尘埃早就逃逸掉了。

图 5.13 中的光变曲线还显示了海尔 – 波普彗星在接近太阳时变亮的速率，以及在远离太阳时的变暗速率。近日点之前，$0.88<\log[r]<-0.04$ 区间内的数据符合以下表达式：

$$M_c-5\log[\Delta] = 7.75\log[r]-0.67 \qquad (5.4)$$

该表达式的形式与第三章的表达式（3.9）相同。比较表达式（3.9）和（5.4），不难发现，指前因子 $2.5n = 7.75$，$H_0=-0.67$。指前因子表示彗星变亮的速率，是图 5.10 中点的斜率。当 $\log[r] = 0$ 时，$M_c-5\log[\Delta]$ 的值是 -0.67。可以将（5.4）式重新写为：

$$M_c = 5\log[\Delta]+ 7.75\log[r]-0.67 \qquad (5.5)$$

该表达式适用于 $0.88>\log[r]>-0.04$ 的区间，用来计算海尔 – 波普彗星近日点之前彗发阶段的亮度。近日点后，在 $-0.04<\log[r]<1.01$ 区间内的数据遵循表达式（5.6），如下：

$$M_c-5\log[\Delta] = 8.60\log[r]-1.10 \qquad (5.6)$$

2.5n 和 H_0 的值分别为 8.60 和 –1.10。可以将表达式（5.6）改写为：

$$M_c = 5\log[\Delta]+ 8.60\log[r]-1.10 \qquad (5.7)$$

表达式（5.5）和（5.7）可用作搜索彗星爆发或周期性亮度变化的基线。在近日点前 log[r]<0.88 时或在近日点后 log[r]<1.01 时，海尔－波普彗星没有任何亮度达到 6 倍或 2 星等的爆发。彗星可能在 2006 年 1 月前后爆发过一次。毕竟，那时它比一年前亮了大约 6 倍。

海尔－波普彗星的增强因子为 11.3 ± 0.3 星等，即 33,000 倍。含有大量挥发性化合物的彗星比不含的要亮得多。靠近太阳的彗星也会比那些远离太阳的彗星亮。表 5.6 罗列了几颗彗星的近日点距离、增强因子和年龄。仅到达近日点几次的彗星被认为是"青年"彗星，而多次甚至数百次莅临的彗星被视作"老年"彗星。

表 5.6　近日点附近彗发与彗核的亮度差

彗星	近日点距离（天文单位）[a]	近日点处的增强因子（星等）	年龄[b]
1P/Halley彗星	0.5871	10.5 ± 0.2[c]	青年
81P/Wild 2彗星	1.590	7.7 ± 0.4[c]	青年
19P/Borrelly彗星	1.355	7.7 ± 0.2[c]	青年
21P/Giacobini-Zinner彗星	1.04	8.0 ± 0.3[d]	青年
9P/Tempel 1彗星	1.506	5.9 ± 0.3[c]	青年
67P/Churyumov-Gerasimenko彗星	1.25	4 ± 1[d]	青年
26P/Grigg-Skjellerup彗星	1.12	5 ± 0.5[d]	老年
28P/Neujmin 1彗星	1.55	2 ± 1[d]	老年
海尔–波普彗星（C/1995 O1）	0.91	11.3 ± 0.3[e]	青年

[a] 2008 年年中的数据。

[b] 来自 Ferrín（2005）。

[c] 作者的计算，见第二章。

[d] 作者基于 Ferrín（2005）的数据做的估计。

[e] 作者基于自己的数据的估计。

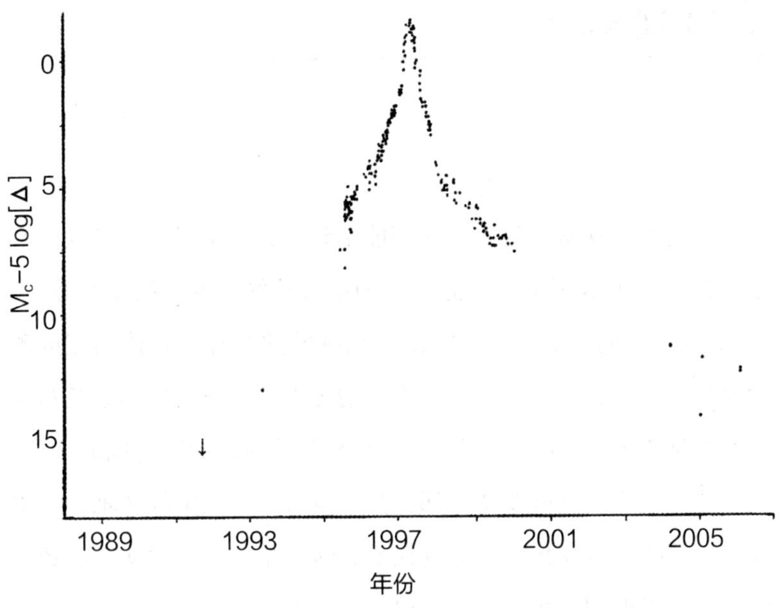

图 5.14　海尔－波普彗星的 M_c−5 log[Δ] 随年份的变化

1P/Halley 彗星和海尔－波普彗星的增强因子最大。亮度能够显著增加，主要是因为它们比较年轻。相反，26P/Grigg-Skjellerup 彗星就显得比较老了。尽管它在近日点的距离与海尔－波普彗星差不多，但它的亮度仅为 5 ± 0.5 星等。此外，1P/Halley 彗星和海尔－波普彗星的近日点距离较短，这也是导致其亮度增强的部分原因。

光变曲线还可以以时间为坐标，依据时间来查看。图 5.14 显示了海尔－波普彗星的 M_c–5 log[Δ] 随年份的变化。该图的优点是它实时显示了亮度历史。1997 年 2 月（近日点之前），斜率发生了变化；1997 年年底（近日点之后），斜率第二次发生了变化。这些斜率的变化很大程度上是由彗星距离的变化引起的。

5.5 裸核测光

从彗星的裸核研究中，我们能学到什么？可以探知彗核的颜色等特征；可以用不同的滤光片测量彗核的亮度，探索其颜色，比如，能够转换为约翰逊 B 和 V 系统的滤光片。裸核的亮度测量也可以提供其旋转的信息，许多情况下甚至还可以揭示其自转速率。具体来说，裸核测光绘制了裸核的绝对星等随时间的变化。如果存在重复的亮度变化，那么彗核就有一个固定的转轴。如果没有重复的亮度变化，那么彗核的旋转将是无序的。从亮度数据中，还可以得到反照率，但前提是要知道彗核的大小。此外，人们还可以借此来寻找彗星爆发。1P/Halley 彗星在距离太阳超过 14 天文单位处就发生过一次大爆发。在探索爆发的项目中，可以去掉滤光片来提高灵敏度。

专业天文学家测量了几个彗核的亮度、颜色和日地张角系数。其中，一个彗核的绝对星等 V（1，0）= 17 星等。因此，彗星的裸核很少超过 20 星等。彗核最亮的可能要数 95P/Chiron 彗星了，亮度达到了约 17 星等。一个观测能力达到 19.5 星等的望远镜—相机系统，能够有效地观测这颗彗星的彗核。

研究裸核的最佳时间是它最亮的时候。许多天文学家通过滤掉彗发的散射光来开展彗核的研究。现在，有了软件包的帮助，那些拥有普通装备的人也能开展这项研究了。抑或，观测者也可以在彗星刚刚到达 R_{on} 之前，或刚刚行至 R_{off} 之后，对彗核进行亮度测量。

5.6 偏振测量

研究者可以测量彗星不同部位发出的偏振光光量。通过偏振测量可以获取有关彗星组成、彗发（或彗尾）平均粒径、气尘比以及反射光、发射光和散射光的比例等诸多信息。对中心凝聚物进行偏振测量则能获取彗核的信息。最后，对裸核的偏振测量还能揭示其表面的物质成分。在《观测天王星、海王星和冥王星》一书中，小理查德·施穆德对偏振光进行了讲解，并给出了测量偏振光的示例。这里，我只讨论三个涉及偏振光测量的项目。

最简单的项目是测量彗星不同部位发出的偏振光量。例如，中央天文台（Central Astronomical Observatory）和特殊天体物理天文台（Special Astrophysical Observatory）的两组天文学家曾报告，海尔－波普彗星（C/1995 Ol）尾部的偏振光光量远高于彗发的偏振光光量。他们认为这与分子键的极化是一致的。这两个小组还报告称，气体彗尾的 V 滤光片测量的极化值为 10% 到 20%，但彗发区域的 V 滤光片的极化值却小于 1%。

人们还可以测量彗发的偏振值随日地张角的变化。测量中，可以将不同日地张角下的测量值收集起来，画出偏振值随日地张角变化的曲线，来显示偏振值与日地张角之间的关系。这条曲线揭示了彗发中的气体和尘埃的含量。

另一个项目是测量彗星裸核偏振值的日地张角曲线。这些测量能够揭示覆盖在彗核表面的物质的平均粒径。人们还可以用偏振测量检测微弱的彗发。

5.7 发现新彗星

当今的技术和数据库为搜寻彗星提供了多种方案。在讨论这些方案之前，我们先去了解一下过去两个世纪的趋势。下面将讲述过去两个世纪中彗星探索的四种趋势，即每十年发现的彗星数量、新发现彗星的平均亮度（以星等计）、目视发现的彗星百分比，以及在北半球发现的彗星的比例。

图 5.15 显示了 1780 至 1999 年间，每十年发现的彗星数量。在 19 世纪，每年新发现大约 2 到 3 颗彗星。20 世纪上半叶则翻了一番；等到 20 世纪下半叶，数量又翻了一倍。2000 至 2008 年间，发现了 1500 多颗彗星，也就是说，每年新发现 150 多颗。图 5.15 没能显示这一结果，它超出了图的范围。为什么会这样？答案很简单——技术的进步和人们对天文学的兴趣，彗星在形成彗发后比早期更容易被发现。在多数情况下，它们被发现时的星等为 18 星等或更暗。简而言之，彗星一般在彗发阶段的早期被发现，在某些情况下，它们在彗核阶段时被发现。因此，与 20 世纪 70 年代相比，今天发现亮度大于 12 等的天体的机会更少。

图 5.16 显示了 1800 至 2008 年，每十年新发现彗星的平均亮度。在 19 世纪，新发现的彗星的亮度为 6 等到 8 等星的亮度。在 20 世纪早期，随着高质量的拍摄装备的使用，新发现的彗星的亮度约为 9 等或 10 等星的亮度。到了 20 世纪 80 年代，新发现的彗星亮度就达到了 13 等到 14 等星的亮度，大约相当于冥王星冲日时的亮度。除了从太阳和日球层探测器拍摄的照片上

发现的彗星，2000 至 2008 年间新发现的彗星的平均亮度约为 18 等星的亮度。

图 5.17 显示了 1870 年以来通过“目视法”发现的彗星的百分比。“目视法”是指仅用天文望远镜、双目望远镜和（或）肉眼来发现彗星。一直到 1892 年，这一比例一直保持在 100%。这一年，E. E. 巴纳德（E.E. Barnard）从一张照片中发现了一颗彗星。在接下来的一个世纪里，摄影便成了发现微弱彗星的最佳方式。自 20 世纪 90 年代以来，大部分彗星的发现都是天文学家们

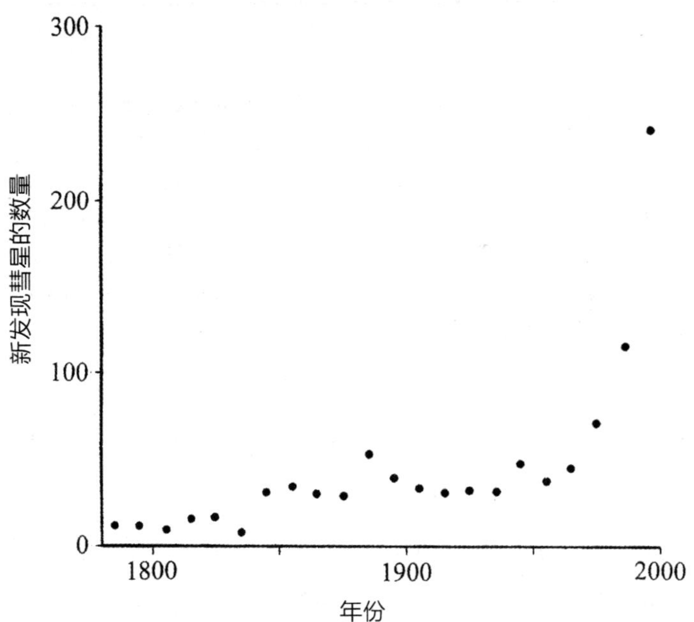

图 5.15　1780 至 1999 年间，每十年新发现的彗星数量。图中没有显示 2000 至 2008 年间的数据，这段时间天文学家共发现了 1500 多颗彗星。

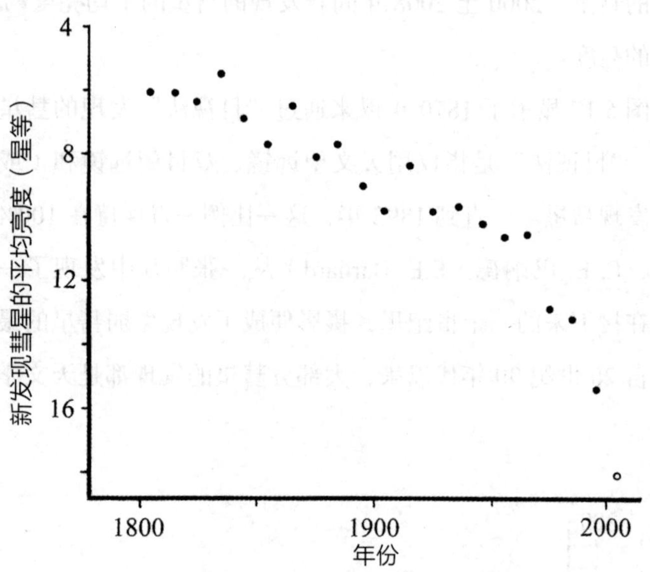

图 5.16　该图显示了 1800 年开始，每十年新发现彗星的平均亮度（单位：星等）。空心圆点对应 2000 至 2008 年新发现彗星的平均亮度。因为这个数据的统计年限不到十年，所以采用空心圆点作标记。图 5.15 到图 5.18 中涉及的数据来自克罗编著的《彗星志》（第 2 卷至第 4 卷，2003 年、2004 年、2009 年）；国际天文学联合会快报和马斯登和加雷思编著的《彗星轨道目录》（第 17 版，2008 年）。图中没有包含 SOHO 彗星、SOLWIND 彗星、SMM 彗星和 STEREO 彗星。

使用数字图像或 SOHO[①]图像发现的。2000 至 2008 年，肉眼发现的彗星比例已经下降到了 3% 以下。

图 5.18 显示了自 1800 年以来北半球发现的彗星的百分比。在 19 世纪，这一比例很高，但是到了 20 世纪 20 年代，这一比例已降到了 55%。这意味着这十年中近一半的新彗星是在南半

① 太阳和日球层探测器简称为 SOHO，SOHO 的相机模拟日全食状态下观测，使用一个固体掩蔽盘，遮挡住太阳的刺眼光线，以显示外部大气层和彗星等天体的较暗特征。——译者注

球被发现的。自 1990 年以来，北半球发现彗星的比例有所上升。这主要是由于大部分全天巡天都是在北半球进行的，并且在巡天过程中发现了大量的彗星。

图 5.17 呈现的趋势表明，目视法发现彗星的概率自 1980 年以来稳步下降。尽管如此，目视法发现彗星的方法也不应被忽视，因为业余天文学家如今拥有了灵敏度更高的设备。下面，我将讲述五种发现彗星的方法。

寻找新彗星的传统方法是使用大型双目望远镜或放大率约为 50× 的望远镜。大卫·利维（David Levy）曾发现了 20 多颗彗星，他建议寻找距离太阳 90 度以内的新彗星。图 5.19 显示了自 2000 年以来目视发现的 10 颗彗星的位置。请注意，它们中的大

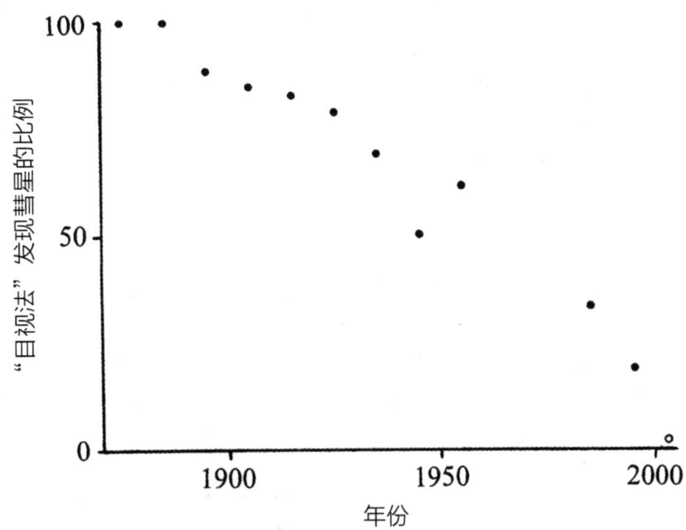

图 5.17　1870 年以来，目视法发现的新彗星所占的比例。请注意，19 世纪 90 年代以来，由于照相技术的提升和数码图像的出现，这一比例逐渐下降。图中数据不包括 SOHO 彗星、SOLWIND 彗星、SMM 彗星和 STEREO 彗星。

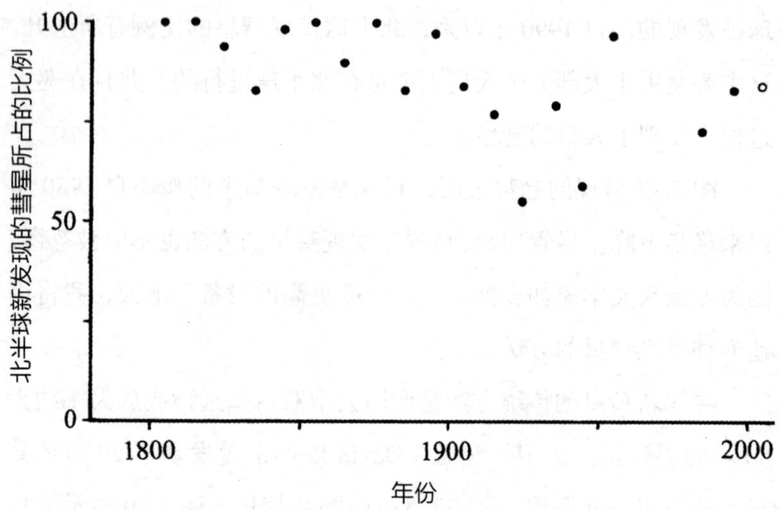

图 5.18　1800 至 1999 年，以十年为间隔，北半球新发现彗星所占的百分比。2000 至 2008 年的数据因为没有达到十年，所以用空心圆点表示。图中数据不包括 SOHO 彗星、SOLWIND 彗星、SMM 彗星和 STEREO 彗星。

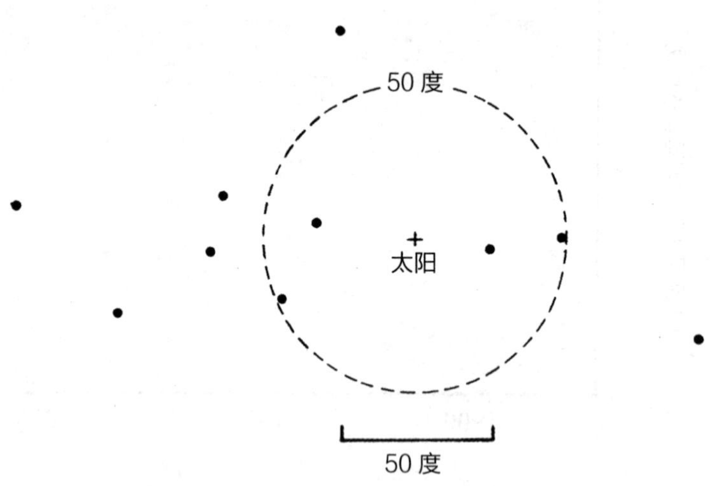

图 5.19　2000 年以来，用目视法发现的彗星相对太阳的位置。黑点代表彗星被发现时的位置。虚线是以太阳为中心围成的圈，角半径为 50 度。

多数都在距太阳 90 度以内的区域。因此，人们应该在日落后对西部天空或日出前对东部天空进行水平扫描。甚至在全天巡天之前，搜寻一颗彗星通常需要 1000 小时。这相当于在 33 个月内连续每天搜索 1 小时。

使用数码相机并配合识别移动物体的软件，可以大大增加发现彗星的机会。加里·胡格（Gary Hug）和格雷厄姆·贝尔（Graham Bell）用一台 SBIG ST-9E CCD 相机和 12 英寸（0.3 米）的望远镜通过 60 分钟的曝光，发现了一个微弱的天体。在随后的图像中，他们发现这个天体移动了，而且外观是朦胧不清的。他们发现了一颗新彗星！这是一颗非常微弱的彗星，亮度仅有 18.8 星等。这颗新彗星最初被命名为 P/1999 X1 Hug-Bell 彗星。不久后，人们便探明这颗彗星将在几年后回归。结果，它在 2006 年复现，并更名为 178P/Hug-Bell 彗星。

人们也可以在白天寻找彗星。1896 年 9 月 21 日，L. 斯威夫特（L. Swift）向西望去，一座山挡住了太阳的一部分。尽管太阳还没有落山，他还是在附近看到了一颗彗星。彗星靠近太阳时最亮，因此，只要太阳位于遮挡物的后面，就可以用小型望远镜进行搜寻。我用这项技术研究了距离太阳约 15 度的金星。如果发现可疑天体，那么确定其位置和时间将是重中之重。在白天测量彗星大致位置的一种方法是估计它相对于太阳的位置。从本质上讲，人们估计的是天体和太阳之间的角距离。记录位置角后，就可以基于太阳的坐标，估计彗星的赤经和赤纬了。一种更精确的估计位置的方法是在赤道装置上使用望远镜，设置定位度盘。按照第四章中的步骤调整赤经，然后将望远镜对准可疑天体。最后，从望远镜的定位度盘上读出赤经和赤纬。

人们也可以在黄昏或黑暗中寻找距离太阳 30 度以内的彗星。

当天空变暗时，可能会探测到暗淡的彗星。

另一种方法是在日食期间找寻。加里·克罗报道，1882 年 5 月 17 日，埃及天文学家在日全食的太阳附近发现了一颗肉眼可见的彗星。在日全食期间，天空变暗，这使得许多在太阳的强光下不可见的天体变得肉眼可见。人们可以通过拍摄太阳附近区域的广角图像来寻找更暗的彗星。这些图像不仅能显示太阳的美丽日冕，还有可能揭示出一颗新的彗星。接下来的两次日全食将于 2017 年 8 月 21 日和 2024 年 4 月 8 日在美国上演。2015 年 3 月 20 日，生活在英国的人们将在苏格兰北部的法罗群岛目睹最近的日全食。

人们可以通过检查太阳和日球层探测器拍摄的图像找寻新彗星。图片发布在 SOHO 的网站上，有条件上网的人都可以对其进行分析。SOHO 的网站见表 5.5。有人就从 SOHO 图像中发现了太阳附近的彗星。英国天文学家迈克尔·奥茨（Michael Oates）在 2000 年 10 月出版的《天空与望远镜》杂志第 89 页上描述了他从 SOHO 图像中发现彗星的技巧。

人们还可以在旧照片或图像上发现彗星。天文学家在 20 多年前帕洛玛巡天一号（Palomar Sky Survey I）拍摄的照片上发现了五颗不同的彗星。这些彗星的亮度在 18.5 到 19.5 星等之间。截至 2008 年，天文学家已经完成多次巡天，有几个项目还在进行，表 5.7 列出了这些巡天项目。人们可以在这些巡天的存档图像上搜寻彗星。

表 5.7 可见光和红外波段巡天项目汇总

巡天名称	方位	巡天的时间段
帕洛玛天图I（POSS-I）	西经117度，北纬33度	1950s
帕洛玛天图II（POSS-II）	西经117度，北纬33度	1990s
斯隆数字巡天I和II	西经106度，北纬33度	2000s
斯隆数字巡天I和II	西经106度，北纬33度	2000s和2010s
太空监视	西经112度，北纬32度	1990s和2000s
卡塔利娜巡天系统（CSS）	西经111度，北纬32度和东经149度，南纬31度	2000s
洛厄尔天文台近地天体搜索	西经112度，北纬35度	1990s和2000s
南方巡天	西经70度，南纬25度	1990s
近地小行星跟踪计划	西经156度，北纬21度和西经112度，北纬32度	2000s
林肯近地小行星研究	西经107度，北纬34度	2000s
泛星计划（Pan-STARRS）[a]	西经156度，北纬21度	2010s

[a] 2008 年初拍摄出了初步图像。

人们可以对已知的小行星或可疑天体进行拍摄。在某些情况下，这些天体在接近太阳时会形成彗发。它们中的大多数的亮度都低于 17 星等，因此需要一台大型天文望远镜来进行研究。近地天体确认信息页上发布了几个可疑天体。该网站见表 5.5。例如，在国际天文学联合会第 7546 号快报中，有报告最初将 2000 WM_1 列为新发现的小行星。然而，它的轨道有些特别，因此被放在了近地天体确认信息页中。几周后，T. B. 斯帕尔（T.B. Spahr）对这颗天体进行了成像，并注意到它周围分布着彗发。因此，它被重新归类为彗星，并被命名为 LINEAR 彗星（C/2000 WM_1）。它以 LINEAR 团队的名字命名，因为 LINEAR 团队在它还处于彗核阶段时就发现了它。

5.8 周期彗星的“复现”

“复现”周期彗星是一项重要的工作，对理解作用在彗星上的非引力，以及彗星的轨道，都至关重要。最好的“复现”彗星的方法是对彗星的位置进行预测，并着手验证。彗星位置的预测基于先前的观测结果。像 Voyager 这样的软件包，对预测位置有很大的帮助。

5.9 彗星的不透明度测量

彗星在恒星前移动时，可以对恒星的亮度进行监测。早期的一些天文学家就看到过被彗星遮挡的恒星。例如，加里·克罗在《彗星志》(第 2 卷，2003 年）中写道，J. R. 欣德（J.R. Hind）曾观察到 C/1846 O1 de Vico-Hind 彗星在一颗 12 等恒星前移动。欣德提到，整个星食过程中，恒星的外观几乎没有受到任何影响。

最近，在国际天文学联合会第 3751 号快报中，梅东天文台（Observatoire de Meudon）和列日天体物理研究所（Institut d'Astrophysique at Liege）的两组天文学家报告，鲍威尔彗星（C/1980 E1）在一颗 15 等星前穿过，该恒星的亮度“下降了 0.5 星等”。实验中采用的是波长为 600 ~ 900 纳米的光。移动到恒星前方的彗星区域离彗核 10,000 ~ 20,000 千米。这项结果表明，鲍威尔彗星在离彗核 20,000 千米的范围内分布着一些不透明的区域。

附录

用两个经纬坐标点计算彗尾尾长

无论它在天空中的哪个位置，1 度赤纬的长度都是相同的。但赤经并非如此。一小时的赤经等于 15 度角，但这不一定等于 15 度的赤纬，因为当你越接近天极，赤经圈就越小。然而，赤纬总是沿着一个大圆圈来测量。在北极，赤纬 1 度就是 1 度，而赤经 360 度等于零。因此，若彗尾距离天球赤道超过 20 度，想用赤经和赤纬确定其长度，则必须使用表达式（A.1）：

$$\ell = \text{inv}\cos[\sin(\delta_1)\sin(\delta_2)+\cos(\delta_1)\cos(\delta_2)\cos(a_1-a_2)] \quad (A.1)$$

在表达式中，ℓ 是尾长，单位为度；a_1 和 δ_1 分别是中心凝聚物（尾部的一端）的赤经和赤纬，a_2 和 δ_2 分别是彗尾另一端的赤经和赤纬。如果整个尾巴靠近天球赤道，则无须使用表达式（A.1）。

举个例子，假设赤经和赤纬（12 月）是：中心凝聚物（RA = 02 时 05 分 21 秒或 2.089 时或 31.3 度，12 月 = 北纬 44.0 度）；尾尖（RA = 0 时 43 分 12 秒或 0.72 时或 10.8 度，12 月 = 北纬 40.0 度）。RA 已经转换为度，其中每小时 RA 等于 15 度，每分钟 = 0.25 度，每秒钟 = 15/3600 = 0.004167 度。在本例中，赤纬也是以度为单位。由于彗星位于北纬 20 度以北，我们使用表达式（A.1）来确定长度 ℓ。

$$\ell = \text{inv}\cos[\sin(44\text{ 度})\sin(40\text{ 度})+\cos(44\text{ 度})\cos(40\text{ 度})\cos(31.3\text{ 度}-10.8\text{ 度})]$$

ℓ = inv cos[(0.6947)(0.6428)+(0.7193)(0.7660) cos(20.5 度)]

ℓ = inv cos[0.4465+(0.7193)(0.7660)(0.9367)]

ℓ = inv cos[0.4465+0.5161]

ℓ = inv cos[0.9626]=15.7 度

如果我假设 1 度赤经等于 1 度赤纬，并根据毕达哥拉斯定理确定了尾长，那么我得到的长度是 20.9 度。然而，真实长度却是 15.7 度，必须报告这个值。

参考文献

A'Hearn MF, Belton MJS, Delamere WA et al (2005) 'Deep Impact: Excavating Comet Tempel 1,' Science 310: 258–264.

A'Hearn MF, Combi MR (2007) 'Introduction: Deep Impact at Comet Tempel 1,' Icarus 191: 1–3.

Aguirre E (1997) 'Comet Hale-Bopp at its Peak,' Sky and Telescope 93 (4): 28–33.

Aguirre EL (2000) 'Amateurs Find Superfaint Comet,' Sky and Telescope 99 (4): 84.

Allen MM, Delitsky W, Huntress Y et al (1987) 'Evidence for methane and ammonia in the coma of Comet P/Halley,' Astronomy and Astrophysics 187: 502–512.

Anonymous (1990) 'Giant dust in Comet Tempel 2,' Sky and Telescope 79: 128–129.

Anonymous (1999) 'Cometary constancy,' Sky and Telescope 98 (3): 19.

Ashford AR (2005) 'Orion's IntelliScope XT10,' Astronomy 33 (1): 82–85.

Ashford AR (2006a) 'Celestron's Revamped 8-inch SCT,' Sky and Telescope 111 (3): 74–77.

Ashford AR (2006b) 'Filling an Aperture Void: Celestron's New C6-SGT,' Sky and Telescope 112 (2): 86–89.

Atkins P, de Paula J (2002) Physical Chemistry, 7th edn, W. H. Freeman and Company, New York.

Balsiger H, Altwegg K, Bühler F et al (1986) 'Ion composition and dynamics at comet Halley,' Nature 321: 330–334.

Bar-Nun A, Heifetz E, Prialnik D (1989) 'Thermal evolution of Comet P/Tempel 1 – Representing the group of targets for the *CRAF* and *CNSR* missions,' Icarus 79: 116–124.

Bar-Nun A, Pat-El I, Laufer D (2007) 'Comparison between the findings of Deep Impact and our experimental results on large samples of gas-laden amorphous ice,' Icarus 191: 562–566.

Barber RJ, Miller S, Stallard T et al (2007) 'The United Kingdom Infrared Telescope Deep Impact observations: Light curve, ejecta expansion rates and water spectral features,'Icarus 191: 371–380.

Bauer JM, Weissman PR, Choi YJ et al (2007) 'Palomar and Table Mountain observations of 9P/Tempel 1 during the Deep Impact encounter: First results,' Icarus 191: 537–546.

Beatty JK (1986) 'An inside look at Halley's comet,' Sky and Telescope 71: 438–443.

Beatty JK (2001) 'Meet Comet Borrelly,' Sky and Telescope 102 (6): 18–19.

Beatty JK, Bryant G (2007) 'McNaught's passing fancy,' Sky and Telescope 113: 32–36.

Bennett J, Donahue M, Schneider N et al (2009) The Cosmic Perspective, 5th edn, Pearson Education, Inc., San Francisco.

Bensch F, Melnick GJ, Neufeld DA et al (2007) 'Submillimeter Wave Astronomy Satellite observations of Comet 9P/Tempel 1 and Deep Impact,' Icarus 191: 267–275.

Benton JL Jr (2005) Saturn and How to Observe It, Springer, London.

Berry R (1986) 'Giotto encounters comet Halley,' Astronomy 14 (6): 6–22.

Biver N, Bockelée-Morvan D, Boissier J et al (2007) 'Radio observations of Comet 9P/Tempel 1 before and after Deep Impact,' Icarus 191: 494–512.

Bockelée-Morvan D, Biver N, Colom P et al (2004) 'The outgassing and composition of Comet 19P/

Borrelly from radio observations,' Icarus 167: 113–128.

Bonev T, Jockers K, Karpov N (2008) 'A dynamical model with a new inversion technique applied to observations of Comet C/2000 WM_1 (LINEAR),' Icarus 197: 183–202.

Bortle JE (1981) 'How to observe comets,' Sky and Telescope 61: 210–214.

Bortle JE (1982a) 'Comet Digest,' Sky and Telescope 63: 315.

Bortle JE (1982b) 'Comet Digest,' Sky and Telescope 64: 102.

Bortle JE (1983a) 'Comet Digest,' Sky and Telescope 66: 175–178.

Bortle JE (1983b) 'Comet Digest,' Sky and Telescope 66: 473.

Bortle JE (1984a) 'Comet Digest,' Sky and Telescope 67: 483.

Bortle JE (1984b) 'Comet Digest,' Sky and Telescope 68: 482.

Bortle JE (1984c) 'Comet Digest,' Sky and Telescope 68: 583.

Bortle JE (1985a) 'Comet Digest,' Sky and Telescope 70: 394.

Bortle JE (1985b) 'Comet Digest,' Sky and Telescope 70: 509.

Bortle JE (1985c) 'Comet Digest,' Sky and Telescope 70: 629.

Bortle JE (1986) 'Comet Digest,' Sky and Telescope 71: 221.

Bortle JE (1987a) 'Comet Digest,' Sky and Telescope 73: 114.

Bortle JE (1987b) 'Comet Digest,' Sky and Telescope 73: 456–457.

Bortle JE (1988a) 'Comet Digest,' Sky and Telescope 75: 226.

Bortle JE (1988b) 'Comet Digest,' Sky and Telescope 75: 334–335.

Bortle JE (1990) 'An observer's guide to Great Comets,' Sky and Telescope 79: 491–492.

Bortle JE (1995) 'Borrelly's strange apparition,' Sky and Telescope 90 (2): 108–109.

Bortle JE (1997a) 'Estimating a comet's brightness,' Sky and Telescope 93 (4): 31–32.

Bortle JE (1997b) 'How important is forward-scatter geometry?' Sky and Telescope 94 (3): 12, 14.

Bortle JE (2008) 'The Astounding Comet Holmes,' Sky and Telescope 115 (2): 24–28.

Brandt JC, Caputo FM, Hoeksema JT et al (1999) 'Disconnection Events (DEs) in Halley's comet 1985–1986: The correlation with crossings of the Heliospheric Current Sheet (HCS),' Icarus 137: 69–83.

Brandt JC, Niedner MB Jr, Rahe J (1992) The International Halley Watch Atlas of Large-Scale Phenomena, Johnson Printing Co., Boulder, CO.

Brandt JC, Panther RW, Green D (1981) 'Twisting a comet's tail,' Sky and Telescope 61: 107.

Britt DT, Boice DC, Buratti BJ et al (2004) 'The morphology and surface processes of Comet 19/P Borrelly,' Icarus 167: 45–53.

Brownlee D, Tsou P, Aléon J et al (2006) 'Comet 81P/Wild 2 under a microscope,' Science 314: 1711–1716.

Bryant G (2005) 'Targeting Comet Tempel 1,' Sky and Telescope 109 (6): 67–69.

Bryant G (2006) 'A very close comet flyby,' Sky and Telescope 111 (5): 60–65.

Bryant G, MacRobert A (2005) 'Comet Machholz in the Evening Sky,' Sky and Telescope 109 (1): 84–87.

Buratti BJ, Hicks MD, Soderblom LA et al (2004) 'Deep Space 1 photometry of the nucleus of Comet 19P/Borrelly,' Icarus 167: 16–29.

Burnell J (2008) 'A wide-field imager's dream scope,' Astronomy 36 (1): 74–77.

Burnett DS (2006) 'NASA returns rocks from a comet,' Science 314: 1709–1710.

Burnham R (2000) Great Comets, Cambridge University Press, Cambridge.

Busko I, Lindler D, A'Hearn MF et al (2007) 'Searching for the Deep Impact crater on Comet 9P/Tempel

1 using image processing techniques,' Icarus 191: 210–222.

Cain L (1984) 'A 17½-inch Binocular Reflector,' Sky and Telescope 68: 460–463.

Campins H, Rieke MJ, Rieke GH (1989) 'An infrared color gradient in the inner coma of comet Halley,' Icarus 78: 54–62.

Chaple G (2003) 'SkyQuest: Easy exploring,' Astronomy 31 (5): 90–93.

Chernova GP, Kiselev NN, Jockers K (1993) 'Polarimetric characteristics of dust particles as observed in 13 comets: Comparisons with asteroids,' Icarus 103: 144–158.

Clairemidi J, Moreels G, Krasnopolsky VA (1990) 'Gaseous CN, C_2, and C_3 jets in the inner coma of Comet P/Halley observed from the Vega 2 spacecraft,' Icarus 86: 115–128.

Cochran AL, Jackson WM, Meech KJ et al (2007) 'Observations of Comet 9P/Tempel 1 with the Keck 1 HIRES instrument during Deep Impact,' Icarus 191: 360–370.

Combes M, Moroz VI, Crifo JF et al (1986) 'Infrared sounding of comet Halley from Vega 1,' Nature 321: 266–268.

Combes M, Moroz VI, Crovisier J et al (1988) 'The 2.5–12 μm spectrum of comet Halley from the IKS–VEGA experiment,' Icarus 76: 404–436.

Combi MR (1989) 'The outflow speed of the coma of Halley's comet,' Icarus 81: 41–50.

Combi MR, McCrosky RE (1991) 'High-resolution spectra of the 6300-Å region of Comet P/Halley,' Icarus 91: 270–279.

Cox AN, editor (2000) Allen's Astrophysical Quantities, Fourth edition, Hamilton Printing Co., Rensselaer.

Cremonese G, Fulle M (1989) 'Photometrical analysis of the neck-line structure of comet Halley,' Icarus 80: 267–279.

Crovisier J, Encrenaz T (2000) Comet Science: The Study of Remnants form the Birth of the Solar System (Translated by S Lyle), Cambridge University Press, Cambridge.

Curdt W, Keller HU (1990) 'Large dust particles along the Giotto trajectory,' Icarus 86: 305–313.

Davidsson BJR, Gutiérrez PJ (2004) 'Estimating the nucleus density of Comet 19P/Borrelly,' Icarus 168: 392–408.

Davidsson BJR, Gutiérrez PJ (2006) 'Non-gravitational force modeling of Comet 81P/Wild 2 I. A nucleus bulk density estimate,' Icarus 180: 224–242.

Delsemme HA (1987) 'Galactic tides affect the Oort cloud: an observational confirmation,' Astronomy and Astrophysics 187: 913–918.

di Cicco D (2002a) 'Sky window: A novel mount for binocular astronomy,' Sky and Telescope 103 (1): 55–57.

di Cicco D (2002b) 'The NexStar 11 GPS: Beauty and brains,' Sky and Telescope 103 (2): 49–54.

di Cicco D (2002c) 'Meade's LXD55 Schmidt-Newtonians,' Sky and Telescope 104 (6): 48–54.

di Cicco D (2003a) 'Orion's SkyView Pro equatorial mount,' Sky and Telescope 106 (2): 56–57.

di Cicco D (2003b) 'TEC's 5½-inch Apochromat,' Sky and Telescope 106 (6): 54–58.

di Cicco D (2004a) 'King of the chips: SBIG's STL-11000M,' Sky and Telescope 108 (1): 96–102.

di Cicco D (2004b) 'Pint-size powerhouse: Tele Vue's TV-60,' Sky and Telescope 108 (6): 102–106.

di Cicco D (2006a) 'Meade's RCX400: Raising the bar,' Sky and Telescope 111 (2): 78–83.

di Cicco D (2006b) 'Triple play: The ZenithStar 66 Refractors,' Sky and Telescope 111 (5): 76–80.

di Cicco D (2006c) 'Simply elegant: Meade's LightBridge Dobsonians,' Sky and Telescope 112 (4): 80–84.

di Cicco D (2006d) 'The Bigha StarSeeker,' Sky and Telescope 112 (6): 90–92.

di Cicco D (2007a) 'Apogee's Alta U9000 CCD camera,' Sky and Telescope 113 (6): 64–67.

di Cicco D (2007b) 'Tele Vue's Flagship Imaging System,' Sky and Telescope 114 (1): 66–70.

di Cicco D (2007c) 'Staying on track,' Sky and Telescope 114 (6): 37–40.

di Cicco D (2008a) 'Astro-Tech Voyager Mount,' Sky and Telescope 116 (1): 36.

di Cicco D (2008b) 'Astro-Tech AT80EDT Refractor,' Sky and Telescope 116 (3): 39.

di Cicco D (2009) 'Signature 20×110 Binoculars,' Sky and Telescope 117 (5): 37.

DiSanti MA, Fink U, Schultz AB (1990) 'Spatial distribution of H_2O+ in Comet P/Halley,' Icarus 86: 152–171.

DiSanti MA, Villanueva GL, Bonev BP et al (2007) 'Temporal evolution of parent volatiles and dust in Comet 9P/Tempel 1 resulting from the Deep Impact experiment,' Icarus 191: 481–493.

Dobbins T, Sheehan W (2000) 'Beyond the Dawes Limit: Observing Saturn's Ring Divisions,' Sky and Telescope 100 (5): 117– 121.

Dobbins TA (2005) 'AVA's Atmospheric Dispersion Corrector,' Sky and Telescope 109 (6): 88–91.

Dobbins TA, Parker DC, Capen CF (1988) Observing and Photographing the Solar System, Willmann-Bell Inc., Richmond.

Dolciani MP, Wooton W, Beckenbach EF et al (1968) Modern School Mathematics Algebra 2 and Trigonometry, Houghton Mifflin Co., Boston.

Dollfus A (1961) 'Polarization Studies of Planets,' in Planets and Satellites (Kuiper GP and Middlehurst BM, editors) The University of Chicago, Chicago, pp. 343–399.

Donn B, Rahe J, Brandt JC (1986) Atlas of Comet Halley 1910 II, NASA SP-488, NASA, Washington, DC.

Dyer A (2002a) 'Premium refractors: Having it all,' Sky and Telescope 103 (5): 44–51.

Dyer A (2002b) 'Premium refractors: Having it all,' Sky and Telescope 103 (6): 48–55.

Dyer A (2003a) 'Brains and Brawn: Meade's LX200GPS,' Sky and Telescope 105 (3): 50–57.

Dyer A (2003b) 'A Stellarvue Duo,' Sky and Telescope 106 (3): 50–55.

Dyer A (2004) 'Another Dream Apo Refractor,' Sky and Telescope 107 (6): 94–98.

Dyer A (2005a) 'Binocular viewing on a budget,' Sky and Telescope 109 (3): 88–93.

Dyer A (2005b) 'Vixen's Sphinx "Go To" Mount,' Sky and Telescope 110 (1): 84–89.

Dyer A (2005c) 'Celestron's Advanced Series "Go To" Mount,' Sky and Telescope 110 (2): 82–85.

Dyer A (2005d) 'Canon's Astrocamera: The EOS 20Da,' Sky and Telescope 110 (5): 84–88.

Dyer A (2007) 'Celestron's Grab-'n'-Go 6-inch,' Sky and Telescope 114 (6): 34–35.

Dyer A (2008a) 'Joining the Borg,' Sky and Telescope 115 (3): 40–43.

Dyer A (2008b) 'Guiding on a budget,' Sky and Telescope 116 (5): 43–46.

Dyer A (2009) 'Short and sweet,' Sky and Telescope 117 (3): 36–39.

Dyer A, Walker S (2007) 'Two New Apos from the Same Tree,' Sky and Telescope 113 (5): 74–78.

Eaton N, Scarrott SM, Warren-Smith RF (1988) 'Polarization images of the inner regions of comet Halley,' Icarus 76: 270–278.

Edberg S (2003a) 'An upgraded classic,' Astronomy 31 (8): 96–100.

Edberg SJ (2003b) 'Choosing an eyepiece,' Astronomy 31 (9): 110–115.

Edberg S (2004a) 'Star power,' Astronomy 32 (7): 88–91.

Edberg S (2004b) 'The Maksutov revolution,' Astronomy 32 (10): 82–85.

Edenhofer P, Bird MK, Brenkle JP et al (1986) 'First results from the Giotto Radio-Science experiment,'

Nature 321: 355–357.

Eicher DJ (1986a) 'Halley fades in early April,' Astronomy 14 (7): 42–47.

Eicher DJ (1986b) 'Halley brightens one last time,' Astronomy 14 (8): 38–42.

Ellis TA, Neff JS (1991) 'Numerical simulation of the emission and motion of neutral and charged dust from P/Halley,' Icarus 91: 280–296.

Ernst CM, Schultz PH (2007) 'Evolution of the Deep Impact flash: Implications for the nucleus surface based on laboratory experiments,' Icarus 191: 123–133.

Farnham TL, Schleicher DG (2005) 'Physical and compositional studies of Comet 81P/Wild 2 at multiple apparitions,' Icarus 173: 533–558.

Farnham TL, Wellnitz DD, Hampton DL et al (2007) 'Dust coma morphology in the Deep Impact images of Comet 9P/Tempel 1,' Icarus 191: 146–160.

Feaga LM, A'Hearn MF, Sunshine JM et al (2007) 'Asymmetries in the distribution of H_2O and CO_2 in the inner coma of Comet 9P/Tempel 1 as observed by Deep Impact,' Icarus 191: 134–145.

Feldman PD, Lupu RE, McCandliss SR et al (2006) 'Carbon Monoxide in Comet 9P/Tempel 1 before and after the Deep Impact encounter,' The Astrophysical Journal 647: L61–L64.

Feldman PD, McCandliss SR, Route M et al (2007a) 'Hubble Space Telescope observations of Comet 9P/Tempel 1 during the Deep Impact encounter,' Icarus 191: 276–285.

Feldman PD, Stern SA, Steffl AJ et al (2007b) 'Ultraviolet spectroscopy of Comet 9P/Tempel 1 with Alice/Rosetta during the Deep Impact encounter,' Icarus 191: 258–262.

Fera B (2008) 'Speedy Austrian Astrograph,' Sky and Telescope 115 (6): 37–38.

Fernández YR, Lisse CM, Kelley MS et al (2007a) 'Near-infrared light curve of Comet 9P/ Tempel 1 during Deep Impact,' Icarus 191: 424–431.

Fernández YR, Meech KJ, Lisse CM et al (2007b) 'The nucleus of *Deep Impact* target Comet 9P/Tempel 1,' Icarus 191: 11–21.

Ferrín I (2005) 'Secular light curve of Comet 28P/Neujmin 1 and of spacecraft target Comets 1P/Halley, 9P/Tempel 1, 19P/Borrelly, 21P/Giacobinni-Zinner, 26P/ Grigg-Skjellerup, 67P/Churyumov-Gerasimenko and 81P/Wild 2,' Icarus 178: 493–516.

Ferrín I (2007) 'Secular light curve of Comet 9P/Tempel 1,' Icarus 191: 567–572.

Festou MC, Feldman PD, A'Hearn MF et al (1986) 'IUE observations of comet Halley during the Vega and Giotto encounters,' Nature 321: 361–363.

Fienberg RT (2009) 'The CCDelightful QSI 540wsg,' Sky and Telescope 117 (6): 36–38.

Fink U (2009) 'A taxonomic survey of comet composition 1985–2004 using CCD spectroscopy,' Icarus 201: 311–334.

Fix JD (2008) Astronomy: Journey to the Cosmic Frontier, 5th edn, McGraw Hill Higher Education, Boston.

Flynn GJ, Bleuet P, Borg, J et al (2006) 'Elemental compositions of Comet 81P/Wild 2 samples collected by Stardust,' Science 314: 1731–1735.

Furusho R, Ikeda Y, Kinoshita D et al (2007) 'Imaging polarimetry of Comet 9P/Tempel 1 before and after the Deep Impact,' Icarus 191: 454–458.

Gehrz RD, Johnson CH, Magnuson SD et al (1995) 'Infrared observations of an outburst of small dust grains from the Nucleus of Comet P/Halley 1986 III at perihelion,' Icarus 113: 129–133.

Goidet-Devel B, Clairemidi J, Rousselot P et al (1997) 'Dust spatial distribution and radial profile in Halley's inner coma,' Icarus 126: 78–106.

Grard R, Pedersen A, Trotignon JG et al (1986) 'Observations of waves and plasma in the environment of comet Halley,' Nature 321: 290–291.

Green DWE (1995) 'Brightness-variation patterns of recent long-period comets vs. C/1995 O1,' International Comet Quarterly, 17: 168–178.

Green DWE, Morris CS (1987) 'The visual brightness behavior of P/Halley during 1981–1987,' Astronomy and Astrophysics 187: 560–568.

Green DWE, Nakano S, editors (2007/2008) Introduction International Comet Quarterly 29 (4a): H2–H14.

Gringauz KI, Gombosi TI, Remizov AP et al (1986) 'First *in situ* plasma and neutral gas measurements at comet Halley,' Nature 321: 282–285.

Groussin O, A'Hearn MF, Li JY et al (2007) 'Surface temperature of the nucleus of Comet 9P/Tempel 1,' Icarus 191: 63–72.

Gove PB, Editor-in-Chief (1971) Webster's Third New International Dictionary, G and C, Merriam Co., Springfield.

Gutiérrez PJ, Davidsson BJR (2007) 'Non-gravitational force modeling of Comet 81P/Wild 2 II. Rotational evolution,' Icarus 191: 651–664.

Haas S (2006) Double Stars for Small Telescopes, Sky Publishing Corp. Cambridge.

Hadamcik E, Levasseur-Regourd AC, Leroi V et al (2007) 'Imaging polarimetry of the dust coma of Comet Tempel 1 before and after Deep Impact at Haute-Provence Observatory,' Icarus 191: 459–468.

Hale A (1996) Everybody's comet: A Layman's guide to comet Hale-Bopp, High-Lonesome Books, Silver City.

Hall DS, Genet RM (1988) Photoelectric Photometry of Variable Stars, Willmann-Bell, Inc., Richmond, VA.

Hallas T (2007) 'Big Praise for Big Binos,' Sky and Telescope 114 (1): 12.

Hampel CA, Hawley GC, editors (1973) The Encyclopedia of Chemistry, 3rd edn, Van Nostrand Reinhold Company, New York, pp. 1030–1032.

Hanner MS, Hayward TL (2003) 'Infrared observations of Comet 81P/Wild 2 in 1997,' Icarus 161: 164–173.

Hanson M, Greiner RA (2004) 'Canon 10D digital camera,' Astronomy 32 (9): 84–87.

Harker DE, Woodward CE, Wooden DH et al (2007) 'Gemini-N mid-IR observations of the dust properties of the ejecta excavated from Comet 9P/Tempel 1 during Deep Impact,' Icarus 191: 432–453.

Harrington DM, Meech K, Kolokolova L et al (2007) 'Spectropolarimetry of the Deep Impact target Comet 9P/Tempel 1 with HiVIS,' Icarus 191: 381–388.

Harrington P (2002a) 'Russian-made telescopes,' Astronomy 30 (5): 62–65.

Harrington P (2002b) 'A happy medium,' Astronomy 30 (6): 66–69.

Harrington P (2002c) 'Refractor road test,' Astronomy 30 (10): 68–72.

Harrington P (2002d) 'Scoping out the new stargazers,' Astronomy 30 (11): 72–75.

Harrington P (2003a) 'Going global,' Astronomy 31 (1): 84–87.

Harrington P (2003b) 'Two eyes on the sky,' Astronomy 31 (4): 92–97.

Harrington P (2003c) 'High-power twin optics,' Astronomy 31 (5): 94–98, 102.

Harrington P (2003d) 'Off-axis vision,' Astronomy 31 (10): 82–85.

Harrington P (2004a) 'Orion's StarBlast,' Astronomy 32 (1): 84–87.

Harrington P (2004b) 'JMI's RB-66 Binoscope,' Astronomy 32 (2): 90–93.

Harrington P (2004c) 'TAL's 150K and 200K,' Astronomy 32 (3): 90–93.

Harrington P (2004d) 'Orion's Atlas 8,' Astronomy 32 (5): 86–89.

Harrington P (2004e) 'Celestron's advanced series telescopes,' Astronomy 32 (8): 88–91.

Harrington P (2005a) 'Backpack this scope,' Astronomy 33 (2): 92–94.

Harrington P (2005b) 'Secret weapons,' Astronomy 33 (8): 82–85.

Harrington P (2006a) 'Have lens, will travel,' Astronomy 34 (3): 86–88.

Harrington P (2006b) 'Head of the glass,' Astronomy 34 (10): 80–83.

Harrington P (2007a) 'Celestron's new Schmidt-Cassegrain,' Astronomy 35 (3): 76–77.

Harrington P (2007b) 'Orion's new 4-inch powerhouse,' Astronomy 35 (4): 70–73.

Harrington P (2007c) 'Astrolight reflectors offer quality optics,' Astronomy 35 (11): 70–73.

Harrington P (2007d) 'The Skypod mount performs superbly,' Astronomy 35 (12): 98, 100–101.

Harrington P (2008) 'Vixen's giant binoculars among largest sold,' Astronomy 36 (11): 72–73.

Healy D (2002) 'Have scope will travel,' Astronomy 30 (9): 66–68.

Healy D (2003) 'Testing a CCD trio,' Astronomy 31 (3): 84–87.

Healy D, Gary B (2007) 'MaxCam gets images started,' Astronomy 35 (7): 70–72.

Hergenrother CW, Mueller BEA, Campins H et al (2007) '*R*- and *J*-band photometry of Comets 2P/Encke and 9P/Tempel 1,' Icarus 191: 45–50.

Hicks MD, Bambery RJ, Lawrence KJ et al (2007) 'Near-nucleus photometry of comets using archived NEAT data,' Icarus 188: 457–467.

Hirao K, Itoh T (1986) 'The Planet-A Halley encounters,' Nature 321: 294–297.

Hirshfeld A, Sinnott RW (1985) Sky Catalogue 2000.0, vol. 2, Sky Publishing Corp., Cambridge.

Hirshfeld A, Sinnott RW, Ochsenbein F (1991) Sky Catalogue 2000.0, vol. 1, 2nd edn, Sky Publishing Corp., Cambridge.

Hoban S, A'Hearn MF, Birch PV et al (1989) 'Spatial structure in the color of the dust coma of Comet P/Halley,' Icarus 79: 145–158.

Hodapp KW, Aldering G, Meech KJ et al (2007) 'Visible and near-infrared spectrophotometry of the Deep Impact ejecta of Comet 9P/Tempel 1,' Icarus 191: 389–402.

Hodgman CD, Editor-in-Chief (1955) C.R.C. Standard Mathematical Tables, 10th edn, Chemical Rubber Publishing Company, Cleveland.

Horne J (2003a) 'Four low-cost astronomical video cameras,' Sky and Telescope 105 (2): 57–62.

Horne J (2003b) 'Losmandy's Gemini System,' Sky and Telescope 106 (4): 50–55.

Horne J (2004a) 'Celestron's CGE 1400 Telescope,' Sky and Telescope 107 (3): 54–61.

Horne J (2004b) 'Stella Cam II: Taking video into the deep sky,' Sky and Telescope 108 (4): 86–89.

Horne J (2005) 'Deep-sky imaging for everyone,' Sky and Telescope 110 (4): 76–81.

Horne J (2006) 'Good gets better: Meade's DSI II CCD cameras,' Sky and Telescope 112 (3): 76–80.

Horne J (2007) 'Next-Generation Video: Adirondack's StellaCam^3,' Sky and Telescope 114 (3): 64–67.

Horne J (2008) 'Raising the bar for entry-level imaging,' Sky and Telescope 115 (4): 32–36.

Horne J (2009) 'Powerful performer: Orion's StarShoot Pro,' Sky and Telescope 117 (2): 34–37.

Hörz F, Bastien R, Borg J et al (2006) 'Impact features on Stardust: Implications for Comet 81P/Wild 2 dust,' Science 314: 1716–1719.

Howell ES, Lovell AJ, Butler B et al (2007) 'Radio OH observations of 9P/Tempel 1 before and after

Deep Impact,' Icarus 191: 469–480.

Howell SB (2006) Handbook of CCD Astronomy, 2nd edn, Cambridge University Press, Cambridge.

Howington-Kraus E, Kirk RL, Duxbury TC et al (2005) 'Topography of the 81P/Wild 2 nucleus from Stardust stereoimages,' Asia-Oceania Geosciences Society 2nd Annual Meeting, Singapore, Poster presentation 58-PS-A0956.

Hughes DW (2002) 'The magnitude distribution and evolution of short-period comets,' Monthly Notices of the Royal Astronomical Society 336: 363–372.

Hughes DW, Green DWE (2007) 'Halley's first name: Edmond or Edmund,' International Comet Quarterly 29 (1): 7–14.

International Astronomical Union (IAU) Circulars; several hundred between number 2700 and 9000.

International Comet Quarterly, various issues listing visual data of Comets 1P/Halley, 9P/ Tempel 1, 19P/ Borrelly and 81P/Wild 2.

Jorda L, Lamy P, Faury G et al (2007) 'Properties of the dust cloud caused by the Deep Impact experiment,' Icarus 191: 412–423.

Julian WH, Samarasinha NH, Belton MJS (2000) 'Thermal structure of cometary active regions: Comet 1P/Halley,' Icarus 144: 160–171.

Kalemjian E (2003) 'A Siberian Achromatic Refractor,' Sky and Telescope 105 (4): 56–60.

Kaufmann WJ III (1985) Universe, W H Freeman and Co., New York.

Kawakita H, Jehin E, Manfroid J et al (2007) 'Nuclear spin temperature of ammonia in Comet 9P/ Tempel 1 before and after the Deep Impact event,' Icarus 191: 513–516.

Keller HU, Arpigny C, Barbieri C et al (1986) 'First Halley multicolour camera imaging results from Giotto,' Nature 321: 320–326.

Keller HU, Delamere WA, Huebner WF et al (1987) 'Comet P/Halley's nucleus and its activity,' Astronomy and Astrophysics 187: 807–823.

Keller HU, Küppers M, Fornasier S et al (2007)'Observations of Comet 9P/Tempel 1 around the Deep Impact event by the OSIRIS cameras onboard Rosetta,'Icarus 191: 241–257.

Keller LP, Bajt S, Baratta GA et al (2006) 'Infrared spectroscopy of Comet 81P/Wild 2 samples returned by Stardust,' Science 314: 1728–1731.

Kelly P (2007) Observer's Handbook 2008, The Royal Astronomical Society of Canada, Toronto.

Keppler E, Afonin VV, Curtis CC et al (1986) 'Neutral gas measurements of comet Halley from Vega 1,' Nature 321: 273–274.

Kilburn KJ (2000) 'Hunting for SOHO Comets using the internet,'Sky and Telescope 100 (4): 89–92.

Kirk RL, Howington-Kraus E, Soderblom LA (2004)'Comparison of USGS and DLR topographic models of Comet Borrelly and photometric applications,' Icarus 167: 54–69.

Kissel J, Brownlee DE, Büchler K et al (1986a) 'Composition of comet Halley dust particles from Giotto observations,' Nature 321: 336–337.

Kissel J, Sagdeev RZ, Bertaux JL et al (1986b) 'Composition of comet Halley dust particles from Vega observations,' Nature 321: 280–282.

Klavetter JJ, A'Hearn MF (1994) 'An extended source for CN jets in Comet P/Halley,' Icarus 107: 322–334.

Klimov S, Savin S, Aleksevich Y et al (1986) 'Extremely-low-frequency plasma waves in the environment of comet Halley,' Nature 321: 292–293.

Knight MM, Walsh KJ, A'Hearn MF (2007) 'Ground-based visible and near-IR observations of Comet

9P/Tempel 1 during the Deep Impact encounter,'Icarus 191: 403–411.

Korth A, Richter AK, Loidl A et al (1986) 'Mass spectra of heavy ions near comet Halley,' Nature 321: 335–336.

Krankowsky D, Lämmerzahl P, Herrwerth I et al (1986) '*In situ* gas and ion measurements at comet Halley,' Nature 321: 326–329.

Krasnopolsky VA, Gogoshev M, Moreels G et al (1986) 'Spectroscopic study of comet Halley by the Vega 2 three-channel spectrometer,' Nature 321: 269–271.

Kronk GW (1984) Comets: A Descriptive Catalog, Enslow Publishers, Inc., Hillside.

Kronk GW (1999) Cometography: A Catalog of Comets, Volume 1: Ancient–1799, Cambridge University Press, Cambridge.

Kronk GW (2003) Cometography: A Catalog of Comets, Volume 2: 1800–1899, Cambridge University Press, Cambridge.

Kronk GW (2007) Cometography: A Catalog of Comets, Volume 3: 1900–1932, Cambridge University Press, Cambridge.

Kronk GW (2009) Cometography: A Catalog of Comets, Volume 4: 1933–1959, Cambridge University Press, Cambridge.

Kuberek R (2006) 'A 12-inch powerhouse,'Astronomy 34 (2): 84–87.

Lamy P, Biesecker DA, Groussin O (2003) 'SOHO/LASCO observation of an outburst of Comet 2P/Encke at its 2000 perihelion passage,' Icarus 163: 142–149.

Lamy P, Toth I (2009) 'The colors of cometary nuclei – Comparison with other primitive bodies of the Solar System and implications for their origin,' Icarus 201: 674–713.

Lamy PL, Toth I, A'Hearn MF et al (2001) 'Hubble Space Telescope observations of the nucleus of Comet 9P/Tempel 1,' Icarus 154: 337–344.

Lamy PL, Toth I, A'Hearn MF et al (2007a) 'Hubble Space Telescope observations of the nucleus of Comet 9P/Tempel 1,' Icarus 191: 4–10.

Lamy PL, Toth I, A'Hearn MF et al (2007b) 'Rotational state of the nucleus of Comet 9P/Tempel 1: Results from Hubble Space Telescope observations in 2004,' Icarus 191: 310–321.

Lamy PL, Toth I, Weaver HA (1998) 'Hubble Space Telescope observations of the nucleus and inner coma of Comet 19P/1904 Y2 (Borrelly),' Astronomy and Astrophysics 337: 945–954.

Larson HP, Hu HY, Mumma MJ et al (1990) 'Outbursts of H_2O in Comet P/Halley,' Icarus 86: 129– 151.

Laufer D, Pat-El I, Bar-Nun A (2005) 'Experimental simulation of the formation of non-circular active depressions on Comet Wild-2 and of ice grain ejection from cometary surfaces,' Icarus 178: 248–252.

Leet LD, Judson S, Schmitz EA (1965) Physical Geology, 3rd edn, Prentice-Hall Inc, Englewood Cliffs.

Li JY, A'Hearn MF, Belton MJS et al (2007) 'Deep Impact photometry of Comet 9P/Tempel 1,' Icarus 191: 161–175.

Lide DR, Editor-in-Chief (2008) Handbook of Chemistry and Physics, 89th edn, CRC Press, Boca Raton.

Lisse CM, Dennerl K, Christian DJ et al (2007a) 'Chandra observations of Comet 9P/Tempel 1 during the Deep Impact campaign,' Icarus 191: 295–309.

Lisse CM, Kraemer KE, Nuth JA III et al (2007b) 'Comparison of the composition of the Tempel 1 ejecta to the dust in Comet C/Hale-Bopp 1995 O1 and YSO HD 100546,' Icarus 191: 223–240.

Livitski R (1993) 'How I Built a 20-inch Binocular,' Sky and Telescope 85 (2): 89–91.

Loewenstein KL (1966) 'Glass Systems,' in Composite Materials (Holliday L, editor) Elsevier,

Amsterdam, pp. 129–220.

Machholz D (1995) 'The 1989 apparition of periodic comet Brorsen-Metcalf (1989o=1989 X),' Journal of the Association of Lunar and Planetary Observers 38: 75–78.

Machholz D (1996) 'The apparition of comet Okazaki-Levy-Rudenko (1989r=1989 XIX),' Journal of the Association of Lunar and Planetary Observers 39: 71–74.

Machholz D (1997) 'The apparition of comet Aarseth-Brewington (1989a1 = 1989 XXII),' Journal of the Association of Lunar and Planetary Observers 39: 131–134.

Machholz DE (1989) 'The apparition of comet Bradfield 1987s,' Journal of the Association of Lunar and Planetary Observers 33: 97–102.

Machholz DE (1991) 'The apparition of comet Wilson 1987 VII,' Journal of the Association of Lunar and Planetary Observers 35: 49–52.

MacRobert A (1985) 'Backyard Astronomy-11: Comet-Watching Tips,' Sky and Telescope 70: 20–21.

MacRobert A (2005) 'Comet Machholz on track for fine show,' Sky and Telescope 109 (2): 77.

MacRobert AM (1992) 'A pupil primer,' Sky and Telescope 83: 502–504.

MacRobert AM (2004) 'The pull of a "push to" telescope,' Sky and Telescope 108 (5): 86–91.

MacRobert AM (2005) 'So you want giant binoculars…' Sky and Telescope 110 (3): 96–98.

Magee-Sauer K, Scherb F, Roesler FL et al (1989) 'Fabry-Perot observations of NH_2 emission from comet Halley,' Icarus 82: 50–60.

Magee-Sauer K, Scherb F, Roesler FL et al (1990) 'Comet Halley $O(^1D)$ and H_2O production rates,' Icarus 84: 154–165.

Mäkinen JTT, Combi MR, Bertaux JL et al (2007) 'SWAN observations of 9P/Tempel 1 around the Deep Impact event,' Icarus 187: 109–112.

Malivoir C, Encrenaz T,Vanderriest C et al (1990) 'Mapping of secondary products in comet Halley from bidimensional spectroscopy,' Icarus 87: 412–420.

Manfroid J, Hutsemékers D, Jehin E et al (2007) 'The impact and rotational light curves of Comet 9P/Tempel 1,' Icarus 191: 348–359.

Marcotte M (2004) 'Konus's new Mak-Cass,' Astronomy 32 (4): 84–86.

Marcotte M (2005a) 'Meade's new 14-inch SCT: an instant classic,' Astronomy 33 (3): 78–81.

Marcotte M (2005b) 'Easy imaging for everyone,' Astronomy 33 (6): 80–83.

Marcotte M (2006) 'Eyes wide open,' Astronomy 34 (1): 94–95.

Marcotte MM (2007) 'Deep-sky-object hunter,' Astronomy 35 (5): 72–74.

Marcus J (1986) 'Halley in the daytime,' Sky and Telescope 71: 125.

Mason KO, Chester M, Cucchiara A et al (2007) 'Swift ultraviolet photometry of the Deep Impact encounter with Comet 9P/Tempel 1,' Icarus 191: 286–294.

Mayer EH (1984) 'Finder follies,' Sky and Telescope 67: 210.

Mazets EP, Aptekar RL, Golenetskii SV et al (1986) 'Comet Halley dust environment from SP-2 detector measurements,' Nature 321: 276–278.

McDonnell JAM, Alexander WM, Burton WM et al (1986) 'Dust density and mass distribution near comet Halley from Giotto observations,' Nature 321: 338–341.

McFadden LA, Weissman PR, Johnson TV (2007) Encyclopedia of the Solar System, 2nd edn, Elsevier, Amsterdam.

McKeegan KD, Aléon J, Bradley J et al (2006) 'Isotopic compositions of cometary matter returned by Stardust,' Science 314: 1724–1728.

McKinley DWR (1961) Meteor Science and Engineering, McGraw-Hill Book Co., New York.

Medkeff J (2005) 'A telescope mount for the 21st century,' Astronomy 33 (11): 94–97.

Meech KJ, Ageorges N, A'Hearn MF et al (2005) 'Deep Impact: Observations from a worldwide Earth-based campaign,' Science 310: 265–269.

Meisel DD, Morris CS (1982) 'Comet Head Photometry: Past, Present, and Future,' in Comets, (Wilkening LL and Matthews MS, editors) The University of Arizona Press, Tucson, pp. 413–432.

Merényi E, Földy L, Szeg K et al (1990) 'The landscape of comet Halley,' Icarus 86: 9–20.

Milani GA, Szabó GM, Sostero G et al (2007) 'Photometry of Comet 9P/Tempel 1 during the 2004/2005 approach and the Deep Impact module impact,' Icarus 191: 517–525.

Miles R (2007) 'Daytime Photometry of Comet McNaught,' Unpublished Report.

Moomaw B (2004) 'Stardust collects bits of Comet Wild 2,' Astronomy 32 (4): 24.

Moreels G, Gogoshev M, Krasnopolsky VA et al (1986) 'Near-ultraviolet and visible spectrophotometry of comet Halley from Vega 2,' Nature 321: 271–273.

Morris CS (1973) 'On aperture corrections for comet magnitude estimates,' Publications of the Astronomical Society of the Pacific 85: 470–473.

Mukai T, Miyake W, Terasawa T et al (1986) 'Plasma observation by Suisei of solar-wind interaction with comet Halley,' Nature 321: 299–303.

Münch RE, Sagdeev RZ, Jordan JF (1986) 'Pathfinder: accuracy improvement of comet Halley trajectory for Giotto navigation,' Nature 321: 318–320.

Nagler A (1991) 'Choosing your telescope's magnification,' Sky and Telescope 81: 553–559.

Nakano S, Green DWE, editors (2006) '2007 Comet Handbook,' International Comet Quarterly, Special Issue 28 (4a): H2–H12.

Nelson AE (2005) 'The big easy,' Astronomy 33 (5): 78–81.

Nelson RM, Rayman MD, Weaver HA (2004a) 'The Deep Space 1 encounter with Comet 19P/Borrelly,' Icarus 167: 1–3.

Nelson RM, Soderblom LA, Hapke BW (2004b) 'Are the circular dark features on Comet Borrelly's surface albedo variations or pits?' Icarus 167: 37–44.

Neubauer FM, Glassmeier KH, Pohl M et al (1986) 'First results from the Giotto magnetometer experiment at comet Halley,' Nature 321: 352–355.

Newton J (2006) 'Designed to shoot the sky,' Astronomy 34 (7): 90–93.

Oberc P (1999) 'Small-scale dust structures in Halley's coma: Evidence from the Vega-2 electric field records,' Icarus 140: 156–172.

Oberc P, Parzydlo W, Vaisberg OL (1990) 'Correlations between the Vega 2 Plasma Wave (APV-N) and Dust (SP-1) observations at comet Halley,' Icarus 86: 314–326.

Oberst J, Giese B, Howington-Kraus E et al (2004) 'The nucleus of Comet Borrelly: a study of morphology and surface brightness,' Icarus 167: 70–79.

Parker DC (1990) 'Position measurements of the□or planet 747 Winchester using a filar micrometer,' Journal of the Association of Lunar and Planetary Observers 34: 137–139.

Peale SJ (1989) 'On the density of Halley's comet,' Icarus 82: 36–49.

Peale SJ, Lissauer JJ (1989) 'Rotation of Halley's comet,' Icarus 79: 396–430.

Privett G (2002) 'The Sky-Watcher EQ6 Mount,' Sky and Telescope 104 (4): 45–48.

Ratcliffe M Ling A (2004) 'The deep sky,' Astronomy 32 (6): 59.

Ratcliffe M Ling A (2004) 'Comets and asteroids,' Astronomy 32 (6): 63.

Reeves R (2006a) 'Big results from a small package,' Astronomy 34 (9): 78–81.

Reeves R (2006b) 'Introduction to Webcam Astrophotography,' Willmann-Bell, Inc., Richmond.

Reinhard R (1986) 'The Giotto encounter with comet Halley,' Nature 321: 313–318.

Reitsema HJ, Delamere WA, Williams AR et al (1989) 'Dust distribution in the inner coma of Comet Halley: Comparison with models,' Icarus 81: 31–40.

Reynolds M (2006) 'Vixen's go-anywhere scope,' Astronomy 34 (6): 90–93.

Reynolds MD (2007a) 'Rebirth of a classic: the Porter Garden Telescope,' Astronomy 35 (6): 74–77.

Reynolds MD (2007b) 'Astronomy tests Celestron's CPC 1100 GPS,'Astronomy 35 (8): 72–74.

Reynolds MD (2008) 'Easy imaging with the DSI III,' Astronomy 36 (9): 64–65.

Richardson JE, Melosh HJ, Lisse CM et al (2007) 'A ballistics analysis of the Deep Impact ejecta plume: Determining Comet Tempel 1's gravity, mass and density,' Icarus 191: 176–209.

Richardson RS (1967) Getting Acquainted with Comets, McGraw-Hill Book Co., New York.

Riedler W, Schwingenschuh K, Yeroshenko YG et al (1986) 'Magnetic field observations in comet Halley's coma,' Nature 321: 288–289.

Rogers JH (1995) The Giant Planet Jupiter, Cambridge University Press, Cambridge.

Rogers JH (1996) 'The comet collision with Jupiter: II. The visible scars,' Journal of the British Astronomical Association 106: 125–150.

Roth J (2003) 'Breaking new ground in the Beginner's market,' Sky and Telescope 105 (6): 46–50.

Rumsey D (2005) Statistics Workbook for Dummies, Wiley Publishing, Inc., Hoboken.

Rupp W, Friedmann A, Farrell P (1989) Construction Materials for Interior Design, Whitney Library of Design, New York.

Sagdeev RZ, Blamont J, Galeev AA et al (1986a) 'Vega spacecraft encounters with comet Halley,' Nature 321: 259–262.

Sagdeev RZ, Szabó F, Avanesov GA et al (1986b) 'Television observations of comet Halley from Vega spacecraft,' Nature 321: 262–266.

Saladin KS (2007) 'Anatomy and Physiology: The Unity of Form and Function,' 4th edn, McGraw-Hill Higher Education, New York.

Samarasinha NH, Belton MJS (1994) 'The nature of the source of CO in Comet P/Halley,' Icarus 108: 103–111.

Sandford SA, Aléon J, Alexander CMO'D et al (2006) 'Organics captured from Comet 81P/Wild 2 by the Stardust spacecraft,' Science 314: 1720–1724.

Scherb F, Magee-Sauer K, Roesler FL et al (1990) 'Fabry-Perot observations of comet Halley H_2O^+,' Icarus 86: 172–188.

Schleicher DG (2007) 'Deep Impact's target Comet 9P/Tempel 1 at multiple apparitions: Seasonal and secular variations in gas and dust production,' Icarus 191: 322–338.

Schleicher DG, Millis RL, Birch PV (1998) 'Narrowband photometry of Comet P/Halley: Variation with heliocentric distance, season and solar phase angle,' Icarus 132: 397–417.

Schleicher DG, Woodney LM, Millis RL (2003) 'Comet 19P/Borrelly at multiple apparitions: seasonal variations in gas production and dust morphology,' Icarus 162: 415–442.

Schmude R Jr, Micciche S, Donegan A (1999) 'Observations of comet Hale-Bopp,' Journal of the Association of Lunar and Planetary Observers 41: 113–118.

Schmude RW Jr (2001) 'Full-disc wideband photoelectric photometry of the Moon,' Journal of the Royal Astronomical Society of Canada 95: 17–23.

Schmude RW Jr (2008) Uranus, Neptune and Pluto and how to observe them, Springer Science + Business Media, New York.

Schmude RW Jr and Dutton J (2001) 'Photometry and other characteristics of Venus,' Journal of the Association of Lunar and Planetary Observers 43 (4): 17–26.

Schultz D, Scherb F, Roesler FL (1993) 'H_2O^+ production rates of Comets Austin 1990 V and P/Halley 1986 III,' Icarus 104: 185–196.

Schultz PH, Eberhardy CA, Ernst CM et al (2007) 'The Deep Impact oblique impact cratering experiment,' Icarus 191: 84–122.

Schulz R, A'Hearn MF (1995) 'Shells in the C_2 coma of Comet P/Halley,' Icarus 115: 191–198.

Schulz R, A'Hearn MF, Samarasinha NH (1993) 'On the formation and evolution of gaseous structures in Comet P/Halley,' Icarus 103: 319–328.

Schwarz G, Craubner H, Delamere A (1987) 'Detailed analysis of a surface feature on Comet P/Halley,' Astronomy and Astrophysics 187: 847–851.

Sekanina Z (2008) 'On a forgotten 1836 explosion from Halley's comet, reminiscent of 17P/ Holmes' outbursts,' International Comet Quarterly 30 (2): 63–74.

Sekanina Z, Brownlee DE, Economou TE et al (2004) 'Modeling the nucleus and jets of Comet 81P/ Wild 2 based on the Stardust encounter data,' Science 304: 1769–1774.

Sekanina Z, Larson SM (1986) 'Dust jets in comet Halley observed by Giotto and from the ground,' Nature 321: 357–361.

Sen AK, Joshi UC, Deshpande MR et al (1990) 'Imaging polarimetry of Comet P/Halley,' Icarus 86: 248–256.

Seronik G (1998) 'Comet sleuthing on the internet,' Sky and Telescope 95 (6): 63–65.

Seronik G (2000) 'Image-stabilized binoculars aplenty,' Sky and Telescope 100 (1): 59–64.

Seronik G (2002a) 'Three New Maksutovs,' Sky and Telescope 103 (3): 44–48.

Seronik G (2002b) 'The Questar 50th anniversary edition telescope,' Sky and Telescope 104 (5): 49–54.

Seronik G (2004a) 'Hardin Optical's 10-inch Deep Space Hunter,' Sky and Telescope 107 (5): 96–100.

Seronik G (2004b) '10-inch Dobsonian reflectors,' Sky and Telescope 107 (5): 104–105.

Seronik G (2004c) 'Portable 4-inch Apochromatic Refractors,' Sky and Telescope 107 (6): 104–105.

Seronik G (2004d) 'Compact wide-field reflectors,' Sky and Telescope 108 (4): 96–97.

Seronik G (2004e) 'Compact wide-field refractors,' Sky and Telescope 108 (6): 112–113.

Seronik G (2005a) 'Clear viewing,' Sky and Telescope 109 (4): 88–93.

Seronik G (2005b) '90-mm Astronomical Maksutovs,' Sky and Telescope 109 (4): 98–99.

Seronik G (2005c) 'Low-cost starter scopes,' Sky and Telescope 110 (6): 86–90.

Seronik G (2007a) 'Build a tracking platform for your camera,' Sky and Telescope 113 (6): 80–83.

Seronik G (2007b) 'A modernized classic,' Sky and Telescope 114 (2): 64–67.

Seronik G (2008a) 'iOptron's capable cube,' Sky and Telescope 115 (2): 34–36.

Seronik G (2008b) 'FAR-sight binocular mount,' Sky and Telescope 115 (5): 34.

Seronik G (2008c) 'A bigger blast for the buck,' Sky and Telescope 116 (3): 36–39.

Seronik G (2008d) 'Following the Stars,' Sky and Telescope 116 (4): 38–40.

Seronik G (2009a) 'Obsession's 12 ½-inch Truss-tube Dob,' Sky and Telescope 117 (2): 38–39.

Seronik G (2009b) 'A 12-inch Star Cruiser,' Sky and Telescope 117 (5): 34–36.

Seronik G (2009c) 'A smart 12-inch Dob,' Sky and Telescope 118 (1): 34–36, 38.

Shanklin J (2002) Observing Guide to Comets, 2nd edn, The British Astronomical Association, London.

Shanklin J (2004) 'Visual observation of comets,' Journal of the British Astronomical Association 114: 158–160.

Shanklin J 'The Comet's Tail,' various issues of this newsletter.

Shibley J (2002) 'Get the Scoop on Italian Scopes,' Astronomy 30 (7): 66–69.

Shibley J (2003a) 'Test driving Meade's LX90,' Astronomy 31 (2): 82–85.

Shibley J (2003b) 'Focus on finders,' Astronomy 31 (3): 94–99.

Shibley J (2008) 'Obsession's new 18-inch scope,' Astronomy 36 (4): 68–69.

Shubinski R (2004) 'The Tele Vue-60,' Astronomy 32 (11): 90–93.

Shubinski R (2007) 'Sky-testing William Optics' new refractors,'Astronomy 35 (10): 70–72.

Simpson JA, Sagdeev RZ, Tuzzolino AJ et al (1986) 'Dust counter and mass analyser (DUCMA) measurements of comet Halley's coma from Vega spacecraft,' Nature 321: 278–280.

(1972) 'Comets lost and found,' Sky and Telescope 43: 155.

Schaoy F (2000) 'The near sky: Problems with Airglow,' Sky and Telescope 99 (6): 96.

Smith BA (2004) 'Stardust catches a comet,' Sky and Telescope 107 (4): 26.

Smyth WH, Marconi ML, Combi MR (1995) 'Analysis of hydrogen Lyman-α observations of the coma of Comet P/Halley near perihelion,' Icarus 113: 119–128.

Soderblom LA, Boice DC, Britt DT et al (2004a) 'Imaging Borrelly,' Icarus 167: 4–15.

Soderblom LA, Britt DT, Brown RH et al (2004b) 'Short-wavelength infrared (1.3–2.6 μm) observations of the nucleus of Comet 19P/Borrelly,' Icarus 167: 100–112.

Somogyi AJ, Gringauz KI, Szegő K et al (1986) 'First observations of energetic particles near comet Halley,' Nature 321: 285–288.

Stanton RH (1999) 'Visual magnitudes and the "average observer": The SS-Cygni field experiment,' Journal of the AAVSO 27 (2): 97–112.

Stein J, Editor-in-Chief (1980) The Random House Dictionary, Ballantine Books, New York.

Steinicke W, Jakiel R (2007) Galaxies and How to Observe Them, Springer, London.

Sterken C, Manfroid J, Arpigny C (1987) 'Photometry of P/Halley (1982i),' Astronomy and Astrophysics 187: 523–525.

Strazzulla G, Leto G, Gomis O et al (2003) 'Implantation of carbon and nitrogen ions in water ice,' Icarus 164: 163–169.

Sugita S, Ootsubo T, Kadono T et al (2005) 'Subaru telescope observations of Deep Impact,' Science 310: 274–278.

Sunshine JM, Groussin O, Schultz PH et al (2007) 'The distribution of water ice in the interior of Comet Tempel 1,' Icarus 191: 73–83.

Swenson GW (1978) 'An amateur radio telescope-1,' Sky and Telescope 55 (5): 385–390.

Tancredi G, Fernández JA, Rickman H et al (2006) 'Nuclear magnitudes and the size distribution of Jupiter family comets,' Icarus 182: 527–549.

Tate P (2009) Seeley's Principles of Anatomy and Physiology, McGraw-Hill Higher Education, Boston.

Tele Vue Eyepieces Brochure, Chester, NY.

Terrance G. (2002) 'An eye for luxary,' Astronomy 30 (12): 80–83.

Terrance G. (2003) 'The Paramount GT-1100 ME,' Astronomy 31 (4): 88–91.

Gerdon E. Taylor The Handbook of the British Astronomical Association for the Years 2004–2008, Burlington House, Piccadilly, London ISSN 0068-130-X.

Thomas PC, Veverka J, Belton MJS et al (2007) 'The shape, topography, and geology of Tempel 1 from

Deep Impact observations,' Icarus 191: 51–62.

Ting E (2003) 'The essence of observing: Discovery's 12.5-inch Dobsonian,' Sky and Telescope 106 (5): 54–57.

Ting E (2004) 'An apochromat for the masses,' Sky and Telescope 107 (2): 60–63.

Tonkin S (2007) Binocular Astronomy, Springer, London.

Trusock T (2007) 'Meade's affordable large refractor,' Astronomy 35 (9): 86–87.

Trusock T (2008) 'Sky testing Orion's 102mm f/7 ED,' Astronomy 36 (10): 78–79.

Tsurutani BT, Clay DR, Zhang LD et al (2004) 'Plasma clouds associated with Comet P/Borrelly dust impacts,' Icarus 167: 89–99.

U.S. Govt. Printing Office Astronomical Almanac for the year 2009, U.S. Govt. Printing Office, Washington, DC, 2007.

Vaisberg OL, Smirnov VN, Gorn, LS et al (1986) 'Dust coma structure of comet Halley from SP-1 detector measurements,' Nature 321: 274–276.

Vsekhsvyatskii SK (1964) Physical Characteristics of Comets, Israel Program for Scientific Translations Ltd., Jerusalem.

Walker RG, Weaver WB, Shane WW et al (2007) 'Deep Impact: Optical spectroscopy and photometry obtained at MIRA,' Icarus 191: 526–536.

Walker S (2005a) 'Binocular viewers,' Sky and Telescope 109 (3): 98–99.

Walker S (2005b) 'German equatorial "Go To" Mounts,' Sky and Telescope 110 (1): 98–99.

Walker S (2006) 'Premier planetary imager,' Sky and Telescope 111 (6): 76–79.

Walker S (2007a) 'The STF Mirage 7 Mak,' Sky and Telescope 113 (2): 76–79.

Walker S (2007b) 'A new planetary camera,' Sky and Telescope 114 (4): 36–39.

Walker S (2007c) 'Atik Instruments ATK-16IC,' Sky and Telescope 114 (5): 36.

Walker S (2009) 'FLI's MicroLine ML8300: High resolution for small scopes,' Sky and Telescope 117 (4): 34–37.

Wallentinsen D (1982) 'Comet West 1976 VI: Observations of the Great Comet of 1976,' Journal of the Association of Lunar and Planetary Observers,' 29: 155–163.

Wallis MK, Swamy KSK (1987) 'Some diatomic molecules from comet P/Halley's UV spectra near spacecraft flybys,' Astronomy and Astrophysics 187: 329–332.

Weiler M, Rauer H, Knollenberg J et al (2007) 'The gas production of Comet 9P/Tempel 1 around the Deep Impact date,' Icarus 191: 339–347.

West RM, Pedersen H, Monderen P et al (1986) 'Post-perihelion imaging of comet Halley at ESO,' Nature 321: 363–365.

Whipple FL (1981) 'Rotation of comets,' Sky and Telescope 62: 20.

Whipple FL (1982) 'The Rotation of Comet Nuclei,'in Comets (Wilkening LL and Matthews MS, editors) The University of Arizona Press, Tucson, pp. 227–250.

Whipple FL, Green DWE (1985) The Mystery of Comets, Smithsonian Institution Press, Washington, DC.

Wikipedia, the free encyclopedia.

Winter V (2006) 'Two scopes in one,' Astronomy 34 (4): 90–93.

Woodward CE, Shure MA, Forrest WJ et al (1996) 'Ground-based near-infrared imaging of Comet P/Halley 1986 III,' Icarus 124: 651–662.

Yelle RV, Soderblom LA, Jokipii JR (2004) 'Formation of jets in Comet 19P/Borrelly by subsurface geysers,' Icarus 167: 30–36.

Yeomans D (1997) 'Orbit and Ephemeris Information for Comet Hale-Bopp (1995 O1),' obtained from the website http://www2.jpl.nasa.gov/comet/ephemjpl8.html.

Young DT, Crary FJ, Nordholt JE et al (2004) 'Solar wind interactions with Comet 19P/Borrelly,' Icarus 167: 80–88.

Young RV, Sessine S, editors (2000) World of Chemistry, Gale Group, Detroit, pp. 1021–1022.

Zolensky ME, Zega TJ, Yano H et al (2006)'Mineralogy and petrology of Comet 81P/Wild 2 nucleus samples,'Science 314: 1735–1739.

术语译名对照表

absorption, continuous and emission spectra 吸收光谱、连续光谱和发射光谱
active jets 活跃的喷流
affecting factors 影响因素
albedo and color 反照率和颜色
Alpha Jet 阿尔法喷流
amateur data 业余数据
angular scale 角大小
angular separation 角距
angular spread 扩角展度
antitail 逆向彗尾
aperture 孔径
apparent field 可见视场
apparition 可见期
arc diameter measurement 弧线直径测量
Association of Lunar and Planetary Observers (ALPO) 国际月球和行星观测者协会
atmospheric dispersion corrector 大气色散矫正器
average comet-sun distance 彗星与太阳之间的平均距离
average orbital characteristics 平均轨道特点
axis 转轴

bare nucleus photometry 裸核测光
best-fit linear equation 最佳拟合线性方程
bino viewers 双目观测镜
binoculars 双目望远镜
Bobrovnikoff method 波布罗夫尼科夫法
brightening 亮度增强
brightness and opposition surge 亮度和冲闪
brightness estimation 亮度估计
brightness measurements 亮度测量
brightness vs. time 亮度随时间的变化
brightness 亮度
British Astronomical Association (BAA) 英国天文协会

calibrated extended protractor 校准的扩展量角器
camera lenses, focal length 相机透镜，焦距
Cassini division 卡西尼环缝
CCD cameras CCD 相机
Central condensation part, comets 中心凝聚物部分，彗星
centrifugal force 离心力
changes, time 随时间的变化
circular features 环形地形
close-up image 特写
coatings 镀膜
color, light wavelength 颜色，光波长
coma and nuclear stage 彗发和彗核阶段
coma and tail 彗发和彗尾
coma brightness estimation 彗发亮度估计
coma radius values 彗发半径的值
coma radius, DC value 彗发半径，凝结度（DC 值）
coma 彗发
Comet 17P/Holmes 17P/Holmes 彗星
Comet 19P/Borrelly 19P/Borrelly 彗星
Comet 1P/Halley 1P/Halley 彗星
Comet 81P/Wild 2 81P/Wild 2 彗星

Comet 9P/Tempel 1 9P/Tempel 1 彗星
Comet Hale-Bopp 海尔-波普彗星
Comet Lulin 鹿林彗星
Comet McNaught 麦克诺特彗星
Comet Shoemaker-Levy 9 苏梅克-列维 9 号彗星
complete, nearly complete and partial lightcurve 全程、近全程和局部光变曲线
correction factors 修正因子
craters 撞击坑
curvature 曲率

dark spots 黑点
deep impact (DI) mission, 2005 深度撞击（DI）任务，2005 年
Degree of condensation (DC) 凝结度（DC 值）
depressions 凹陷
determination and refinement crash time 测定和修正撞击时间
dimming 变暗淡
discovery program, NASA 美国国家航空和航天局发现项目
drawing and imaging 绘图和拍摄
dust particles 尘埃颗粒
dust plume 尘埃羽状物
dust tail 尘埃彗尾

eccentricity vs. orbital period 偏心率和轨道周期
electronic, vibrational and rotational transitions 电子跃迁、振动跃迁和转动跃迁
ellipses 椭圆
enhancement factor 增强因子
equilibrium vapor pressures 平衡蒸汽压
equinox point 春分点
error sources, visual brightness 误差来源，目视亮度
escape speed 逃逸速度
exit pupil 出射光瞳
extinction correction 消光修正
eyepieces 目镜
eye-relief 适瞳距

fading（彗星的）淡出
families and sub-groups 族和子群
Field-of-view (FOV) 视场（FOV）
filar micrometer and image 动丝测微计
filters 滤光片
finders 寻星镜
focal length 焦距
fragmentation 碎裂
Full-width at half transmission (FWHT) 透过峰半峰宽
gas tail 气体彗尾
gas-to-dust ratio 气尘比
geological features and erosion 地质地形和侵蚀

H_0 value H_0 的值
H_0' values H_0' 的值
H_{10} values H_{10} 的值
H_{10}' values H_{10}' 的值
half-month averages, radii 每半个月的平均值，半径
hand-held binoculars 手持双目望远镜
high-energy radiation 高能射线
hydrated compounds 水合物
hydrogen changes 氢含量的变化
hypothetical comet 假想彗星

icy dirtball 脏冰球
image scale 图像比例尺
impact flash 撞击致闪
impacts 撞击坑

parameters 参数
path modes 路径类型
perihelion distance 近日点距离
permeability 渗透性
perturbations 摄动
photoelectric photomete 光电光度计
photometric constants 测光常数
photometric values 测光值
photometry and lightcurves 测光和光变曲线
physical and photometric constants 物理参量和测光参量
piggy-back arrangement 背载式设置
planetary perturbation 行星摄动
polarization 偏振
porosity and permeability 孔隙率和渗透性
porro prism binoculars 普罗棱镜式双目望远镜
positive drawing 正空间绘图
pre-exponent factor 指前因子
primary mirrors 主反射镜
prime focus images 主焦点成像
production rates 产率
projectile 撞击器

radius 半径
recovery 复现
reflected light 反射光（线）
refractors and reflectors 折射式望远镜和反射式望远镜
relative intensity vs. wavelength 不同波长的相对光强
resolution 分辨率
reverse-binocular method 反向双目望远镜观测法
right ascension and declination values 赤经和赤纬的值
rocket force 火箭力
roof prism binoculars 短屋脊棱镜式双目望远镜
rotation 短转动
rotational axis 短自转轴
scarps 短陡崖
scattered light 散射光
setting circles and finding objects 定位度盘和天体搜寻
short exposures 短时曝光
short tails 短彗尾
Short-period comets 短周期彗星
—Chiron Family 喀戎族彗星
—Encke Family 恩克族彗星
—Jupiter Family 木族彗星
—Short-period nearly isotropic (NI) Family 短周期近各向同性（NI）族彗星
Sky surveys 巡天计划
sky transparency 天空透明度
slope and thermal characteristics, surface 表面的坡度和热力学特征
Solar and heliospheric observatory (SOHO) 太阳和日球层探测器
solar phase angle and absolute nuclear magnitude 日地张角和彗核绝对星等
spectra 光谱
spectroscopy 光谱学
spot movement 斑点移动
star patterns 星图
Stardust spacecraft “星尘号”飞船
stellar magnitudes 星等
surface temperature and coma development 表面温度和彗发演化
synchrones 等时线

tail and plasma environment 彗尾和等离子体环境
tail length vs. dates 尾长随日期的变化
telephoto lens 长焦镜头

Telescope, comet observation 天文望远镜，彗星观测
temperature and outbursts 温度和爆发
time intervals and letter designations 时间间隔和字母标识
times and processing techniques 曝光时间和处理技术
Tisserand parameter (T) 蒂塞朗参数
transmission vs. wavelength 不同波长的透过率
Tunguska Impact 通古斯大爆炸

velocities, orbital 速度，轨道
vignetting 渐晕
visibility factor 可见度系数
visual observations 目视观测
volatile substances 挥发性物质

water outbursts 水汽爆发

Yarkovsky effect 亚尔科夫斯基效应

zero date values 起算日

图书在版编目（CIP）数据

观测彗星 /（美）小理查德·W. 施穆德著；李德力译. -- 上海：上海三联书店，2025.7. --（仰望星空）. --ISBN 978-7-5426-8929-0

I. P185.81

中国国家版本馆 CIP 数据核字第 2025SV6415 号

观测彗星

著　　者 /〔美国〕小理查德·W. 施穆德
译　　者 / 李德力
责任编辑 / 王　建　樊　钰
特约编辑 / 甘　露　时音菠
装帧设计 / 字里行间设计工作室
监　　制 / 姚　军
出版发行 / 上海三联书店
(200041) 中国上海市静安区威海路755号30楼
联系电话 / 编辑部：021-22895517
发行部：021-22895559
印　　刷 / 三河市中晟雅豪印务有限公司
版　　次 / 2025 年 7 月第 1 版
印　　次 / 2025 年 7 月第 1 次印刷
开　　本 / 960 × 640　1/16
字　　数 / 153千字
印　　张 / 23.25

ISBN 978-7-5426-8929-0 / P · 22

定　价：52.00元

First published in English under the title
Comets and How to Observe Them
by Richard Schmude, Jr., edition: 1

著作权合同登记号　图字：10–2022–210 号